蛋糕：历史的滋味

Cake: The Short, Surprising History of Our Favorite Bakes

[英]阿丽萨·列文 著　　周劲松 译

四川人民出版社

图书在版编目（CIP）数据

蛋糕：历史的滋味 /（美）阿丽萨·列文著；周劲松译.
—成都：四川人民出版社，2018.5
ISBN 978-7-220-10736-8

Ⅰ.①蛋… Ⅱ.①阿… ②周… Ⅲ.①蛋糕—历史
Ⅳ.①TS213.23-091

中国版本图书馆CIP数据核字（2018）第054844号

四川省版权局著作权合同登记号：图进字21-2018-198号

DANGAO: LISHI DE ZIWEI

蛋糕：历史的滋味

［美］阿丽萨·列文 著　周劲松 译

责任编辑	章　涛　邹　近
封面设计	李其飞/蓝狮文化
内文绘图	张群英/蓝狮文化
内文设计	戴雨虹
责任校对	袁晓红
责任印制	李　剑
出版发行	四川人民出版社（成都槐树街2号）
网　　址	http://www.scpph.com
E-mail	scrmcbs@sina.com
新浪微博	@四川人民出版社
微信公众号	四川人民出版社
发行部业务电话	（028）86259624　86259453
防盗版举报电话	（028）86259624
照　　排	四川胜翔数码印务设计有限公司
印　　刷	四川机投印务有限公司
成品尺寸	146mm × 210mm
印　　张	11.5
字　　数	200千
版　　次	2018年6月第1版
印　　次	2018年6月第1次印刷
书　　号	ISBN 978－7－220－10736－8
定　　价	48.00元

目录 CONTENTS

开篇　蛋糕是什么？　/ 001

【1】公元前2000年，蛋糕问世之前　/ 013

【2】水果蛋糕的秘密含义　/ 047

【3】维多利亚女王的三明治：黄油、砂糖和奴隶制　/ 089

【4】家政女神　/ 127

【5】纸板婚礼蛋糕　/ 183

【6】周游了全世界的蛋糕　/ 199

【7】您的专享蛋糕　/ 233

【8】最早的惊艳登场　/ 271

【9】女性主义者的杯子蛋糕　/ 307

尾声　历史的滋味　/ 355

后记　/ 364

开 篇

Cake: The Short, Surprising History of Our Favorite Bakes

蛋糕是什么？

蛋糕是什么？或许您觉得答案如此明了，这个问题简直没必要问，然而，这种人们习以为常的茶饮配套吃食所激发的争论，远远超乎您最初的想象。因此，在踏上关于蛋糕的社会文化之旅以前，我们最好先直截了当地给出我们的定义。2014年，英国税务局把苏格兰的塔诺克饼干公司（Tunnock's）告上了法庭。塔诺克饼干公司的茶蛋糕（tea cake）深受英国人喜爱：硬饼干为坯，棉花糖做顶，顶上涂着厚厚一层巧克力，整个蛋糕上裹着银色和红色的箔片。不过，这一回，英国税务局感兴趣的是塔诺克的另一款产品：雪球（snowball）。雪球和茶蛋糕差不多，棉花糖做成的糖球上面涂巧克力，再裹上椰丝。问题在于，塔诺克称雪球为蛋糕；而英国税务局认为，它们更适合叫作饼干。之所以充满争议，是因为涂有一层巧克力的蛋糕税率为零（销售方不对其所销售东西收取增值税，但能返还其本身所缴纳的增值税），而涂有一层巧克力的饼干则按照标准税率缴税。于是乎麻烦来了：英国税务局二十三年前就碰到有这档子事情，当时，是应该把英国联合饼干公司（McVitie's）生产的嘉法蛋糕（Jaffa Cake）归为哪类商品的问题。按照英国联合饼干公司网站的说法，嘉法蛋糕“独创性地将蓬松的海绵、黑色脆巧克力以及橘子夹心酱融为一体”——用舌头轻轻咬开上面的一层巧克力，就会快乐地发现里面硬实的夹心层。那一次是英国税务局输了官司，理由有三个：一、嘉法蛋糕的原材料是蛋糕的原材料（鸡蛋、面粉、砂糖），使用的黄油薄而不是厚。二、嘉法蛋糕的质地是蛋糕的质地，它们“软而脆”（松脆）而不是脆而易碎（酥脆）。不过，这场“大不列颠小风波”中最有名的，是第三点，嘉法蛋糕搁陈了会变硬——就像蛋糕本该有的那样——不像饼干，搁陈了会变软。

英国税务局2014年这次也是输。不过，这次的裁定是根据另外一套规矩，一方面是因为有趣，另一方面也为了让我们有所了解，值得在此加以引用：

> 雪球这一产品看上去像蛋糕，放在盛满蛋糕的托盘上并不觉得另类。雪球的口感像蛋糕，大多数人在吃它的时候都会想喝点什么。雪球吃的方式和吃的场合都与蛋糕相似，譬如在办公室里庆祝生日。我们完全同意，雪球是一种美味甜品，但不在散步的时候吃，譬如，在街头闲逛的时候吃。大多数人吃雪球的时候都喜欢坐着，而且，根据年龄、性别等的不同，可能

或更乐意在吃的时候用上盘子、餐巾或者哪怕一张纸，甚至一张清理干净的桌子，以避免椰丝乱飞，弄得一团糟。尽管人们绝不会把雪球当作蛋糕，但是，我们发现，尤其是上述事实，表明雪球具有被当作蛋糕的充分特征。

想到这样的画面——知识渊博的上诉律师齐聚一堂，就为了对点心这种小到极点的玩意儿给个准确说法——真是让人不觉莞尔（他们提到，在达成结论过程中，他们“适量地”品尝了各种与之类似的甜品）。但更让人感兴趣的是他们的措辞。嘉法蛋糕的判定，依据的是所用原料和蛋糕在烘烤之后会如何（是变软还是变硬）。不过，雪球这一案子中，法官选择按照蛋糕出现的场合来认定：吃蛋糕的时候，是生日和其他庆祝会，这些都属于坐着的场合，它们不是街上边走边吃那种东西。税务特别法庭这场2014年上诉案的报告中，列出了区别蛋糕和饼干时，先前判例所确立的七个关键特征：原材料、加工过程、包装前的样子（包括大小）、味道和质地、消费环境（包括消费的时间、地点和方式）、包装以及销售。

但是，玩点手段的空间还是有的。嘉法蛋糕的样子和传统蛋糕不同：它们是平的，而且，事实上，真的像饼干。雪球呢，不是烤出来的，也不含有面粉；至于蛋白饼，就税法所允许的程度而言，也被当作是蛋糕。税法法官们同意，雪球并不具有蛋糕全部的特征，但是它的确具有足以被称为蛋糕的特征。那么，回到我们开始的问题：到底是什么让蛋糕成为蛋糕?

这本书要回答的就是这个问题。读了书中各章，我们会明白，雪球案的法官们是对的：这个问题既和场合有关，又和材料有关。我们还会明白，在某种意义上蛋糕只是一种点心，往往并非正式餐食的组成部分，但是，它在紧密联系家庭和团体的各种纽带中具有核心地位。它传递的是待客之道和热忱欢迎；不为客人来上一份蛋糕，拜访常常匆匆地就结束了。即便是在很久以前，蛋糕的甜蜜、吃蛋糕的场合，都微妙地显示出蛋糕与面包迥然不同。蛋糕当然不是生死攸关那种东西；没人会说，蛋糕在人类膳食中具有根本性作用。话虽如此，但是，如果愿意的话，当我们剥开层层糖霜，我们就会明白，蛋糕是什么，蛋糕对于现在的我们、过去的我们，意味着什么——我们面对的，乃是许许多多真正无比重要的主题：国际贸易的扩张，新世界（砂糖与香料）的开辟，人口的跨国迁移（蛋糕是如何辗转和嬗变的），女子家务活动及其得以解放的历史（烘焙的性别化特性以及这一特性是如何坍塌的），外表的重要性——作为艺术品的蛋糕，以及国民性和国民休闲的兴起与巩固，如此种种，可谓尽在其中。

对许多人而言，蛋糕几乎总是意味着关于欢庆、家庭和爱的种种回忆。因为价格便宜和制作容易，对于绝大多数西方人而言，蛋糕是一种买得起而且熟悉的东西。多个世纪以来，蛋糕一直在社交场合中起着款待客人的重要作用，蛋糕的形状和口味也多种多样。在此类情形中，蛋糕的重要意义，远不只是其营养方面或金钱价值方面。多个世纪以来，蛋糕一直与婚礼、生日和葬礼相伴；它在午餐盒、点心盒中陪伴幼稚童子走进学堂；它说出“我爱你”“祝贺”“对不起”等话语。一个燃着蜡烛的蛋糕被带去聚会，让某人一下变得特别——带来蛋糕的人是那么体贴、充满爱意。家里制作的蛋糕最是关于妈妈、关于家事的思念（常常是梦幻般地不真实），这或许是无数人对家中私房菜和蛋糕念念不忘的理由之一，而因为有了家中菜肴和蛋糕，便使寻常场合也变得不寻常了。还有一些家庭记忆是建立在外边买来的甜品基础上的——巴登堡（Battenberg）、拉明顿（Lamington）、腾奇（Twinkie），这些大品牌蛋糕，对于在家做烘焙的人来说，不如一个简单的海绵蛋糕好上手（腾奇肯定很难搞定，它用到的材料简直匪夷所思）——但是，很多人，当看到塑料包装中那黄中带粉的糕坯、薄薄的那层椰丝或者软软的浅黄色海绵，都仍会发出充满回想的一声感叹。蛋糕远不只是食品：它是那种充满愉快记忆的东西，是一种慰安，也是让你度过整个下午的一种甜蜜素。

蛋糕富含砂糖、油脂和碳水化合物，是一种典型的治愈系食物。一份蛋糕，常常既有营养又有爱，更拔高了它作为治愈系食物这一定位。对于马塞尔·普鲁斯特（Marcel Proust）的小说《追忆逝水年华》（*À la recherché du temps perdu*）中那位叙述者而言，黄油、脆边、扇贝形状的法国玛德琳蛋糕（madeleine），直指若隐若现的童年记忆。当他将美味的蛋糕蘸进茶里，他马上就被带回到一个始终记得却无法认出的地方：周日的早晨，姑妈在让他品尝自己做的玛德琳蛋糕。这一记忆如此鲜活，甚至不必尝到蛋糕的滋味——有围绕蛋糕的那种简单氛围就已经足够。说到玛德琳蛋糕，它是洛林的科梅尔西（位于法国东北部）特产，1730年左右成为时尚——我们将不断碰到各种蛋糕缘起的故事——对于它的诞生，有着各种各样的传说。一个传说，和法国大革命后为塔列朗王子（Prince Talleyrand）服务的一位糕点师有关；塔列朗王子这位美食界大神，我们后边还会讲到。另一个传说中，玛德琳蛋糕是波兰国王斯坦尼斯洛斯（King Stanislaus）那位女厨师的发明；波兰国王斯坦尼斯洛斯也是一个我们后边会讲到的人。

玛德琳蛋糕是地方特产；不过，它固然有其特殊之处，比如，它需要专门的扇贝形模具，但这并不会将今天的家庭烘焙师拒之千里。2010年开始出版发行的《大英烘焙》（*The Great British Bake Off*）脍炙人口，衍生出世界各地无数类似杂志，还有各种其他烘焙表演秀，比如美国的“茶杯蛋糕之战”（Cupcake Wars）、“蛋糕大战”（Cake Wars）、“DC茶杯蛋糕榜”（DC Cupcakes），越来越多的美食博客、专家烘焙实体店和网站、大量烘焙书籍和海量的各式食谱（“蛋糕”是BBC美食数据库上最流行的搜索词）——这一切，让人们对蛋糕的兴趣登上了一个新台阶。家庭烘焙这一趋势从20世纪60年代开始就方兴未艾，而在今天达到其从未达到的高峰，即便是在法国这个糕点大师们素来重视烘焙艺术的国家，也不例外。市场研究发现，2013年有五分之三的英国成年人在家做过至少一次烘焙（比2011年上升了三分之一），四分之一的人至少一周一次。越来越多的人把烘焙当作自己的事业，总体数字上看，我们购买蛋糕也越来越多，尤其是小量的个人份的蛋糕，对此我们将在第八章具体谈到。我们将思考，这对我们的品味、对我们的生活观意味着什么。同时，新型烘焙原料和混合原料市场也在以让人晕眩的速度增长，极为专业的烘焙书籍在亚马逊网站畅销，《家务女神们的经典烘焙圣经》《“烘焙大赛”决赛榜》之类书籍，也是大卖。对此我们将在第四章再谈。

上述这些，意味着对于蛋糕，我们所了解的东西越来越丰富（而且这一点表现越来越明显）。每个制作蛋糕的人都知道，烤蛋糕有四个基本要素（雪球是一个值得骄傲的例外），每一个都在烘焙科学中起着至关重要的作用。“油脂”——黄油、人造油、酥油、植物油——让酥松的蛋糕变得柔和、丰富。这是因为它抑制了筋力的形成，筋力是让面包有嚼劲的东西。同时它让蛋糕湿润，让脆皮发生漂亮的色泽变化。“砂糖”搅拌油脂带来所需要的香甜，同时锁住混合物中的空气，然后，空气在烘焙过程中膨胀，就产生出蓬松的蛋糕。砂糖能做到这一点，是靠把空气传递到它粗糙的结晶状表面。砂糖还有助于让面粉中的蛋白质变得更为柔和；糖加得太多了，会让蛋白质变软，蛋糕的形状就控制不住了。“鸡蛋”和黄油与砂糖共同作用，锁住蛋糕糊中的空气，同时，通过蛋黄，奉献出颜色和丰富性。搅拌鸡蛋过程中带来的蜂巢状气泡，赋予蛋糕海绵状的外形。最后，是“面粉”给了蛋糕结构。当烤炉加热蛋糕糊，面粉中的筋力膨胀，最后，筋力和鸡蛋蛋白形成了蛋糕的形状。如果温度太凉或太热，这些过程就不会按照正确顺序发生，生成厚重而凹陷的外表，要么表面黄过了头，要么成了“火山顶”。如果和面时力度过大，让空气透入蛋糕糊之类本来做得很成功的工作，也会全被搞砸。蛋糕并非都按照同样方式来创制，正如它们并非都依靠同样原材料，我们后边会再来谈这个。

在我家里，和许多其他人家里一样，蛋糕都是记忆制造者。妹妹出嫁时，请奶奶、妈妈、继母制作了她们各自的签名蛋糕——它们占据着我们童年中一个难以忘却的位置。奶奶做的，是有丰富水果的蛋糕，她总是在圣诞节做这种蛋糕。孩提时代，我们觉得这种蛋糕又厚又干，但当我们日渐长大，我们都习惯了把它作为家庭庆典的一个组成部分来欣赏，现在奶奶不在我们身边了，她的蛋糕做法更是特别值得珍惜。妈妈做的，是巧克力海绵蛋糕，我们叫它“女王的巧克力蛋糕”，做法则传承自我们的姨奶奶。妈妈做的蛋糕酥松而水润（秘密在于，蛋糕糊中加入几汤匙开水），几乎每次我们过生日，它就会以这样或那样的样子露面。我们学会妈妈的蛋糕做法，会在上大学时做，现在，会为我们自己的孩子过生日时做。最后，继母做的，是巧克力布朗尼蛋糕，糯糯的、油油的美妙滋味，从它们中有多少黄油就全知道了。

我们姊妹把关于烘焙的共同记忆带到了我们的成年生活。直到我对食物历史产生学习兴趣之前，我从未想过，这些味道十足、营养上不值一提的食品，蕴含了何等深刻的意义。对不同的人，蛋糕意味着什么？怎么会有如此多种多样的蛋糕？历史到底要发生什么才得以有它们？关于家庭、关于家庭中各种关联，它们能够告诉我们什么？我写这本书，是想为这些问题找到答案。

【1】

Cake: The Short, Surprising History of Our Favorite Bakes

公元前2000年，蛋糕问世之前

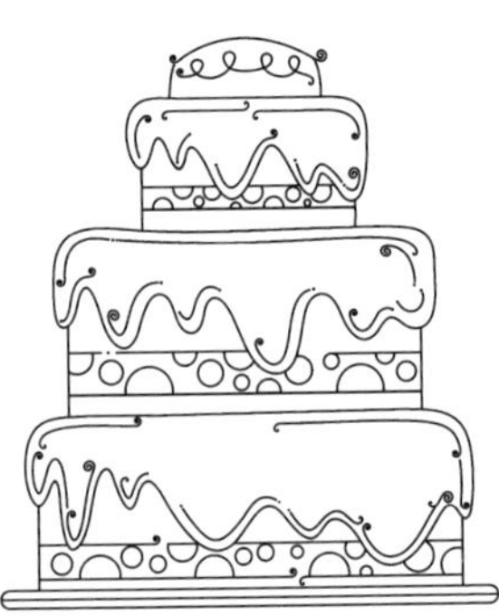

蛋糕那诱人的甜蜜是人们早已习惯的一个现代生活组成部分，所以很难想象一个没有蛋糕的世界会是什么样子。但是，时光倒回4000年，要找到我们今天称之为蛋糕的那种东西可真不容易。一个没有蛋糕的世界，真是让人不寒而栗的想法。但是，第一个蛋糕出现在何时何地？味道如何？我们且以一个熟悉的故事开始我们的寻找，一步一步接近真相。

时间是公元878年，在威塞克斯王国中一个名叫阿特尔尼的沼泽小岛上。盎格鲁-萨克逊人已经忍受了斯堪的纳维亚的维京人劫掠八十年之久，过去四十年里，几乎每年都过得不太平。所有其他英格兰的王国都已经陷落；威塞克斯成了唯一剩下的堡垒，但此刻，冬天过到一半，维京人的大军正在进发，阿特尔尼岛上这一小股武装，已经是盎格鲁-萨克逊人最后的抵抗力量。他们的领袖是威塞克斯国王，史称阿尔弗雷德大帝（Alfred the Great）。

然而此刻，他与这一历史英名还相隔甚远。大战一场之后，阿尔弗雷德的人被打散，王国危在旦夕，自己也只得在一个穷妇人家中暂时栖身。这位穷妇人不认得他，只是问他能否帮助自己照料烤在炉石上的蛋糕。当然，许多读者都知道接下去所发生的事：阿尔弗雷德一直在思考如何赶走入侵的维京人，忘记了，于是把蛋糕烤焦了，就这样，他成了之后1200年中人们耳熟能详的记忆。

我们不该这样就讲完阿尔弗雷德的故事。不久，他集合起自己的手下，跨上战马迎击敌人，并在战场上把敌人打得落花流水。维京人同意接受基督教信仰，和平到来，阿尔弗雷德则再接再厉，成为威塞克斯王国乃至整个英格兰诸王国学术、手工艺、普通法、宗教的推手。他成为唯一的一位以“大帝”之名为人们所知的英国国王。燃烧的蛋糕不过是他卓越统治中一个特别的小小轶事罢了。但是，这个微不足道的事件，对于我们感兴趣蛋糕早期历史的人来说，所包含的东西是非常丰富的。

首先，我们可以肯定，阿尔弗雷德的蛋糕和我们今天知道的蛋糕不太一样。砂糖当时是没有的，所以甜味很可能是因为使用了蜂蜜，而且使用得也不会太多。搅拌过的鸡蛋具有膨松力量那时还没有被人发现，所以那时的蛋糕可能是平而厚的，或者是使用酵母来使之膨松，就像面包。而且，它们肯定不是在烤炉中烤制——烤炉要过上几百年后才会在劳动阶层的家中找到。相反，人们会把东西带到公共烤炉去烤，或者在家中生火来烤。阿尔弗雷德的蛋糕可能更像我们今天能想到的营养面包，或者被压成了一团的燕麦饼。事实上，它们与我们在搅拌黄油、砂糖、膨松剂、面粉、鸡蛋这些东西时脑海中所想到的相去甚远，以至于我们真的不得不问，它们到底是不是蛋糕？

当我们发现，在这个故事其他一些版本中，阿尔弗雷德烤焦的不是蛋糕，而是面包，这个问题变得更加密切相关，这让我们来到第二个关键点：蛋糕和面包有非常近的关系。在9世纪，一位名叫阿瑟尔（Asser）的威尔士僧侣被阿尔弗雷德国王亲自邀请到他的宫中，在他笔下就有关于国王烤面包的记载（正是因为他的《阿尔弗雷德国王生平》[*Life of King Alfred*]，我们才对这位别具一格的国王有了那么多的了解）。1574年，又有一部同样名为《阿尔弗雷德国王生平》的著作问世，这一次，著作的作者变成了伊丽莎白女王的坎特伯雷大主教，而面包则变成了蛋糕。查尔斯·狄更斯（Charles Dickens）这位作家通过他的《儿童英国史》（*A Child's History of England*）让这个和蛋糕有关的故事变得更加有名，1851—1853年间，这部作品在他自己创办的杂志《家常》（*Household Words*）上每周连载。让人感兴趣的是，有一个和阿尔弗雷德的故事非常相似的故事，讲的是和他差不多同时代的另一位英雄，不过来自与之相对的阵营：维京英雄朗纳尔·洛德布罗克（Ragnar Lodbrok）（也有人叫他的绰号“毛裤子”［Hairy Breeches］）。他也烤焦了面包，与阿尔弗雷德烤焦了蛋糕那个故事如出一辙，都是要表现一个英武之人，虽有一时沉沦，却终能奋发图强成其伟业。

所以，在阿尔弗雷德那个版本的故事中，作者有什么必要把面包换成蛋糕？为什么不一直说成是面包，而非得我们具备某种特殊技能才会觉得津津有味？毕竟，蛋糕只是一种让人沉迷的嗜好，一个以勇武为傲的国王是不太会想让自己的名字和蛋糕联系在一起的。这是一种引人注目的方式吗？就为了表明他多么独特？为了更好地——或许带有那么一点羞辱的味道——表现他亲民的德性？或者，这是为了跟阿尔弗雷德开个玩笑，以总括他身为国王，在重归辉煌之前的那次低潮经历？即使我们根本不知道面包到底为什么和在什么时候变成了蛋糕，我们也可以发现，后来的一个个作者无不觉得，它们代表着各种不同的东西，而且蛋糕更能蕴含他们希望他们的读者将之与国王阿尔弗雷德联系在一起的那些品行。在这一过程中，蛋糕意味着与9世纪截然不同的某种东西。

因此，阿尔弗雷德这个传说告诉了我们关于蛋糕的事情，而同时，也告诉了我们关于面包的事情。事情还不只如此，它还标志着，当时，食物在贫和富之间是如何具有轩轻之分，普通家庭和烹饪技术是什么样子，男人和女人、战士和厨师又与什么样的品性相关联。故事中，从面包变成蛋糕，让阿尔弗雷德的低潮期尤为凸显，因为他被迫要去做女人的工作，而且对他发出命令的竟然是一个地位低下的猪倌的妻子。此外，尽管战士需要以面包为食，为何他要自贬身份，在准备一场大战的时候去吃蛋糕这样的点心呢？蛋糕或许并不是这个传说最初的一个部分，但它成了我们理解作者们意欲何为的一种简单明了的方法。

那么，就探讨蛋糕的历史而言，我们可以有两条路径。第一条是作为面包的一种形式的蛋糕，第二种是作为某种洋气、甜蜜或特别之物的蛋糕，就像我们今天所认为的那个样子。这个关于阿尔弗雷德国王传说的不同版本，实质上，是把我们从一条路径带到了另一条路径，但从历史的角度而言，长期以来分开这二者的，只有一道细细的界线而已。早期的各种谷物难以消化，除非在锅中好好煮上一番。脱去坚硬的外壳、舂碎、加水、做成扁平状的蛋糕加以烘焙，则是另一种获取谷物营养的方式，就像我们今天所知的，诸如苏格兰燕麦饼（scottish bannocks）、德比郡燕麦蛋糕（derbyshire oatcakes）、美国的玉米薄饼（强尼糕［johnnycakes］），等等。还有一种是来自维京人的发明，一种叫做野生燕麦糕（havercake）的东西，尽管苏格兰曾一度因为同样的这种燕麦蛋糕而被称为“蛋糕之乡”（Land of Cakes）。在威廉·兰格伦（William Langland）

写于14世纪中叶的诗歌中[①]，那位虚构的人物农夫皮尔斯谈到过燕麦糕，也谈到过蘸着炼乳和奶油吃野生燕麦糕，这表明，蛋糕不仅可以是某种使用谷物制作而成的东西，而且可以被制成甜点。其他的扁平状面包和蛋糕，可以有直接加入面团中的额外成分，比如蜂蜜、水果或者菜籽（香菜、孜然、大茴香、小茴香，等等）、油脂（牛奶或奶油）和鸡蛋。这种蛋糕流传至今已经有了多种样式，比如巴拉布里斯（bara briths）、史多伦（stollens）、咕咕霍夫（kugelhopfs）、邦特糕（Bundt cakes），等等，对此我们将在后面章节谈到。简单地说，盎格鲁-萨克逊时代的“蛋糕”可能指某种非常基本的东西，或者某种极为特别的东西。

字典里的定义强调，这一双重路径存在已久。《牛津英语词典》（*Oxford English Dictionary*）中为“蛋糕”给出的第一个定义是：“一种烘焙而成的面包或与之类似之物，在形状或构成上不同于圆面包或其他常见面包。”那么，我们可能认为，和面包相比，蛋糕某种程度上可能会更小一些、更平一些、更不那么常见一些，尽管词典还补充说，蛋糕“一般由于加工过程中加以转动而使得两面都烤得很硬”。对于现代的蛋糕而言，这当然不是事实，现代的蛋糕，一般地，因为非常精

---

① 指诗人威廉·兰格伦（1332？—1400？）所作寓言长诗《农夫皮尔斯》（*Piers Plowman*）。——译者注

致，所以在烘烤过程中根本不适合什么摆弄，所以，这表明我们还是在面包这个领域中打转。1382年出版的一部百科全书中做出了类似的区分："某些面包在火上烤，烤时将其撕开、扭折，被称为……蛋糕。"这种蛋糕的起源显然是面包，却用了不同的方式来烤制和处理。《圣经》中提到"面包之糕"（a cake of bread）（参见《撒母耳记》[Samuel ii，36]），又向我们表明，一般的面包和被称为蛋糕的那种东西是有区别的，无论这种区别是出于形状、味道还是所起的作用。

不过，《牛津英语词典》还给出了另外一个定义，把蛋糕提升到"洋气的"面包这个层面，之所以如此，是因为它加上了"特别的"原料：黄油、砂糖、香料、果脯，等等。阿尔弗雷德国王时代的盎格鲁-萨克逊人肯定熟悉这种蛋糕——假如他们有钱去买这些额外原料的话。这种蛋糕要么仍然是扁平状的——就像我们苏格兰的黄油酥饼，或者，像人们叫作炉石蛋糕那种蛋糕的样子，人们可能幽默地称之为英国岩石蛋糕，因为它们看上去就像岩石，但味道则如您所希望的那样，要甜多了；又或者，像营养蛋糕那样使用酵母使之膨松。12世纪开始，我们有了关于一种叫作蛋奶蛋糕的法国饼干或蛋糕的记录，它扁圆形，由面粉、油脂和蜂蜜制作而成（gâteau[蛋挞]这个法语词就来自此）。在阿尔弗雷德国王时代的欧洲，肯定有指蛋糕的许多不同语汇，从"天空"（cicel）到"圆块”（pastillus）（后者指一种小蛋糕），不一而足。很清楚，相比之后几百年里称为蛋糕的那种东西，这些蛋糕的质地截然不同，但它们仍然明显具有“甜蜜而特别”这类我们今天仍将之与蛋糕联系起来的特质——而且丰富多样。

不过，要搞清楚阿尔弗雷德在那关键一天烤焦的到底是什么，我们得知道谷物在这个时代的重要性，而不是去关心蛋糕当时的时兴式样。人们估计，在14世纪初，收庄稼的人所吃东西中，高达80%的卡路里是由谷物而来，即使是士兵，也近乎这个标准（人们或许以为，士兵吃得可能更有营养，才能保障必要的体能和精力）。贵族阶层的膳食更为丰富多样，但其卡路里来源的三分之二，仍然还是来自谷物。1371年，在彼得伯勒主教（Abbot of Peterborough）管理的大修道院里，每个月要烤11次面包，每次400个以上。手脚不干净的面包师会受到严厉惩罚：1327年，伦敦的官员们发现，至少10个面包师在柜台里修有暗门，以方便在把顾客的面包拿去烘烤之前从面团底下掐下一些来。面包师对顾客是按照足量收费，而他们用偷来的面团做了多余出来的面包。这一案件中，10个偷奸耍滑的人都被判入狱，其他非法偷取面团的人，被勒令脖颈缠着面团罚站。1266年，英国通过一项面包法案，对不同面包的价格和重量作出规定，以防止欺诈。

这种或那种谷物之所以长久以来占据重要地位，是因为它不仅样式众多，而且能够填饱肚子。样式众多，是因为它具有许多不同的品种：在大多数气候条件下，总有一种可以适应。如果不止一种可以大面积栽种，英国的大部分地区都能够做到这一点，那当然是越多越好，因为它不仅能够提供营养，还能充当抵抗灾年的保障。一旦收获，谷物可以被制成各种各样的吃的，为填饱肚子立下大功；食物来源或收入极为有限的时候（我们人类历史上大部分时期都是如此），拿它来做什么，更是得慎重思考。这很幸运，因为没有经过加工的谷物不适合人类进食，要使之适合人类需要，得花上不少功夫才行。要提取可食用的谷粒，收获物必须通过脱壳得到谷粒，通过扬谷去除糠皮：先是麦秆上带壳的谷物，然后是去掉谷物中无用之物或糠皮而得的谷粒。随着作物逐步驯化、栽种，被人们赋予越来越便利的属性，这一切变得更加容易起来。野生谷物，不论玉米、大麦还是小麦（或者其先祖，古代埃及人用来制作面包的双粒小麦和单粒小麦），通过不同方式发生改变和进化，在结籽和硬度上都有提升——简单地说，更易于存活。它们生有高的茎秆，它们的谷粒包裹着包衣或外壳，觅食的动物不容易够得着。它们一支茎秆只长一支穗，以最大化存活和播种的几率。同时，尽管外壳容易破开，便于谷粒掉落大地生长，谷粒本身却裹有一层坚硬的种膜。可是，对于人类而言，谷物所有这些特征都是大麻烦，要收获足以养家糊口的谷物可不容易，尤其是要考虑到，以前，谷物还要经过浸泡或烘烤才能去除糠壳，才能吃到嘴里。有趣的是，这个特点改变了蛋白质，以至于其膨胀受到抑制，使得面包和蛋糕都成了扁平而厚实这种模样。

人类在大约公元前8000到7000年间就开始栽种谷物，一开头，他们就试图剔除这些不受欢迎的特性，想要让谷物的种植、收获、加工都能变得可靠而且容易。经过驯化的谷物紧致地长成一个穗子，而不是一颗一颗的。它们贴近地面生长，在同一时间成熟。所有这些改良，对于作物的种子繁衍来说，都是一些坏消息，但对于培育出这些新品种的谷物开发者而言，是迈出了大大的一步。尼罗河的埃及人完善了耕种的技艺，在丰饶的尼罗河河谷，除非遇到洪灾或雨水不足的最坏年份，谷物的出产可以达到当地人需求量的三倍。罗马帝国的谷物有三分之一来自埃及，而且税收的多少是根据每年谷物的产量制定出来的。

尽管有了上述一切，谷物仍然需要长时间的烹饪，而烹饪最便利的方式，就是火上架一口锅：粥汤早于面包，因为它们无须太多关注，很长一段时间里，锅是最重要的烹饪设备，远远胜过平底锅或烤炉。把谷物变成任何更为精细的东西，比如面粉，须对谷粒进行研磨，而如果要追求最大膨松度，面粉还须要用细密的布料筛过，或者称为“过滤”（bolt）。可能是埃及人首先栽种无须烘烤的谷物，但是通过搜集到他们用坏的牙齿的考古证据表明，他们的面粉依然吃着牙碜、没有经过精加工。那些用单粒小麦之类谷物制成的粗面包，一旦冷了就会变硬，吃起来简直称得上是一种痛苦，那些由小麦、带壳的大麦、野生燕麦、各种草种和草籽制成的圆面包，发现于格拉斯顿伯里这个英国湖畔小村庄，可以追溯到公元前1世纪，同样好不到哪里去。

暴死之后，林多人[①]的尸体在英国一处沼泽中保留了2000年，他所吃的最后一餐，就是一种类似的、未经发酵的、平底锅烤出来的“蛋糕”，所使用的面粉来自二粒小麦、双粒小麦以及带壳的大麦。林多人是公元1世纪的某个时候被脸朝下埋在了沼泽中，但他的最后一餐反映出来的，是我们的祖先在之前2000年中一直在吃的那种东西。这么说来，我们的蛋糕有4000年的历史，对不对？对他胃中内容进行分析，甚至可以看出这个蛋糕是怎么制作的：在赤杨木火上快速地将其烤好。

几百年来，磨粉都是在石磨上进行的：石磨是通过摩擦来磨碎谷物的一组石头。埃及人用的是鞍形磨，上面的石头一遍一遍地在底盘上做前后运动。后来人们使用的是圆形磨，一圈一圈地做转圈运动，这使得利用畜力成为可能（让动物做转圈

---

① 林多人（Lindow Man），1984年于英国切郡威姆斯洛地区林多沼泽发现的沼泽古尸，此发现被称为“20世纪80年代最有影响的考古发现”。——译者注

运动可比让它们做前后运动要容易得多），最后还使用到水力和风力。到1086年的土地清查（the Domesday Survey）为止，英国共有水磨6000座，虽然许多人家中的研磨，是靠家庭妇女辛劳地转动她们的小型手推磨来进行。之后的几百年，研磨都是如此进行，尽管教会和其他大地主禁止家庭研磨，以便维护自己的垄断地位。直到19世纪，研磨技术才有了第一次巨大进步，钢制转磨得以发明，面粉能够磨得更细了。

一旦谷物最终能够得到研磨、筛淘，那么，制作营养丰富能够填饱肚子的食物的可能性，就变得几乎不再有任何限制了。最重要的，始终有无数样式的面包：不仅有用细白面粉和野生酵母制成的发酵面包，有使用了酿造工艺或者发酵葡萄汁的发酵面包（有种麦芽酒也是通过使用烤得半熟的面包进行发酵来制作的），还有不发酵的玉米粉制成的圆饼或者墨西哥玉米饼，更有用燕麦粉或大麦粉做成的营养蛋糕。谷物丰收，对于农村来说，关乎幸福与财富，所以，丰收时节的宴飨和感恩有着重要的文化意义。丰收庆典在全世界仍然广受欢迎，从中国中秋节的月饼，到专门收集英国小学和教会装食品的瓶瓶罐罐，表现形式多种多样，当然，最知名的，是美国的感恩节了，感恩节定在每年11月的第四个星期四，为的是铭记新大陆给予清教徒定居者们丰厚的馈赠。

面包在许多其他传统中也具有象征性的意义：面包和盐是

欢迎的传统标志，一起分面包是一种友好行为（companion［友伴］这个英语词就是由cum［共同］和pane［面包］这两个拉丁词而来）。迷信中有这样的说法，掉了面包或者把面包底朝上放在桌子上会带来坏运气。在法国，人们认为，把面包底朝上放置会有坏运气，如果面包掉在地上，必须给它吻上一下。在罗马帝国时代，要给穷人分发面包（后来是分发谷物）；恺撒（Julius Caesar）当政时期，三分之一的罗马人都享有（或许，从另一种方式来看，是“需要”）这一慷慨。关于罗马人，最有名的一个事实是，他们在整个帝国到处建筑粮仓，为的是保证每个人都能够获取足够的粮食。

罗马人，和他们之前的古代希腊人和埃及人一样，都是对烤蛋糕很有讲究的人。埃及人从把面团变甜开始，做了一件时髦的事情，前边我们已经有所提及，而在公元前5000—公元前3000年左右，他们又开始了制作某种名字不同、目的不同的东西，这就是所谓的蛋糕。蛋糕的原料人们非常熟悉：小麦粉、蜂蜜或果脯、酵母、鸡蛋、牛奶和香料。它在滚烫的石头上烘烤，起着不同作用：用作献给神祇的墓葬品（《旧约》中曾提到过蛋糕，根据《耶利米书》的记录，就在6世纪出走巴比伦之前不久，犹太人还曾“可耻地”为天后制作蛋糕）；用作供奉死者的祭品，让其踏上往生之途；或者用于活着人们的公共庆典，譬如庆祝丰收。在漫长的岁月里，埃及人发展和完善了他们的蛋糕制作，使之达到相当成熟的水平。蛋糕的形状变得更具装饰性，有了鸟和鱼等的不同描绘，而且，蛋糕的烘烤是在烤炉中，而不是炉石上，这让蛋糕变得更为“膨松”，烤得更为均匀。

希腊人和罗马人继承了这一烹饪典范并将其变为自己所有的东西。蛋糕在希腊和罗马文化中起着类似于其在埃及文化中的作用：仪式和寺庙献祭、庆典和当作点心，但关于蛋糕的一切都变得更为多样、更具庆祝性。希腊人有几百个种类的蛋糕，形状、原料、目的各不相同。希腊语中，最常见也最通行的指蛋糕的用词是plakous（意思是“平的”），由这个词而有了placenta，后者的字面意思是“赋予生命、有营养”；在拉丁语中，与之对应的词是libum。用于寺庙献祭的蛋糕叫作popanon（它们一般为圆形，为的是纪念月神阿尔忒弥斯）。希腊人甚至开启了在蛋糕上放蜡烛这一传统，这也是为了纪念月神和她的月华。他们发现，不用酵母，用啤酒可以发酵面团。用山羊奶或绵羊奶制成的奶酪蛋糕，是为了给参加第一届奥林匹克运动会的运动员们提供能量而制作的（奶酪被认为具有增强力量的作用），这些很快就流传到罗马城和整个罗马帝国，并伴随着这种流传，逐步形成各地具有自身特色的原料和风味。

关于蛋糕在类似时期里如何制作和使用，《旧约》给出了进一步的证据：再一次，有些是明确地提到了面包，尽管有时是用最好的面粉制作成的面包；还有一些是用于祝福新获任命的神父。它们的做法数量众多、样式各异：我们可以看到，有不发酵的蛋糕、无花果蛋糕、用蜂蜜烤出的蛋糕，还有油里煎出的蛋糕。最重要的是，这些证据揭示了若干欢聚时刻、若干共同享用蜂蜜和干果等地方原料的时刻，直至今天，在中东，这些方面在款待客人时仍然备受重视。

那么，希腊人和罗马人显然是喜欢蛋糕的了（希腊那位名医[①]写过叫作《论蛋糕》［*On Cakes*］的一整本著作，可惜没有流传下来），可他们还不是唯一喜欢蛋糕的：我们知道，在印度，重要的宴会上都会有甜蜜的蛋糕，尽管它们只是出现在开胃小吃那一类里。在中国，公元前1世纪就有烤蛋糕。确切表明这些早期蛋糕如何构成的书面食单很少保存至今，但我们有许多从公元后几百年间戏剧、绘画、陶器所获得的信息。从庞培和赫库兰尼姆[②]的灰烬中，我们甚至取得了更为直接的证据，在这些地方，考古发掘出一个个装蛋糕的东西、若干不同形状已经炭化了的蛋糕。

这些蛋糕中，一些是供日常消费所用，一些是供特殊

① 指希波克拉底（Hippocrates，前460—前370），被尊称为“西方医学之父”。——译者注

② 赫库兰尼姆古城（Herculaneum），距离著名的庞培古城（Pompeii）8公里，与后者同时毁于公元79年8月24日的维苏威火山爆发，同样是研究古罗马社会生活和文化艺术的重要考古遗址。——译者注

场合所用。有的明显具有狂放不羁的一面：希拉克莱德斯（Heraclides of Syracuse）这位作者曾描述过被称为mylloi的由芝麻和蜂蜜制作的节庆蛋糕，它们被做成女性阴部的样子，为的是纪念女神德墨忒尔和珀耳塞福涅①；斯巴达人有一种被叫作kribanai的蛋糕则做成女性胸部的形状。金字塔形状的蛋糕叫作pyramous（之所以如此命名，或许意在讽刺法老们过于张扬的陵墓），它是用经过烘烤并在蜂蜜中浸泡过的小麦做成的，作为奖品，发给那些经历持续整夜的希腊集会或饮酒佳节而仍能保持清醒不醉的人。还有许多蛋糕，则是与葡萄酒、果脯和干果一道，用于酒吧或者家庭盛宴。另外一些蛋糕，更像是加了糖的面包或者比萨，是用干无花果、枣、绵羊奶酪等人们熟悉的地方特产制作而成。列举了这么多形形色色的蛋糕，我们可以再次看到区分面包和蛋糕之间那条细细的界线，尤其是像克里特人称为glykinai的那类精致点心，它们的甜纯粹是因为使用了甜葡萄酒。其他一些蛋糕使用到由葡萄酒酿造而来的天然酵母，即所谓的汁液（传统上，汁液是从新鲜的月桂树叶上收集而来，这使得制作它们的油具有一种微妙的风味，一种额外的温润）。后边所说的这种蛋糕并不一定就算十分特殊——政治家卡托（Cato）就曾将其分发给自己的仆人享用。而像gatris

① 德墨忒尔（Demeter），希腊神话中农业和丰收之神；珀耳塞福涅（Persephone），希腊神话中冥王的妻子。——译者注

之类干果蛋糕，在剧作家阿特纳乌斯（Athenaeus，170—230）的《聚会上的大师们》（*The Partying Professors*）这一作品中就曾有过描述（这部剧作的确可谓关于食物一场长篇的、让人流口水的对话），更像干无花果或枣制成的扁圆饼，上面撒有磨碎的芝麻或者罂粟籽。这种蛋糕看上去就十分奢华，所以被罗马法律禁止。处在另一个极端的蛋糕叫作phthois，它是和献祭动物的内脏一道享用——一种难以让人胃口大开的配菜，但是对以内脏祭神的罗马人而言意义重大。原料也各有不同：当时的许多做法都使用奶酪而非黄油或植物油（于是需要的量很大，因为奶酪所含油脂比黄油或植物油低）。甜味主要来自蜂蜜、枣或无花果，而非砂糖。而且，并非所有蛋糕都是烘焙而成：希腊人的enkris和罗马人的globus都像是甜甜圈那种样式，都是经过油里深煎并裹上蜂蜜制成的。

关于这些蛋糕，最让人叫绝的是，它们都是在大多数欧洲地区在炉石上烤未经发酵的面包时期制作出来的。事实上，许多希腊人和罗马人对于面包、对于简单的蛋糕，也都是这么做的，而且他们也会切去四面和底部，以去除炉灰，和几百年后盎格鲁-萨克逊农夫们所做的完全一样。对于大多数普通人来说，洋气的蛋糕并非常规膳食。不同地方还有一些特别的特色食品：雅典尤其出名的是烤炉烤制的面包和蛋糕，阿提卡的伊米托斯山据说出产最优质的蜂蜜（它带有生长在山上的野生百里香所具有的那种自然风味）。吕底亚人那种被称为enkytoi的蜂蜜蛋糕，与他们的文化和教养一样负有盛名。

古代希腊和罗马这些更为时髦的蛋糕和面包烘焙制作，大多在专门的烘焙店中得到流传。古代希腊人有着严格的行会制度，对其烘焙师进行管控，而罗马的烘焙师行会（the Collegiusm Pistorum）成立于公元前168年，是少有的没有奴隶只有自由人的行会，甚至在参议院还有一个代表。罗马城里有几百家烘焙店，比较富有的阶层或许会每周到其中的某个店去上若干次（或者派他们的奴隶去）。不仅如此，随着罗马军队及其随从人员的挺进，烘焙、研磨和关于蛋糕的了解于是得以在整个帝国流传——甚至远达不列颠群岛上的小小哨所。不幸的是，对于阿尔弗雷德国王及其人民而言，即使这些东西和传统有一部分为其先辈所知，与此有关的知识也随罗马人公元400年左右撤出英国而被遗失。盎格鲁-萨克逊人重新回到他们那种既缺乏颜色又味道寡淡的膳食上，更像是罗马人到来之前他们所知道的那种样子了。

因此，蛋糕在阿尔弗雷德的盎格鲁-萨克逊时代，从甜蜜和水准来说，是其食物发展史上的一次倒退。罗马人之后的日耳曼定居者在烘焙方面品位大大下降，他们的蛋糕过分倚重小麦或其他谷物，在原料增加、形状、点缀等方面乏善可陈。事实上，林多人及其战友所吃的小“蛋糕”，既不像我们今天的面包，也不像今天的蛋糕。要取得那种膨松，要求对曝气和发酵有所了解，渐次地，要求一定的技术含量。谷物可谓神奇的多变性在于其筋力：一种在揉面时会形成延展链的蛋白质。谷物与谷物之间的筋力相差很远，最富筋力的是加拿大小麦，藜麦和荞麦制成的面粉最差，根本没有筋力。这就是为什么小麦粉让蛋糕和面包显得轻，其他像玉米粉之类会使之显得厚。

额外的膨胀力来自酵母，像埃及人所知道的那样，酵母可以从空气里的孢子中捕获，酵母对面团中的糖分发生作用，产生二氧化碳。部分面团可以留下来“发”下一批，就像酸面团那样。西欧的日耳曼地区也很早就获得了这一专门性知识：在西欧，表示酵母的大多数早期语汇都是基于日耳曼诸语言的。我们已经看到，各种“膨松”形式都来自麦芽粉或其他发酵类谷物，大多数早期烹饪书都包括有如何制作酵母的内容（从酿酒得到的酵母必须仔细冲洗，可能带有苦味）。其他从肥皂制作而来的各种化学性酵母，在18世纪后期开始出现，对此我们将在第三章来谈，但商业性酵母直到19世纪早期方会为人所知，而自发粉则要等到19世纪70年代才会问世。

最后，面团——不管是面包、面饼还是蛋糕——需要加以烘烤。有考古证据表明，在莫拉维亚一处遗址发现的烤炉，可以追溯到公元前25000年，至少比我们开始庄稼种植早15000

年，近东地区发现的面包烤炉，可以追溯到公元前6000年。又一次，是埃及人对烤炉烘烤做出了意义重大的改进，首先，他们采用高大的模具，模具在炉火上的面团上方转动（制造出让蒸汽循环和促进膨胀的一个闭合空间），之后，他们建造了像印第安人泥筒炉那样的圆形敞口烤炉，把面团贴在内墙上来烤。完成这些需要猛火，所以，在人口密集的城市里，买到烤现成的面包，或者把面团带到公用烤炉去，显得更有意思。这在阿尔弗雷德的盎格鲁-萨克逊时代仍然是常见的做法，当时，庄园主会允许自己的佃农使用庄园里的烤炉（须付费）。还有一种方式，是在家中火炉上烤些简单点的东西，就像阿尔弗雷德借宿那家的女主人所做的那样。这在木材丰富的欧洲地区是非常常见的；或许，我们并不确切知道，因为砌炉子的石头太不值钱，所以不值得被写入遗嘱或者货物清单里。如果石头没有传下来，面包和蛋糕就得在发生过大火的热土上烤，靠堆在它们周围的高温的灰堆来获取更多的热。不过，烘烤技术很快有了发展：到13世纪为止，许多人都使用铁制的“石头”，将其悬挂火上，来烤他们的炊饼、干果糕和燕麦糕——这些都是扁平面包这一主题的区域性变奏——或者，将面团置于火炉上或悬挂于火上，上面用一个模具转动，这样就制成了一个小型的封闭型“烤炉”。对于气候更加温暖的南部欧洲而言，在一年中的大部分时候，可没人想要这样子在热腾腾的火上进行劳作，因此，人们非常想要尽早地对此作出改变。伊丽莎白·大卫（Elizabeth David）报道说，到19世纪末，在康沃尔的部分地区，面团仍然是在平底锅上和模具下面烤。一种受人喜爱的样式是康沃尔汽锅面包，是用大麦粉做出的，可以大到像车轮那样，一个村子的人都可以享用。修建于德文郡巴恩斯特普地方的黏土烤炉（在威尔士、爱尔兰和美国部分地方也能见到）一直用到了19世纪晚期，而其设计，自从新石器时代以来，一直就没有过什么大的改变。

更大的单位，如修道院和城堡，到1066年罗曼征服之前，早已有了砖烤炉。这些烤炉由石头或砖砌成，三英尺高，周长十四英尺，甚至更大——一些最大的烤炉，一个人可以笔直站立在里面。它们可以砌在墙里，或者更普遍地，置于独立的烤房或厨房之中（以避免很可能引发的大火），它们通过点燃成捆的木材来加热，直到获取适当的温度（温度适当与否，是通过触摸来判断，或者通过烤黑一把面粉的速度来判断）。然后将火清扫出去，放入要烤的东西。首先要烤的是面包，之后，随着烤炉逐渐冷却，是烤馅饼，最后，是烤蛋糕。这里，我们的确能够看到，制作蛋糕是制作面包这个常规规程的一个自然的组成部分。它常常是由同样的面团制成，上面加了额外的原料。这可以解释，为什么有营养的甜面包式蛋糕是一直以来的传统，到今天仍然让英国的烹饪文化充满生机：威尔士的斑点蛋糕、麦芽饼、猪油果脯蛋糕，康沃尔的藏红花蛋糕，等等。这也意味着，我们可以把蛋糕看作面包制作的奢侈那面：甜点一般是和家庭的主食一道烤制。

有趣的是，尽管专业面包师是男的，在家中，火炉上烤面包的却会是女人，就像阿尔弗雷德那个故事中一样。事实上，盎格鲁-萨克逊词汇中，表示“女主人/女士”（lady）这个意思的词，就来自hlaefdige，指的就是揉面的人，而表示“男主人”（lord）这个意思的词，则来自hlafward，指保管面包的人。这标志着女性在制作家庭主要食物来源中起到了至关重要的作用，又标志着面包多么具有价值，以至于男主人的职责之一就是要“保管”它。稍后，我们还会谈论厨房中性别划分这一主题。关于阿尔弗雷德烘烤事故那个传说的最后一个事实是：最好的小麦在地势低洼的地方长得最好——比如英国南部，他的麦西亚王国所在的位置。

但是，并非所有面包和蛋糕都是以相似方式创造出来的。在西欧，白面粉制成的食物总是比黑面粉制成的食物更为人喜爱，因为白面粉需要更多加工，因此也更贵（正是因为这个原因，在面粉中掺杂白矾等白色东西成为一大问题）。白色代表着纯粹和健康，我们对于砂糖就是这么看待的。最精细的面粉需要费大力气地反复筛过，才能去除麦麸和糠皮；最精细的面粉不仅要筛，而且要用带有细密小孔的布来“滤”，要大力拧、抖布料，精细的微粒才能穿透而过。最高品质的蛋糕和面包只能使用这种面粉来制作，包括被叫作crompehts那种扁平状蛋糕（这个名字来自凯尔特语crempog，指一种煎饼），以及叫作pandemaine和wastel那类营养面包，牛奶、黄油或鸡蛋的确使之营养丰富。pandemaine这个词可能来自拉丁文panem Dominicum，意思是“天父的面包”（Lord’s bread），这表明其地位的重要。我们在稍后的一章中会发现，法国的面点厨师会得到额外的特权，因为他们负责为圣公会烤制圣饼。处在底端的是没怎么加工、又黑又粗的面粉，其中还含有大部分谷物外壳（因此而含有更多维他命和矿物质，尽管当时人们不知道这一点）。这类面粉是用来做食盘的——用作可食餐盘的方块状面包，虽然，通常它们都会在餐后被送给穷人吃。

其他面粉之所以黑，是因为它们经由带有较高比例麸皮的谷物研磨而来，如大麦、小米、黑麦等（这些在东欧较为普遍，其中，从文化重要性上来说，黑麦的地位如同小麦在西方的地位）。在中世纪的英国，最常见的面包叫作玛斯琳（maslin），它就是用小麦粉和黑麦粉混合制成的。直到今天，德比郡仍因为其燕麦蛋糕而出名；英国烹饪名人毕顿夫人（Mrs Beeton）——我们将在后面一个章节中谈到——在坎布里亚郡度过了自己的童年时光，在那里，她应该见到过大麦面包（相比小麦，大麦实际上是一种更具依附性和适应性的一种谷物）。为了礼拜日，人们可能购买小麦面包。在爱尔兰，面包是用土豆制作出来的。

其他这些面粉也渐渐迈入更为时髦的烘焙：19世纪上半叶，在英国北部的坎伯兰郡、威斯特摩兰郡和诺森伯兰郡，在制作蛋糕过程中人们还在继续使用燕麦片（美国独立战争中的约克郡第33步兵团以“燕麦糕少年”［the Havercake Lads］而闻名，因为他们的招募官在行军时，总是在剑上挑着一个燕麦糕）。在意大利，今天仍然使用栗子粉来制作某些传统蛋糕：因为无可奈何而成为一种传统，就像生活十分困难的时候，会把豆子甚至杂草研磨了来做面包。在法国西南部，玉米片传统上也被用于制作蛋糕。每种谷物、每种面包，都带有其自身的特质：小麦代表力度，大麦代表甜度，燕麦代表湿度。

蛋糕那特殊的甜味，在其演变路途中来得相当晚。公元前1000年，砂糖就在中国、印度和亚洲某些地方为人所知了，欧洲人最初见到砂糖是在印度（希腊语中，表示蔗糖的词是sakkhar，这个词就来自巴利语，巴利语是印度北部的一种语言）。但是，直到11世纪末的第一次十字军东征，从塞浦路斯、克里特和亚历山德拉将其带回家来，在西欧，才能便利地获得砂糖。在这个时候，砂糖是一种罕见而新鲜的东西，足以成为一种昂贵的奢侈品，被用于医药（1274年，为英王爱德华一世那位残废儿子开出的处方中就有砂糖；可惜这并不能阻止他六岁早夭），用于点缀，用于盛宴末尾呈上的糖果中。如果你足够有钱，能够让你的客人吃到各类甜点，譬如蜜饯（裹有糖衣的香菜籽——因为需要一层一层将澄清的糖浆泼在这些籽粒上而无比耗时）、果脯，或者昂贵的、起装饰性的城堡、花卉甚至历史场景形状的“微雕”，那你可真是中世纪社交界中有数的人物。

如人们所能够想到的，由于昂贵而稀有，砂糖极其为人渴求。砂糖对牙齿的危害那时人们并不知道，同时，“高热量却无营养”（empty calories）这个观念，对于当时运动程度远比我们高而热量摄入远比我们低的人们而言，还算不上什么问题。在中世纪人们的思考中，砂糖是一种颇受重视的商品，因为它能够促进温暖而湿润的“体液”（humours）分泌，因而被当作一种治疗品，在处方中为那些体质偏冷、偏干的人开出。当时，人们还认为，它能够促进消化，对于分解胃里边的食物有好处。英国人并不需要什么说服就发展起了对甜的嗜好，甜很快就征服了他们的吃的、喝的，征服了他们的餐后点心和蛋糕。而且还产生出众多的样式：中世纪的菜单中提到了黑糖、黄糖和白糖（它们代表着不同的加工程度；16世纪之后，大部分糖类加工都是在英国进行的），这些糖通常必须从糖条或糖锥[①]凿下来，再磨成粉。更加时髦的样式是玫瑰味或紫罗兰

① 到19世纪晚期为止，细砂糖生产和销售的通用形式都是将其做成圆顶的圆锥体，称为loaf（条）或者cone（锥）。——译者注

味。传统那种高温熬制糖果，是通过把硬化的糖浆拉成不透明的绳状，然后再拧成束或切成锭而成，它们就源自中世纪时期，砂糖带来的愉悦于是在英国人的膳食中慢慢扎根下来。有人觉得，这种甜是充满罪恶的口腹之欲，但对于那些受到诱惑的人而言，幸运的是，意大利神学家托马斯·阿奎那（Thomas Aquinas）在13世纪中期宣称，糖果并非食物，所以在宗教斋戒日里并不会受到限制。

在砂糖之前，烘焙师们使用蜂蜜让面包和蛋糕变甜，就像在修道院里祭品和在医药中那样；同砂糖一样，蜂蜜的甜味使之被人看重，被人渴求。蜂蜜蛋糕对于犹太人的“新年”（Rosh Hashanah）假期而言仍然受到钟爱，因为它象征着新的一年充满甜蜜与希望，而伊斯兰的《圣训宝书》（*The Hadith*）则推崇蜂蜜与学识，用它来促进心灵和身体的健康。我们从墓室壁画知道，埃及人养蜂，而且他们还从枣、无花果和长豆角中提取甜汁。希腊人和罗马人从郊野搜集蜂蜜，我们已经在前文中看到，来自依米托斯山的蜂蜜尤其为人珍爱。尽管砂糖慢慢成为英国膳食的主流，蜂蜜却是到16世纪30年代修道院解散、亨利八世一手打造出改良过的天主教教会为止，都一直更受人们欢迎。制作蜂蜜的窍门和能力随着养蜂修士的四散流离而失传了。

另一方面，为了让蛋糕质地更为丰富而添加的黄油，在英国和其他西北欧地区要比更南边的地区更为常见。我们已经从本书中知道，希腊人和罗马人常常在蛋糕中使用奶酪而非黄油（他们用来指黄油的词是boutyron，意思是“奶牛奶酪”），之所以如此，是因为气候太暖和不利于黄油的保存。南部用植物油而北部用黄油，二者之间的文化分界线几百年前就划定了，并且这种分歧一直延伸到烘焙以及烹饪和早期医药中。对于希腊人而言，北欧那些吃黄油的人都是野蛮人。但是，在北部地区，观点正好相反：黄油被认为是一种奢侈品，在“降临节”（Advent）和“大斋期”（Lent）之类斋戒期间是必须戒绝的。黄油在铁器时代由凯尔特人引入英国，这个时期可能长达六百年，直到罗马入侵，它标志着书面记录的开始。接着，随罗马人一道而来的是橄榄油，但橄榄油并未持续整个罗马占领时期（猜测起来，橄榄在这样的气候中也没法长得好），不列颠群岛的居民很快就又回到了使用黄油。黄油比奶油更易于保存，尤其是在存放之前先将其用盐腌过或者用盐水泡过。而且，尽管它是一种奢侈品，对于那些养奶牛或身边有奶牛的人而言，它倒并不是可望而不可即。

让面团变得更加丰富和变成蛋糕的最后一种方式，是通过加入鸡蛋。这里，我们又要谈到一个不同于我们的世界，在那里，许多人都养鸡，能收获鸡蛋。话虽如此，但鸡蛋并不是一种长年供应的东西：母鸡要产蛋，须有充足的阳光刺激它们的脑垂体，才会产生必需的荷尔蒙（由于养鸡坊里有了人工照明，这种季节性影响现在我们已经大多看不到了）。这可能增加了它们的价值，但是，基于多种象征性的理由，鸡蛋仍然具有特殊的地位。它们由冷温的蛋白、营养丰富的蛋黄和坚硬的壳构成，这些使得它们看上去像缩微版的世界：不同品质的组合使得它们成为一种完美的食物。按照基督教的规范，它们在一般的斋戒节日是可以吃的，尽管在大斋期中不被允许。在史前时代，野鸟蛋的吃法简单：烤了吃，或者直接从蛋壳上面吮吸。又一次，是罗马人把鸡蛋的烹饪加工带到了一个更为成熟的水平，他们用鸡蛋做蛋奶糊，用鸡蛋把其他菜肴连为一体。也许，是因为认识到鸡蛋让其他东西口感变得更为丰富，人们把鸡蛋加到了做面包的面团里。这个尝试得到了回报：鸡蛋中的蛋白质使得面包更为软和，油脂使之营养丰富，稍作搅拌就会锁住空气，有助于使之膨大。

我们有几种中世纪的烹饪方法，它们表明，是这些原料帮助面包逐步变成了蛋糕，就像16世纪有一本名叫《寡妇珍藏》（*The Widowes Treasure*）的书中记录下来的一则烹饪方法，它要求厨师烘烤和过滤面粉，将其与凝结的奶油、砂糖、香料和蛋黄混合，如此形成能够做成蛋糕形状的蛋糕糊。这些被称为“精蛋糕”（fine cakes），尽管它们听上去更像我们今天所谓的饼干或者酥饼。许多其他尺寸小、加了水果、经过发酵、有甜味的炊饼还保留在英国经典烹饪中，譬如果干饼、水果饼和威格斯（wigs）——威格斯是加有香料的三角形楔子状饼，可惜现在已经没有了——而且这些早在15世纪就广为流行了。轻巧、像面包一样、金色的康沃尔藏红花蛋糕是另外的一个例子。

在之后几百年中，各类的甜面包注定会成为英国地方特色食品中独具魅力而且为人热衷的一种传统。康沃尔郡手撕面包（Cornish splits）、德文郡奶油包（Devonshire chudleighs）、诺森伯兰唱歌杂碎包（Northumberland singing hinnies）（它们会唱歌，是因为里边的肥肉在平底锅上煎得滋滋作响）以及来自大湖区①阿尔福斯顿的“招工节蛋糕”（Ulverston Hiring Fair cakes），它们之所以出名，更多地是因为特别的地方而非其原料，尽管许多看上去或吃起来的确独具特色（唱歌杂碎包，同它的近亲萨塞克斯果干大蛋糕以及来自英格兰南部和西南部的猪油蛋糕一样，都是既有猪油又有黄油，比手撕面包油脂更重也更厚实）。其他的甜面包甚至有着更明确的关联关系，譬如班伯里（banbury）和埃克尔斯（eccles）（它们分别是根据牛津郡和兰开夏郡的城镇名称命名的），它们实际上是以油酥点心而非蛋糕作为联系基础的。埃克尔斯趣名“苍蝇墓园”

① 大湖区（the Lake District），位于英格兰西北部，著名度假胜地，因为湖泊、森林、山脉等自然风光和湖畔派诗人等人文遗迹闻名，1951年在此建立了国家公园，2017年被列入联合国教科文组织世界遗产名录。——译者注

（flies'graveyard），因为它那薄薄的酥皮上嵌有无核葡萄干。这一遗产将经久不衰：妇女协会所办杂志《家与国》（*Home and Country*）在1942年曾经登过一篇文章，里边开玩笑地说道，那些熟悉英国乡村的人，可以根据其烘焙的产品来为周游这个国家导航：

我不应讶异，在这些天色昏沉、难以名状、让人困惑的时辰，在我们找不到通往自家门前道路的时候，一个旅行者单单凭借蛋糕就能够辨认出英国的任何一个乡村。“上茶，上手撕面包！”不知身在何方的漫游者说。“天啊！我肯定是在康沃尔郡。”“班伯里？哦，换到牛津这条路线上来了。”“威格斯和奶酪蛋糕。想来这该是到了著名的约克郡乡下吧？”

而且，构成大不列颠的诸王国也有自身的特产，譬如威尔士的巴拉巴里斯（bara brith）（一种嵌有水果的发酵面包，现在常常做成简单的、不是太甜的蛋糕，它的做法是把水果整晚浸泡在茶水里，再加上面粉、砂糖和鸡蛋。brith这个词的意思是“有斑点的”）。还有与之关系密切的爱尔兰巴姆布拉克（barm brack）。

我们还有配合正餐菜肴的种种烹饪方法，它们将面包变成一种更甜的点心，就像15世纪开始就有的拉斯顿（rastons），它们是中心掏空的面包，用其他取而代之，并加入了黄油；美食作家伊丽莎白·大卫把它们描述得像是某种早期式样的肉馅饼（vol-au-vent）。另外一种是韦斯特尔斯（wastels yforced），著名的菜谱汇编《各式烹饪》（*Forme of Cury*）中收录了这种面包，这本书被认为是源出14世纪国王理查二世的厨师们之手。它也是一种面包卷，去掉了面包心，混合了鸡蛋、藏红花、无核葡萄以及绵羊油（或许在更讲究肉食的时代，人们用它来替代融化了的黄油），全部系在一起来煮过。更为简单的样式是通行的营养土司：把面包烤得深黄、在葡萄酒里浸过，再重新加热以使之松脆，或者换一种方式，为之涂抹上甜酱。这些是肉桂土司的最初样式，在今天的美国，肉桂土司是受到普遍欢迎的最爱。我们还熟悉一种被称为pain perdu（字面意思是“被丢失的面包”）的做法，它是把面包蘸上鸡蛋糊，和砂糖一道在黄油中炸。

我们绝对无法确切知道，阿尔弗雷德在阿特尔尼岛上，在公元878年那个命运攸关的日子，在火炉上到底是烤焦了什么，但是，这个故事对于讲述蛋糕的历史而言，是一个很好的引入。它让我们对面包和蛋糕的共同起源和彼此的分界线展开思考：是形状、原料和所起作用，让蛋糕作为特别、甜蜜或庆祝性的东西而得以凸显。很清楚，尽管它们的基础原料相同，蛋糕很快就显出差别，变成了某种更奢华的东西，某种专属特定场合的东西——一般说来，与仪式、节庆和社会纽带相关的某种东西。随着我们继续深入我们的蛋糕历史之旅，我们将发现，这些直到今天仍然是最能界定其特征的东西。我们已经非常清楚地看到，一旦烘焙师掌握到窍门，开始让蛋糕变得更为丰富，把蛋糕塑造成各种特殊形式，顾客们就会一心想去吃蛋糕。希腊人和罗马人所烤出的那些种类惊人的蛋糕，已经非常清楚地向我们揭示了这一点。简单说来，一旦知道了什么是蛋糕，顾客们想要的就会更多。在下一章中，我们将会看到，这些早期的蛋糕是怎样发展成为某种更加丰富、更加甜蜜也更加特别的东西，也将会看到，在每一年的节庆和仪式中它们变得多么地重要。

【2】

Cake: The Short, Surprising History of Our Favorite Bakes

水果蛋糕的秘密含义

1714年，一个英国年轻人给英国讽刺杂志《观察家》（*Spectator*）写了一封信。他想要报告的是，自己把一块“新娘蛋糕”（bride-cake）放在枕头下睡了一个晚上，对一个家喻户晓的风俗进行了测试。人们认为，这么做可以为梦带来重大意义，为此，他整个白天什么都没有吃，想要保证蛋糕的魅力有发挥作用的大好机会。不幸的是，他写道，除了吃某种蛋糕这一模糊印象，自己什么都记不得了，而在枕头下面，只发现了一堆蛋糕渣。显然，这个教训告诉我们，不要以诱惑的方式放蛋糕，即使我们睡着了也不要这么干。这也引出了本章的主题：与蛋糕，尤其是加了香料和丰富水果的蛋糕，相互关联的那些特殊仪式，这是继阿尔弗雷德的营养面包之后，我们要讲的第二则逸事。

由于中世纪及其之后国际贸易的扩张，蛋糕发生改变成为可能，尤其是，通过国际贸易，砂糖、果脯和香料被带到西欧。由于哥伦布（Christopher Columbus）和达·伽马（Vasco Da

Gama）等人的远航——对之我们马上就将谈到，15世纪后期一个巨大的贸易三角开始被开发出来——砂糖从美洲运到欧洲，加工好的货物从欧洲运到非洲，以及，我们今天觉得最让人痛苦的，奴隶被从非洲运到美洲，去甘蔗园里干活。另外一个三角，是把糖蜜——蔗糖加工的副产品——从加勒比地区运往美国去制造朗姆酒，然后又用赚来的钱从非洲购买奴隶，送往甘蔗园。这种三角贸易为欧洲带来的砂糖，甜蜜了富人们的饮食，酱汁、肉类、酒类，也使得——让我们回到我们的主题来——蛋糕在外表上、在口味上，更像我们今天所想到的样子。砂糖十分珍贵，糖条被人们作为礼品相赠，甚至被用作贿赂。

砂糖如此，那么香料，诸如姜、丁香、肉豆蔻、肉桂，就更是如此了，因为是舶来品、因为香气逼人，它们总是系着惊人的价格标签。人们认为它们是直接自天堂而来——要是此种说法尚可质疑，那何以解释它们那高昂的价格呢？！渐渐地，它们变得买得起了，它们开始为当时的蛋糕赋予我们今天的水果蛋糕中依旧熟悉的品味和风貌。第一次，烤箍开始得到运用，让蛋糕有了规则的形状，有了比面包或炊饼更柔软的表皮，烤炉也变得越来越常见，这意味着越来越多的家庭可以烤制蛋糕和面包。

于是，到14世纪和15世纪为止，欧洲蛋糕开始看上去——而且尝起来——更像我们观念中的蛋糕（也更不像面包）。它们更甜，形状更规则，更易于在烤炉中烤制。上一章中我们所论及的营养蛋糕仍然普遍（即使是在17世纪后期，加了香料的面包仍然是小康之家早餐常吃的东西），但某种更专门地与蛋糕紧密相关的东西也随着这些而出现。这些蛋糕中，有许多是以另外一种仍然普遍的原料为特色的，那就是：果脯。果脯具有湿度、甜度和分量。果脯——一般人们称之为“果干”（plums），由此而有所谓的“果干蛋糕”（plum cake或者plumb cake）——在13世纪才来到英国，尽管人们可能早就知道葡萄牙和东地中海贸易中心。果脯也是价格昂贵，像香料和砂糖一样，它们也属于奢侈型原料。由于它们在某些蛋糕做法中占到了整整一半的分量，那么，我们今天所知的水果蛋糕应该并不早于这个时间存在。果脯还能够使得蛋糕不走形，一旦蛋糕大了，这就是一个显著的优点了，它还能够让蛋糕不被浪费。

本章将考察这些水果蛋糕是如何制作的，但也关注它们被用来干什么。当我们悠游于中世纪这个阶段，我们看到，表示某种庆典和象征的蛋糕真正成型，这离不开砂糖和香料数量的日益增长，离不开佳节风俗逐步明确它们在日历上的规范位置。欧洲的每个国家都有自身围绕这些水果蛋糕的一系列光辉传统，有的现在已经快被遗忘，有的则经过升华，成为民族盛典。虽然英国是一个小小岛国，却有着异常丰富的节庆。本章中，我们会谈到水果丰富、样式壮观的婚庆蛋糕，切开它，意味着一对新人第一次携手；还会谈到特别受人欢迎的第十二夜蛋糕（Twelfth Night Cake），它从1月渐渐改期到12月，成了深受喜爱的圣诞蛋糕；还要谈到什鲁斯伯里蛋糕（the Shrewsbury cake）、康沃尔藏红花蛋糕（the Cornish saffron cake）、带有苦味的艾菊蛋糕（tansy cake）。我们还会看到，这些蛋糕中又有多少被带到海外，又是如何适应其新环境。加勒比地区的黑蛋糕，比如，就直接由西北欧的果干布丁演变而来，但是加了朗姆酒和黑色的砂糖糖浆。北美洲的咖啡销售商钟爱的姜面包香料，与德国大地上中世纪节日上售卖的姜面包渊源匪浅，它们被一心想要保留其熟悉的季节仪式那些移民带到了新大陆。最早的第一夫人，玛莎·华盛顿（Martha Washington），曾有一本手抄的家庭烹饪书，这本书里边就有关于长条状圣诞姜面包的一种制作方法。

到中世纪以及之后的现代早期为止，我们还可以看到，蛋糕明确地开始指某种甜蜜而让人向往的东西，这一点可以在诸如上述那些谚语和民间故事中得到证明。一则自16世纪搜集来的谚语说，“Would ye bothe eate your cake, and haue your cake?”这是今天英语谚语“You can’t have your cake and eat it”的原始（而且更为合乎情理）的版本。[①]乔弗里·乔叟（Geoffrey Chaucer）在他作于14世纪的作品《坎特伯雷故事集》（*Tales*）中，多次提到坎特伯雷清教徒们吃蛋糕的事情。譬如，那一位腐败而贪吃的卖免罪符的人（Pardoner），会说“我要先到前边酒馆喝上一杯，吃块蛋糕”才开始讲他的故事。（另外一个角色，那位法庭差役［Summoner］，带着一个面包“蛋糕”而不是一面盾牌，所以，两种东西之间显然仍然存在着巨大的重合。）莎士比亚的著作《第十二夜》（*Twelfth Night*）中那位寻欢作乐的托比爵士（Sir Toby），看到一身正气的马傅里奥（Malvolio）时，曾充满嘲弄地对之大声嚷道：“你认为，因为你自己正义凛然，世上就没有了蛋糕或者麦芽酒吗？”对于一种只要有机会就会一心欢快庆祝的文化来说，这或许是一个令人遗憾的景象。而要介绍第一种用于庆典的蛋糕，我们可以考虑，还是从莎士比亚谈起，这一次是他的著作《爱的徒劳》（*Love's Labours*）：“现在我在这个世界上只剩下一个便士了，你可不能拿它去买了姜面包……”

姜面包（gingerbreads）（尽管很快就会以一种清晰面目出现，当时它们却是有着像面包、像蛋糕或者像饼干等五花

① 这条谚语的字面意思是：“你能既吃下蛋糕又留住蛋糕吗？”蛋糕既然吃了，自然就不在了。意谓人不可痴心妄想或占有两种不可同时存在的东西。——译者注

八门的样式）于中世纪问世，14世纪中期出现在几个欧洲城镇的记录中。它们最初是修道士们制作出来，从一开始就在圣诞节和其他节庆受到欢迎，而因为其所使用的昂贵原料，它们很快也变成了一种奢侈品，成为宴会菜单上的焦点，一直持续到17世纪中期。每个制作姜面包的城镇都有自己的特色，但是，总的说来，它们并不是我们今天所以为的那个样子；它们也全然不同于英国的姜“小吃”饼干，后者是酥脆型的。相反，它们可能是平的，有嚼劲，它们的构造在德国人的姜饼（lebukuchen）中得以延续。按照一本叫作《吃喝大全》（*A To Z of Food and Drink*）的书来判断，它们的名字有些名不副实，它们最早叫作gingerbras，在古法语中是“腌制过的姜”（preserved ginger）的意思，本身和面包没有任何关系。然而，到了14世纪中期，我们看到把面包作为一种关键原料的做法。早期的英国做法要求烘焙师首先要取某一种陈了的白面包（我们在上一章中曾谈到过），细细地将其磨碎，将其混合到加入有蜂蜜、姜、肉桂、胡椒、藏红花等的硬蛋糕糊中，然后造型和切片。这里是一则烹饪方法，撰写人是汉娜·乌理（Hannah Woolley），她是最早一批以美食写作为生的女性之一，这则烹饪方法发表于她1670年的著作《女王般的食橱》（*The Queen-Like Closet*）一书中：

姜面包的制作。取三块陈了的白面包，磨碎，筛过，然后加入半盎司肉桂，同样数量的姜，总共半盎司的乳香和茴香，将其全部压碎并过滤，加入半磅细砂糖，再加入四分之一夸脱的红葡萄酒，之后将它们全部煮开，接着慢慢搅拌，直到其变成硬糊状，接下去，在其快要冷却的时候，加入一些筛过的香料和砂糖，在造型台上为之上模子，然后，就可以按照您所喜欢的形式对它进行烘烤了。

有了这些异国风味的香料，姜面包于是成了昂贵的奢侈品，这一点可以从其装饰看出：我们从这一时期开始有了模子，模子有几英尺高，刻画细腻，是一块描绘有诸如某位圣徒的板子，可以将图案压在蛋糕表面。已经完工的姜面包还可以变得更加奢华一些，譬如用金叶加以涂绘，使之以一种豪放的姿态，把主人的财富和好客表现得更为淋漓尽致。和今天一样，姜被认为可以养胃：本杰明·富兰克林（Benjamin Franklin）曾有过记录，自己1727年的长岛之旅，发生晕船，就是因为这个理由去买了姜面包，尽管我们可以相当肯定，他所买的面包远远比不上中世纪先辈们的那么奢华，而更可能像是中世纪欧洲各地集市上卖的那种小个头的姜“零嘴儿”（fairings）。

渐渐地，在英国式样的姜面包中，面包心被其他类似面粉的东西取而代之，尽管在其近亲麦片姜饼（parkin）中还是得到了延续——麦片姜饼是另外一种加入了姜作为香料的有嚼劲的蛋糕，在约克郡被当作篝火节（Bonfire Night）的传统小吃。来自姜和胡椒的辣味使用到蜂蜜来中和，之后很快又使用到价格更便宜的糖蜜（treacle）（美国人常称之为糖浆［molasses］），到17世纪，姜面包就变成了我们今天所知道的那种软和的蛋糕。一位叫作乔治·里德（George Reed）的专业姜面包烘焙师，1854年出版了一本起名《饼干和姜面包烘焙师助手大全》（*The Complete Biscuit and Gingerbread Baker's Assistant*）的小书，对几十种当时英国售卖的姜面包做了介绍。这位作者说，“这是一种众多国家特别喜爱的东西”，这些国家包括荷兰、法国和德国，甚至姜面包还卖出了英国，直达印度。小一点的蛋糕和饼干，像坚果姜面包（gingerbread nuts）、娃娃坚果（doll nuts）、开心坚果（laughing or fun nuts）（从长条面包上切下来而成），或者做成马、男人、女人形状的饼干，是孩子们或想要博取对方欢心的恋人们喜欢购买的东西；它们可以花一两个便士就能在商店、流动小贩和集市上买到。顾客们还在集市上购买带有印刻和鎏金的饼干，这些是早些时候盛大宴会上光彩夺目的东西。厚一点的姜面包售价一个先令，还有其他的，加了有腌果皮、香菜籽、橘子、蜂蜜和其他香料。

在大陆欧洲，姜面包一直都是像薄饼胜过像蛋糕，而且更倾向于使用类似面粉的东西来替换原来的面包心。有两种最受欢迎而且历史悠久的特色食品，它们是法国的香料蛋糕（pain d'épices）和德国的姜饼（lebkuchen），两种都和圣诞节紧密相关，也许，这是因为它们使用了奇异的香料，使得它们价格太昂贵，没法天天吃（也许是它们具有让人温暖的能量，让它们在寒冷月份具有吸引力！）。法国的香料蛋糕外表很像普通蛋糕，结构紧实，放在面包盒里烤制。同时，它是一个极佳的例子，体现蛋糕如何发展变化，以面对大多数本地原料和传统。最为传统的香料蛋糕，制作使用的是本地燕麦而非小麦，用蜂蜜获得甜味，这些使得它们成为埃及人和希腊人的蜂蜜蛋糕的直接传承者，尽管有其他的故事说，它们的祖先在中国（姜的源头在中国）。它们或许没有面包在内，但的确有像面包一样的根底；它们最初是用酸面团面包发面制作而成，后来换成了化学发酵剂（切成薄片的香料蛋糕，有时仍然和鹅肝饼［pâté de foie gras］之类可口美食一道呈上餐桌）。位于法国东北香槟—阿登区域的兰斯，最为出名的就是它的香料蛋糕：1571年，为制作香料蛋糕的烘焙师颁发了单独的许可证，而且，除非是在圣诞节，任何其他人都不允许制作或售卖这种蛋糕。当法兰西学术院（Académie Française）于1694年出版其著名的大辞典的时候，就把兰斯的居民叫作“吃香料面包的人”

(mangeurs de pain d'épice)。19世纪早期，来自勃艮第地区第戎城的烘焙师们对他们的声望发出挑战，而且香料蛋糕到今天都是第戎的特色食品（尽管第戎的香料蛋糕和兰斯的不同，可惜的是，它的职业传统随着第一次世界大战而一道终结了）。茱莉亚·蔡尔兹（Julia Childs）这位喜欢法国的美国厨师注意到，对于这种特别的香料蛋糕，法国的每个地区都有自己的样式；她自己的那种不含鸡蛋或油脂，是以燕麦粉、蜂蜜、烘焙苏打、杏仁粒当作基础，并且按照通行做法加有姜、肉桂、丁香和肉豆蔻，最后加上罐头水果作为点缀。

事实上，姜面包中的“姜”并不一定是必须的。在德国，还有另外一个名字用来称呼姜饼这种软和而有嚼劲的饼，那就是胡椒饼（pfefferkuchen），指的就是包括了姜和胡椒在内的香料系。从14世纪和15世纪开始，英国姜饼的一些做法，就也包含了胡椒在内，还有肉桂和檀香。尽管如此，在全世界的圣诞节市场仍然是一大特色的德国姜面包，定然是有姜的。至少早在13世纪姜饼就已经有了，我们知道，它们是被修道士们制作出来的。它们很快变得流行，但它们确实是一种地方特色食品，出产它们的地方要具有良好的贸易联系，而且要能够获得蜂蜜。巴伐利亚的纽伦堡镇，以及与比利时接壤的亚琛，在这些方面就特别受到偏爱，所以两个地方都因为姜饼而出名（这两个地方今天都还会把自己的特色饼干运往世界各地，在圣诞节期间就更是如此了）。我们要再一次说，它们的特色食品是独一无二的，亚琛的亚琛普林腾（Aachener printen）通常比纽伦堡的那种要大一些、脆一些。二者都有官方地位，都是具有“原产地命名保护”[①]待遇的食品，意谓该名字只会用于此地所生产的商品。

许多酥脆的德国姜面包被做成饼干形状，于是它们能够被组合在一起，做成华丽屋（ornate houses）（饼干华丽屋的流行，是因为19世纪早期问世的韩赛尔与格雷特［Hansel and Gretel］这个民间故事，两个孩子受到命中注定要经历的诱惑，把姜面包做成的屋子[②]吃掉了一部分）。姜面包男子或者男孩在民间故事中比比皆是（在法国，他被称为“香料蛋糕男子汉”［bonhomme de pain d'épices］），在英国，姜面包男子被认为是指女孩未来的丈夫[③]。在德国，蜂蜜蛋糕马（honigkuchenpferd）是一种广受喜爱的点心。用烤姜面包做成华丽屋这个传统随着德国移民一道，被带到美国，在有许多德

---

① 为了保护地理标识和传统特色产品，欧盟出台的相关法律条款，称为原产地命名保护（Protected Designation of Origin，简称PDO）。——译者注

② 德国的格林兄弟在这个民间故事基础上，写有《糖果屋》这篇童话故事，可参读。——译者注

③ 一则西方流行很广的故事中，一只刚烤好的姜饼小人为了避免被吃的命运，从烤箱里逃出来，一路狂奔，整个故事里，姜饼小人一直在唱一句话“Run, run, as fast as you can. You can't catch me, I'm the gingerbread man.”后来人们便用gingerbread man来形容那种单纯又勇往直前的人。——译者注

国人定居的宾夕法尼亚州尤其流行。

姜面包在其他方向也有所发展。在新英格兰，它们的甜味来自本地的特产枫叶糖蜜，而许多其他北美的做法是使用糖浆。在意大利，硬蛋糕（panforte）是托斯卡纳小镇锡耶纳的一种特产，它是又一种传统的带香料而且有嚼劲的蛋糕，最早的特色是胡椒，现在，同它的其他兄弟姐妹一样，利用肉桂、肉豆蔻和经过研磨的香菜来使之软和并且有甜味。在波兰，托伦镇因为皮尔尼克（piernik）这种柔软的姜面包而广为人知，就像纽伦堡在德国之所以出名那样，而且在这里，人们会举办一年一度的姜面包节。镇上的官员会为驾临托伦镇的众多名人奉上这种本地甜点作为礼物，其中之一就有拿破仑（Napoleon Bonaparte）。在英国也是如此，个别镇会在本地出品的姜面包上留下印记：什罗普郡的马基特特雷顿称自己是姜面包的老家，而位于大湖区的格拉斯米尔镇会卖一种像脆饼一样的蛋糕，它的做法几百年来都受到严格保护。在更遥远的地方，牙买加人为自己的姜蛋糕传统而无比自豪（这种蛋糕为一种英国茶饮时深受喜爱的点心带来了灵感，那就是，英国联合饼干公司出品的，顶上有厚厚奶油的牙买加姜蛋糕［Jamaica Ginger Cake］）；牙买加是最早把姜卖到欧洲去的出口国之一。

因此，姜面包在蛋糕史上、在现代蛋糕传统上，尤其是在西欧（并且延伸到北美），占据着一个尤为受宠的位置，紧密地与圣诞节联系在一起。而圣诞节及所有圣诞甜点，正是我们接下去要关注的东西。

在我们有基督教之前，12月下旬欢宴和节庆的时间还要更长。在北半球，一年中在这个时候坐下来，不受寒冷和黑暗侵扰，享受欢乐，是再自然不过的了。这段时间，来自秋收的食物储备也较为丰富。这段时间，也标志着度过一年中白昼最短的时光，为诸位神祇和太阳献上祭品，确保又一个季节光明和丰饶会再度来临。活动中的一部分，涉及用欢宴的食物和饮料进行庆祝，那些甜蜜而温暖的东西很快就会扮演起重要角色。这是一个传统，今天有更多的人遵守这个传统，他们更愿意将其作为季节轮换的标志，而不是基督的诞生。我在一个犹太人家庭长大，总是把我每年制作的节庆蛋糕当作“冬至蛋糕”（Solstice cake），我们在12月21日切蛋糕。通常，对于犹太历而言，12月的光明节（Chanukah）是没有传统蛋糕的，但是人们会用油炸坚果面团来纪念光明这一神奇的东西，让一小瓶油在神庙里持续燃烧七天。

罗马人并非最早相信应该对度过白昼最短的时光进行纪念的人，但是，就像他们对待许多其他的事情一样，他们做得非常到位。他们是从12月中期的奢华飨宴开始，这段被称为“农神节”（Saturnalia），之后暂停，以便为不可征服的太阳庆祝生日（并不一定是12月25日），最后是在1月的头几天以“新历节”（Kalendae）结束，后者表示太阳的回归。农神节和新历节都和飨宴与互赠礼物有关，礼物包括蜡烛在内。在更北的地方，斯堪的纳维亚人和挪威人对逐渐变长的白昼所具有的价值更为留心，所以也有用火焰和飨宴来庆祝冬至这一传统。

基督教对耶稣诞生的庆祝，是建立在这些早期节日的日期确定和习俗基础上的，教会的策略，部分是为了让自己的新做法显得熟悉，让人民喜闻乐见（毕竟，耶稣诞生之时被认为有牧羊人在场，而事实上，冬至之时在旷野中要见到牧羊人是极其不可能的）。庆祝并不只限于针对耶稣诞生——实际上，对于一种并不采用任何特别方式庆祝生日的文化而言，“耶稣诞生”（Nativity）在七百年的时间里，并不是一个比“主显节”（Epiphany）更为重要的节庆，主显节是为了纪念智者们来看望婴儿耶稣。直到公元14世纪，圣诞节一直都没有被当作一个官方的基督教节日。正如对罗马人、挪威人和斯堪的纳维亚人一样，早期的教会在大约这个时期，是对一系列重大事项进行纪念，这些事件的总时间跨度是12天，包括：圣斯蒂芬受难（12月26日）；纪念耶稣弟子和福音传道者圣约翰（12月27日）；圣洁的无辜者节（Holy Innocents' Day）（又称为悼婴节［Childermas］，日期定在12月28日，为的是记住希罗王［King Herod］命令杀死男童）；耶稣的割礼（1月1日）；1月6日的主显节——今天人们记住它叫“第十二夜”（Twelfth Night），因为到这个时候，圣诞装饰被收拾起来，标志着节日阶段结束。1月6日这一天有时也作为耶稣受洗日来纪念。值得注意的是，这些日子中没有新年纪念，在古代罗马人的日历中，新年的确是从1月1日开始，在英国，直到1752年采用格雷果里历时，才被挪到了3月25日（这一举措在不经意间导致人们抗议说，在重新划定日子的过程中，有11天竟然“不见了”）。高潮分布在12天里，可能使得纪念的风格，相较在其之前的斯堪的纳维亚欢宴，显得更为舒缓，但这些欢乐仍然标志着，度过一年中最黑暗的时光，留出庆祝空间。这些日子在欧洲北部特别受到喜爱并不意外，这些地方黑暗和寒冷的日子特别地长。

很难确切地说，这些早期的冬至节日是如何迅速或者缓慢地变成了基督教的圣诞节。宗教与民俗历史学家罗纳德·修顿（Ronald Hutton）发现，公元1038年，耶稣诞生仍然被描述成是发生在盎格鲁-萨克逊历法中的冬至时节，但是在那一年，它首次以“圣诞”（cirste Maessan或Christ-mas）的字样出现。我们的国王阿尔弗雷德，已经开始尝试捍卫从耶稣诞生到主显节之间漫长的节庆期，他在公元877年颁布法令，规定所有仆人都有权在这一时间段不工作（据说，他在著名的齐本汉姆战役中败给了丹麦人，在公元878年被赶到了阿特尔尼岛上的那个猪倌家中，原因正在于，他拒绝在这为期12天的节假日里作战）。

当然，如果是说农业，那么，不管哪个方面，这一时间段都可谓一年中最安静的阶段。

所有这些场合都有大型的公共宴飨、篝火和欢聚，但是，蛋糕来到这一聚会的时间相当晚。宴飨比通常的一般要丰富得多；也就是说，充满了肉食和酒水。加水果的圣诞蛋糕最近的先辈，也许是谷物、牛奶和鸡蛋煮成的粥或糊，渐渐地，它们中加入了香料和糖，后来就变成了煮熟的圣诞布丁（the Christmas pudding），今天在餐桌上都可以见到，在圣诞节大餐结束的时候，用白兰地点燃了享用。在我那个大家庭里，无疑，与其他许多家庭一样，当布丁被点燃之时，孩子们一脸的惊讶表情，完全没有想到要吃了它。今天还有许多仪式和制作圣诞布丁有关，圣诞布丁传统上是“唤起星期日”[①]这一天制作，即降临节（Adent）之前的那个星期日。每个出席者都要轮流去搅拌一下，为来年许下心愿。而在美国，圣诞烘焙季是感恩节（Thanksgiving）之后的那一天开始，日子定在11月的最后一个星期五。肉末派（mince pies）也很流行，成了一户一户索要赠礼和祝福这一“串门”（wassailing）传统的一个组成部分。串门这一传统有时也和小蛋糕有关，尽管没有证据表明，

① “唤起星期日”（Stir-up Sunday）这个名字来自《公祷书》（*Book of Common Prayer*）中这样一句话：“唤起吧，我们恳请您，哦，主，唤起您忠实子民的雄心壮志吧。”（Stir up, we beseech thee, O Lord, the wills of thy faithful people.）——译者注

这些小蛋糕是一种特殊的圣诞样式。内容丰富、煮熟了的圣诞布丁在某个时期成了烘烤制作，开始了变成一种厚实、黑色传统蛋糕的成长之旅。

这种新的烘烤出来的面包（它们中有许多仍然含有酵母或麦芽酵母）最初并非为圣诞节而制作，而是为了1月6日的“第十二夜”。这个时间，欧洲许多地方的人们都是愉快吃喝，“无视规矩”，人们男女衣服混穿、大吃大喝，还选举“顽童教皇”（boy popes）和“乱来领主”（Lords of Misrule），由他们领导侍臣们放肆地舞蹈、演戏和唱歌。至少是从16世纪起，蛋糕就在第十二夜的系列庆祝中起着重要的作用，蛋糕里边放了一粒豆子或者一枚硬币作为记号，谁获得这个记号，谁就获得“豆子国王”（King of the Bean）的权力，可以随意支配他的手下。这一传统充满活力地迅速发展，后来，人们在蛋糕里塞进去的东西简直成了一个系列，不仅有国王，还有王后及其侍臣们。1838年，一位男子在伦敦老贝利[①]因为伪造订单而被起诉，订单要求一位城里的烘焙师制作一个第十二夜蛋糕，并且配上“各种人物”。在维多利亚时期，这些记号变成了预测记号发现者未来的东西，为今天美国“送新娘”

① 老贝利（Old Bailey）是英格兰及威尔士中央刑事法庭的代称，因为该法庭位于伦敦这座城市的老贝利大街上。——译者注

（bridal shower）[1]而制作的蛋糕，仍然延续着这一主题，会把系有缎带的各种小玩意儿放进蛋糕里。依照罗伯特·巴德利（Robert Baddeley）——他是18世纪喜剧演员，还曾一度担任西餐主厨——所立遗嘱，直到今天，特鲁里街剧院（Drury Lane Theatre）都还会供应第十二夜蛋糕。这一习俗只中断过十三回，而且主要是在两次世界大战期间。这一习俗还漂洋过海流传到了美国，推动了从"主显节"到"狂欢节"（Mardi Gras）盛宴之间的各个庆典——狂欢节被认定为不属于基督教。

另外一种传统的圣诞蛋糕更加具备前基督教渊源：圣诞原木蛋糕（yule log）。今天，圣诞原木蛋糕，或者法语里所谓的bûche de Noël，或者弗莱芒语里所谓的kerststronk，是一种简单的瑞士蛋卷：一个大而不高的海绵蛋糕，抹有奶油，在法国有时会加上甜味的栗子泥，卷成一根原木的形状。它的名字来源于它独特的装饰，装饰用巧克力黄油奶酪或者加奶巧克力（ganache）制作，形状做成树皮模样。然后切下原木的三分之一，切的时候采用斜切，再固定好位置，将剩下的三分之二接起来，这样，它看上去就像是分叉的树枝。有时，为了更加逼真，会给它加上酥皮做成的蘑菇、树叶或者欢唱的知更鸟，这

① "送新娘"是准新娘的闺密们在她的婚礼之前为她所举行的礼物赠送聚会。——译者注

使得它，相比传统那种加水果的圣诞蛋糕，成为了一种更显轻快、更受孩子喜欢的点心。相比圣诞蛋糕、肉末派或者圣诞布丁，它在圣诞各种节庆中的地位并没有那么受看重，但它是一种受人喜爱的额外美味，对并不喜欢其他各种圣诞甜点以加香料和加水果为核心主题的那些人来说，尤其如此。

圣诞原木蛋糕现代的、黄油奶酪混合的样子，掩盖了它悠久的历史。yule这个词是从斯堪的纳维亚来到英国，有一种理论认为，它最初的意思是“轮子”，表示一年的循环。最早的圣诞原木蛋糕就像这个名字字面上那个意思：一大块原木，人们在冬至的夜晚整夜燃烧，为的是让屋里亮堂，让恶灵远离。这一传统在欧洲不同地方几经周折，有的所用木头不同（根据本地森林变化而变化：英格兰用橡木，苏格兰用白桦，法国用樱桃木，诸如此类），有的所燃烧的时期不同——有人说，在整个12天的圣诞期间它都必须是燃着的，原木烧过的灰意味着保护房屋不会着火。在萨默赛特，只要年轻人把原木拖到家里，那么，要是想继续留下来的话，就可以放开脚手地坐下，心满意足地享受热蛋糕和麦芽酒。传统上，要留存部分原木，以便为来年点火，燃烧了整个一年中最为黑暗时光的光明，它所具有的象征意义便由此而得以升华。渐渐地，火炉变得更小了，蛋糕看上去也更像是一种向原木致敬的更容易手段。一个故事说，拿破仑禁止燃烧木头的壁炉，因为它们的烟囱会吸进冷气，有害健康，这时圣诞原木才变得流行起来。圣诞原木蛋糕被法国定居者带到了加拿大，今天，在加拿大，圣诞原木蛋糕在圣诞节庆期间仍然十分流行，在圣诞前夜的午夜汇合之后，家庭聚会上就有这种蛋糕可以吃到。在设德兰，传统的圣诞庆祝，一直持续到18世纪，都是吃圣诞面包，或者“圣诞饼”（yule bannock）这种巨大的圆形蛋糕。

所有这些传统在17世纪中期都具有严肃的针对性，当时，清教政府命令处决英国国王查尔斯一世，禁止所有圣诞华彩——特别的教堂服务、常青树装饰、圣诞颂歌等——以及节庆甜食。实际上，这是苏格兰教会所发出的呼吁，苏格兰教会在一百年前就已经废除了圣诞欢宴。英格兰清教徒只想降低圣诞节的地位，为的是让常规的星期日礼拜显得更为重要，但是，为了巩固苏格兰的支持，他们签署官方文件，废止了这个假期。1642年，国会到12月25日还在开会，教堂被命令只能提供常规服务，并且希望人们继续工作。不出意外，这被证明是一个不得人心的举措：官方要面对的是这个国家多处地方的骚乱，许多教堂仍然允许传统的常青树装饰，同时，毫无疑问地，也有许多没有被官方同意的圣诞颂歌演唱、痛饮和欢宴。1660年，让大众普遍感到欣慰的是，新上台的查尔斯二世全盘抛弃禁欲主义，圣诞节重新获得了生命力，尽管和内战前相比并不是一个水平。苏格兰人仍然对圣诞节保持冷静头脑，他们的大吃大喝渐渐移到新年前夕和除夕（Hogmanay），直到今天仍然如此。这一时候，苏格兰人会吃黑饼，又叫苏格兰饼（Scotch buns），这种饼也起源于中世纪时期。它们是另一种加有香料的面包蛋糕，但是，到19世纪晚期，它们变成了面团里裹上有香料的水果馅。除夕的另外一个名字是“蛋糕日”（Cake-day），有一首传统儿歌里唱道：“脚儿冷，鞋磨薄；吃蛋糕，笑呵呵。”

在维多利亚时代中期，我们看到了圣诞节的真正恢复活力。查尔斯·狄更斯关于欢乐和美好祝愿的故事《圣诞颂歌》（*A Christmas Carol*）出版于1843年，迅速变得十分普及，引发了人们对于欢宴假期的新激情，对于过去传统的一种怀旧感受。在这一年中，这本书的销量达到非同凡响的15000册，而且很快在舞台上叫座，第二年里，伦敦9家不同剧院都把它搬上了舞台。维多利亚女王的配偶阿尔伯特王子（Prince Albert），也致力于普及推广他的祖国德国的许多圣诞节风俗，譬如关于常青树和送圣诞卡的风俗。关于维多利亚一大家子一道快乐欢庆圣诞节的描绘，就像表现他们在1848年愉快地检视一棵圣诞树那副雕刻，让这个时节里家庭生活的方方面面得到了实实在在的表现。在美国，华盛顿·欧文（Washington Irving）关于传统英国圣诞节那些故事（如其在他的故事中那样），甚至使得人们对圣诞老人驾驶的飞翔雪橇产生出无比狂热。无论如何，维多利亚时代的人们所经历的，是一个充满巨大而且常常难以平息的社会和经济大变革时期，他们很高兴，现代社会的碎片化和工业化所带来的焦虑，能够用关于社会风俗、尊重和美好时光的怀旧来取而代之。从1847年起，“济贫法事务局”（Poor Law Board）做出一个著名决定，允许给英格兰和威尔士的工场里提供一顿专门的圣诞餐，在某些工场里，蛋糕也包括其中。渐渐地，圣诞前后的休息期变长了，根据1871年的银行假日法案，“节礼日”（Boxing Day）[①]也被宣布是要放假的一天。在美国，从1836年到1890年间，从阿拉巴马州到俄克拉荷马州，一个个州相继承认圣诞节是一个公共假日。

果脯和香料是世界各地圣诞蛋糕的一个普遍特色，但是，尽管相似，彼此之间细腻的差异也十分明显（近东地区除外，在那里，圣诞节吃的是欧式海绵蛋糕）。以意大利的潘娜托尼（panettone）为例（切勿将其与锡耶纳的硬蛋糕混为一谈）。潘娜托尼是一种高的、像面包一样的蛋糕，有松软的、像面包一样的构造，略微嵌入了晶莹的果脯。另外一种像面包一样的蛋糕（在我家里非常受欢迎，尽管一般它是在我们每年逛圣诞市场时购买来的，而不是在家里制作的），是德国的史多伦，但它要更平一些，更厚一些，刷了冰糖，中间还穿了条蛋白糖

---

① 12月26日。在这一天，服务业的从业者会得到装有圣诞礼物的盒子（Christmas-box），故名。——译者注

卷。（传统上，蛋糕形状和裹在中间的蛋白糖，代表婴儿襁褓中的耶稣；在圣诞期间，这种蛋糕常常有个专门的名字，叫作“圣诞史多伦”［Christstollen］。）我们知道，早在1329年人们就开始烤制这种蛋糕了，当时，瑙姆堡的主教亨利（Bishop Henry of Naumburg）授予面包师行会新的特权，只要他们能够给主教办公室每年提供两个史多伦即可。这种蛋糕随着德国移民来到智利，在这个国家，它变成了圆形的帕斯夸蛋糕（pan de pascua）。而在美国，在白宫，从林肯（Lincoln）开始，会在圣诞前夜的午夜吃一种传统的、像奶油包一样的“总统蛋糕”（President's cake）。

其他文化把甜蜜、欢宴的快乐一直持续到新年。在布列塔尼，号角蛋糕（kornigoud）这种鹿角形的蛋糕，代表冬之神以一种重生的方式吹响了他的号角。我们已经说到过，苏格兰的除夕是一个吃蛋糕的时机，而在萨福克的贝里圣埃德蒙兹这个英格兰小镇上，过去，在“星期一耕作日”（Plough Monday，主显节之后的第一个星期一之后的第一个星期四拿出“蛋糕和麦芽酒”（cakes and ale），是表示农业工作的重新开始。令人遗憾的是，现在蛋糕已经被现金礼物所代替。英国的“突尼斯蛋糕”（Tunis cake）是传统圣诞祭品的替代之物，它是一种裹有巧克力的玛德拉蛋糕（Madeira），它和我们将在下一章中谈论到的“磅蛋糕”（pound cake）的相似之处，比各种水果蛋糕要多得多。在突尼斯蛋糕中，你碰到的水果，唯有装饰顶部的蛋白糖水果那一种而已。

蛋糕年轮中另一个关键点是复活节（Easter）。像圣诞节一样，复活节是基督教历法中一个具有非常重要意义的节日，但其渊源更为古老。对于基督徒而言，复活节表示基督死去又重生的时间。在它之前是大斋期，禁止大吃大喝，所以，纪念基督复活的复活节星期日，是一个值得大事庆祝、吃喝和放松的日子。阿尔弗雷德大帝，这位把工人从圣诞十二天解放出来的人，还颁布有命令说，所有仆人在复活节之前一周和之后一周都不应该工作。在自然年轮中，复活节和新生命时期恰好重叠，这一期间，再一次地，庄稼播种，动物产崽，母鸡开始下蛋。几乎可以肯定，最后的一条，是以鸡蛋作为复活节标志的最为实际的理由（而且，犹太人在逾越节［Passover］里，也用鸡蛋来象征生命和再生，而逾越节的时间也大致与复活节相同）。把复活节的时间定在春分（Spring Equinox）之后的第一个满月这个时间，也许并非巧合，此时，白昼的时间最终开始变得比黑夜的长。在lambropsosmo这种由希腊人所制作的传统复活节甜面包中，鸡蛋也是一大明星，这种蛋糕是圆环状，顶上烤得有一个煮鸡蛋。

新生活的欢乐回归，圣灵的重生，并非甜的东西长久以来就在复活节有着特别地位的唯一理由。还有一个基督教传统，在这个时刻对烘焙进行庆祝：基督痛苦地走在前往受难地（Golgotha）的道路上，路边一位烤面包的妇女让他停下脚步。与那位向他泼脏水的洗衣妇女不同，这位烤面包的妇女给了他面包和饮水。于是带来了一个传统，复活节烤面包是最合适的，大斋期不准吃鸡蛋，而随着母鸡重新开始下蛋，鸡蛋数量丰富，更是推动了这个传统的形成。而且，这也使得人们相信，复活节烤出的东西具有特殊的品质，于是，关于长生和辟邪的热十字饼（hot cross buns），产生出许多的传说（热十字饼是一种略加水果，有糖、肉桂味的炊饼，上面刷了一层鸡蛋液，顶部装饰了一个特别的十字）。一个原始样本被林肯郡的一个家庭保存了下来，它是1821年"耶稣受难节"（Good Friday）那天这个家庭在伦敦烤制的，而位于东伦敦的"寡妇之子"（Widow's Son）酒吧，则汇集了许多的热十字饼，它是为了纪念一个19世纪初出海的水手，他告诉自己的母亲，在自己归来时为自己留一个热十字饼。他没有回来，但他的母亲每一年都为他留下一个热十字饼，他母亲的小屋原址，就是现在这家酒吧的位置。这个传统一直持续到今天，每一年，都会有一位水手庄重地给店主送上一份新的献礼……

最传统的复活节蛋糕，却是西蒙尼蛋糕（simnel cake）。这种蛋糕比圣诞蛋糕略轻，是一种水果蛋糕——最初是用酵母发酵，今天很少用了——上面有一层蛋白糖，在中间还有第二层的蛋白糖，蛋糕顶上装饰有12个蛋白糖做成的球，代表耶稣的12个门徒（犹大［Judas］不算）。西蒙尼蛋糕这个名字到1627年肯定已经被人们用到，人们认为，这个名字的意思是“细腻”，因为用来烤制这种蛋糕的面粉非常细腻。它的制作最初是煮，后来变成了烤（和现代的硬面包圈或者早期的圣诞蛋糕一样），渐渐地，随着水果和香料在市场上开始变得常见，它使用到更多的水果和香料。有几个英格兰小镇宣称自己是西蒙尼蛋糕的首创者，其中包括什洛普郡的什鲁斯伯里和西域[①]的迪韦齐斯。但是，这两个地方的蛋糕截然不同：什鲁斯伯里出产的蛋糕厚而黑，有橘黄色的酥皮，而迪韦齐斯出产的蛋糕是星形，没有酥皮。我们今天所知的这种蛋糕，显然是以兰开夏郡的布里镇所出产的蛋糕作为基础，这种蛋糕在1863年被送给维多利亚女王，尽管维多利亚时代人喜欢在蛋糕的顶上，放置晶莹的花朵和水果而不是蛋白糖做成的球。西蒙尼蛋糕与“望母星期日”（Mothering Sunday）[②]——大斋期的第四个星期日——有着密切关系，此时，严格的斋戒变得缓和，仆人

① 西域（West Country），大体上，是指英格兰西南部位于布里斯托海峡和英吉利海峡之间的这一区域。——译者注

② 欧洲某些地方天主教和清教教徒会在大斋期的第四个星期日去自己所属的教堂（母教堂）礼拜，后来这一传统渐渐世俗化，演变为在这一天去看望自己的母亲，在英国和爱尔兰，这一天类似于其他地方的“母亲节”（Mother’s Day）。——译者注

们传统上会回到家中看望自己的母亲（或者，作为一种替代方式，人们会去拜望自己的“母教堂”［mother church］，这通常是本地的修道院或者大教堂）。

不过，并非所有复活节蛋糕都是甜点、喜庆的；现在已经不为人所知的艾菊蛋糕就是苦味的，人们用艾菊来铭记耶稣的痛苦，而圣像牌蛋糕（pax cakes）则是一种小而硬的饼干，在“棕树星期日”（Palm Sunday）[①]这一天在教堂中分发。经文蛋糕（scripture cakes）是一种真正搞脑筋的东西，要对《圣经》具有相当的了解，才能对其做法进行解读（譬如：奶酪加“200克《士师记》第五节第25行”［《士师记》第五节第25行为“她取出黄油”，所以代表“200克黄油”］；“250克《耶利米书》第六节第20行”［《耶利米书》第六节第20行为“来自远方国度的甜蔗”，也就是“砂糖”，所以代表“250砂糖”］，以及“3大勺《撒母耳记》第九节第25行”［《撒母耳记》第九节第25行为“于是大地上有了蜂蜜”，所以代表“3大勺蜂蜜”］）。

所有这些早期的水果蛋糕都是奢侈品；单是果脯就够得上成为奢侈品。但是，是香料——姜、肉桂、丁香和胡椒——让它

① 又叫“棕树节”，复活节前的那个星期日。根据《四福音书》，耶稣进入耶路撒冷时，人们手握棕树枝夹道欢迎他。棕树是得胜、喜乐、荣耀的标志。——译者注

们真正变成了一般人可望而不可即的东西。这只是香料在中世纪席卷欧洲的一个小插曲罢了。它们由11世纪去往圣地朝圣的十字军军士引入，变成了世界上卖得最火的商品。（十字军军士们给欧洲带回来许多吃的东西，潜移默化地对当时的膳食起到了巨大的推动作用；有可能他们也传播了姜面包的做法，但也可能这只是一厢情愿的想法。）在烹饪中起主要作用的那些香料，像姜，我们今天所能够想到的，其中有许多，在中世纪时期是因为其药用特质而被人们所渴求。譬如，人们当时认为，姜能够帮助消化并且中和毒素（在今天，怀孕的女人仍然会因为它具有养胃这一特性而以之起誓），同时又被用作防腐剂。在瘟疫期间，许多人都在脖子上佩戴芳香的香料，或者将它们加在面罩里，以避免呼吸到被污染的空气。香料还特别出现在焚香和香水里，这远远早于它们在古希腊人手中被改用于食物，埃及人还用香料来保存尸体。实际上，人们所理解的“香料”，在很长一段时间里，可能是任何有着浓烈味道的东西。

在11世纪和12世纪，甚至之后，对于西欧人来说，要想象这些香料发源之地与自己相隔多么遥远的距离，是非常困难的：这些地方包括中国、斯里兰卡、印度和印度尼西亚沿海的香料群岛。对他们来说，这些芳香而昂贵的香料似乎实打实地是来自天堂，他们相信，天堂就在尼罗河下游的某个地方——有人宣称，姜和肉桂是用网从尼罗河里打捞而来的。他们乐于相信香料商人所编造的传奇故事，说这些稀罕东西是被神秘生物守卫着的，与这些神秘生物的斗智斗勇使得香料的价格一涨再涨。传说，横亘在无畏的香料猎手和他的酬劳之间的，是飞蛇、大型的食人鸟和巨型蝙蝠。实际上，肉桂、肉豆蔻、肉豆蔻皮和丁香，都来自印度南部和斯里兰卡；肉桂是锡兰肉桂这种斯里兰卡本生树种的干树皮；姜起源于亚洲东南部，几乎总量的一半都来自印度（在印度，新鲜的姜是一种可口的常见原料）。

无论其源自何方，香料很快成为欧洲人各种餐食中极度流行的东西。关于用香料来掩盖过期食物的味道这种说法，现在一般都被认为站不住脚；相反，它们似乎真正地改变了人们的味觉——或者说，改变了那些能够买得起香料的人的味觉。香料（在这一时期人的想法中还包括砂糖）被加入菜肴、水果和饮料之中，被当作馈赠的礼品和值得珍藏的宝贝。后来，另外一个烘焙调味系列也成为其同道：来自中美洲热带丛林的香草，它是一种兰花的种荚部分。和阿兹特克人一样，17世纪的英国人用它来为巧克力这种自己喜爱的新饮品调味——巧克力饮品是他们最终从西班牙人那里学来的，从16世纪早期开始，在西班牙皇室就开始秘密饮用巧克力了。

消费者的困扰是，香料贸易有赖于漫长并且充满风险的路程，这使得价格居高不下、供应短缺。罗马人学会如何在他们的大船上利用季风直航印度南部，但这一路程仍然要花上几乎一年的时间；在这之前，航程更长，要越过中国、马来和印度尼西亚的辽阔海洋，绕道非洲的北部海湾。这也是一项获利丰厚的贸易，要受到不断的战火影响，而且在许多地方都存在着事实上的垄断，首先是蒙古商人，后来是奥斯曼土耳其人，他们把持着君士坦丁堡和雅典这些门户城市。由于赋税越来越高，供应越来越有限，欧洲人决定最好是发现自己通往香料群岛的路线。哥伦布和达·伽马成为时代弄潮儿；伟大的欧洲探险开始了。

问题在于，他们是在几个重大误解之下劳累奔波，比如，这些让人垂涎欲滴的香料源地到底在哪里？抵达彼处的最佳方式是什么？哥伦布（一位热那亚人，尽管他是代表西班牙政府去航海）被说服，发现“印度”的最好方式是向西航行，这极度低估了地球是多么大。他在1492年启航之后的确发现了陆地，而他做出的最重大发现，当然是美洲了。他带回了火鸡、松树和烟草，但是没有任何香料。他的葡萄牙竞争对手达·伽马先是向南，然后向东绕非洲湾航行，最后于1498年抵达印度。在之后的航海中，葡萄牙人在印度南部建立了战略据点，并且很快就开始了对香料的攫取。这一贸易的大部分被西班牙和葡萄牙瓜分了，前者控制着新势力范围的西部，后者控制着东部。另一位葡萄牙人，麦哲伦（Ferdinand Magellan），最后于1521年抵达了觊觎已久的香料群岛，荷兰人和英国人也在战略要地构筑前哨，最后，在16世纪打破了西班牙和葡萄牙对这一贸易的扼制。然而，到这个时候，随着价格下跌和饮食习惯的改变，香料已经不再是曾经那种宝贝了。它们的地位被一系列新的充满诱惑的食品材料所取代：茶叶、烟草和越来越丰富的糖。在下一章，我们将会讲述，这是如何使得下午茶这个传统成为可能的。

虽然如此，我们可以看到，一些我们无比喜爱的传统蛋糕和炊饼，它们的香气和滋味，实际上是由一个新近拓展世界的味道晕染出来的。一位厨师，当他/她凿取砂糖，当他/她称量丁香、肉桂或者姜的分量（这些东西的味道应该没有今天的那么浓，一方面，因为它们在抵达目的地之前要经过遥远的路途，另一方面，因为销售者很有可能会弄虚作假），当他/她对果脯进行称量、洗涮、烤晒这一系列活动，他/她是参与到一场世界贸易之中，而这在以前是不可想象的。毫不意外，这些蛋糕中有许多，长期以来都是普通人够不上的。同时，为了攫取香料而开启的这场贸易和交流，让旅行者知道了其他大陆让人着迷的东西：中东的柑橘、小豆蔻和玫瑰水，阿拉伯人的薄面片、油炸甜食，以及中国人的蒸米糕——蒸米糕为圆形，代表月亮。毫不夸张地说，是香料贸易的发展带来了新世界的开发，带来了口味、语言和文化的混合。

在一个不那么重大的意义上，但就本书而言并非不重要的是，这一贸易带来了必要的先决条件，由此，德国人才能生产他们的lebkuchen，意大利人才能生产他们的panettone，荷兰人才能生产他们的kruidkoek。在美国，这一贸易为业已称得上丰富的发酵面包带来了一个全新的香料时代，譬如热十字饼，当然，它也是以果脯作为其特色的。一个少见的例子，是关于被带到英国文化中的藏红花这种让人艳羡的香料，它主要种植的那个镇就是因它而得名：埃塞克斯的小镇萨弗伦沃尔登[1]。它被用于康沃尔出产的藏红花蛋糕，也被用于威格斯蛋糕和萨利卢恩蛋糕（Sally Lunn cakes）。美食作家格尔韦斯·马克汉姆（Gervase Markham）关于17世纪的“香料蛋糕”的做法，是以混合了热牛奶、黄油、砂糖、藏红花和麦芽汁（用于发酵）作为特色的，还加了鸡蛋和以茴香、丁香、肉桂皮和肉桂为香料的面粉。由此制作出硬实的面团，再加入玫瑰水和无核葡萄干——所有这些调味品都是从几千里之外的地方买来的。英国的烘焙，就像斯堪的纳维亚传统一样，也偏好香菜之类可口的香料，这一点在实心的香菜籽蛋糕中可以看得出来，20世纪早期，这种蛋糕在狩猎聚会和午宴上仍然受到人们的欢迎，这种蛋糕顶上还点缀有甜味的蜜饯。

这些新的加有香料和水果的酵母蛋糕，我们在上一章中

① 萨弗伦沃尔登（Saffron Walden），字面的意思是“种植藏红花的河谷”。——译者注

就谈到过，它们中有许多也渐渐开始与公共和特殊场合发生关联，在其中起到款待客人、强化交往纽带的作用。譬如，守夜（wakes）是本地人为庆祝本地教堂建成而举行的庆祝活动，这常常就包括有蛋糕。英国诗人和牧师罗伯特·赫利克（Robert Herrick）就在一首名为《守夜》（*The Wake*）的诗歌中描写了这一活动，这首诗写于17世纪，他邀请一位朋友“去享用吧，就像其他人那样，/馅饼和沙司，奶酪和蛋糕，/这些仍会为守夜提供的甜食”。19世纪的乡村诗人，约翰·克莱尔（John Clare），描述过他家乡诺斯安普顿郡的一次乡村欢宴，其中就包括了售卖姜面包以及各种小玩意儿、蝴蝶结、丝带等的摊点。湖区的安布尔塞德所举办的背灯芯草节（Rush-bearing Festival），表示灯芯草丰收——在过去，灯芯草是一种重要的本地作物，用来制作篮子等物事——节日就包括有一场儿童游行，之后儿童们都会得到一个姜面包蛋糕（这一习俗可能来自相邻的格拉斯梅尔，后者以姜面包闻名，而且在8月初有自己的背灯芯草比赛）。丰收常常表示欢宴，庆祝大地的馈赠，包括有水果蛋糕、奶酪蛋糕和蜂蜜蛋糕。而“呻吟蛋糕”（groaning cakes），传统上，是为分娩中的母亲制作的，为的是让她们度过分娩的艰辛（果脯肯定能够很好地提供能量和坚忍）。如果这位准母亲自己把鸡蛋打破，就意味着缩短这个艰辛的过程。当这位母亲生完小孩之后进行“教堂仪式”或者重新走入教堂，常常会把这种蛋糕切开进行分发。

再一次，蛋糕在万灵节（All Hallows' Day）或称万圣节（All Saints' Day）起到了一种完全不同的作用，11月1日（万灵节的前夜）是死者的盛宴。传统上，万灵节的标志是加有香料的"灵魂蛋糕"（soul cakes）或者"灵魂大蛋糕"（soul mass cakes），这些蛋糕是给穷人的；人们为了庆祝死者的生活而吃蛋糕，或者把蛋糕分发给挨家挨户"招魂"（souling）的孩子们，很像我们搞的"不给糖，就捣乱"（trick-or-treaters）。一首传统的童谣是这样唱的："灵魂蛋糕，灵魂蛋糕，怜悯所有基督徒的灵魂吧，给我一块灵魂蛋糕。"（祈祷，纪念——吃着特别的蛋糕——所有人认为，这样就可以让灵魂在炼狱中所待的时间缩短。）。在某些地方，"招魂"这一传统一直持续到20世纪，而任何分发给孩子的东西，仍然一概称之为"灵魂蛋糕"，即使分发的实际上是硬币或者其他东西。和众多年深日久的钟爱之物一样，热十字饼，常常上面印有一个十字，表示它们是作为救济物被烤制出来的。其他国家也有相似的传统，譬如，墨西哥亡灵节（Mexican Day of the Dead，11月2日，也就是"万灵节"的日子）要吃"亡灵蛋糕"（pan de muerto），美国许多地方的拉美社区都会庆祝这个节日。这些蛋糕常常装饰有骨头或者骷髅，用以纪念死者。在中国和新加坡，会为饿鬼节（Hungry Ghosts Festival）而制作粉红色的鬼饼（装在粉红色壳子里的蒸米糕），当死者回来拜访的时候，必须让它们吃饱，以免让它们作恶。而在维多利亚时代的英国，当哀悼被上升为一种艺术，会在挚爱者的葬礼之后分发装饰有小天使的蛋糕。轮到荷兰人，则是在葬礼上奉上脆饼；这一传统19世纪仍然流行于美国的荷兰人区域。

水果蛋糕的最后一个象征性重大事件，我们在这里想到的，是婚礼。西蒙·查尔斯利（Simon Charsley）是研究婚礼蛋糕历史的专家，他指出，尽管婚礼蛋糕极具象征性，实际上自身很少有专门的意义。当被人问起，夫妇们很少能够说得出为什么蛋糕是婚礼必需的组成部分，只是知道它是其中一个部分。这来自同一个欢宴传统，表现的是我们已经在前面谈论过的那种东西，而蛋糕本身与砂糖的细腻差异、与更早时候的第十二夜蛋糕，是有着紧密关联的。“新娘蛋糕”（bride cakes）与第十二夜蛋糕类似，其做法出现在16世纪中期，尽管婚礼蛋糕这个名字来得要晚一些，白色装饰糖衣这个现代传统，同分层一样，直到19世纪中期才开始流行。1840年的维多利亚的婚礼蛋糕仍然只是一层，尽管这唯一的一层非常巨大、装饰极为丰富，有狗、小爱神、鸽子和花卉，充分体现出大不列颠对于这对夫妇的庇佑。这个蛋糕重300磅，周长3码，14吋高，引起了轰动。18年后，当维多利亚的长女结婚时，情况发生了变化。她的蛋糕有三层，高逾5呎，尽管顶层是由砂糖而非蛋糕制成。这一次，精致的款待承担起了建筑的梦想，皇室家庭的偏爱引发了一轮汹涌的跟风。

差不多一百年里，一般的新娘和新郎是负担不起时髦的多层蛋糕的，即便是到20世纪30年代两层蛋糕已经成为常见之物。就算是单层蛋糕，历史上也是非常巨大的：伊丽莎白·拉费尔德（Elizabeth Raffald）是一位美食作家、职业蛋糕制作师，后几章中我们还会提到她，她在1769年出版了一则新娘蛋糕的烹饪方法，需要面粉和黄油各4磅，砂糖2磅，鸡蛋36个，无核葡萄干4磅，杏仁、柑橘、罐头橘子和柠檬各1磅，再加上1品脱白兰地。砂糖放入加了奶油的鸡蛋里，至少搅拌一刻钟。她也是第一位提出使用双层杏仁糊和白色糖衣的人，现在这已经成为习惯做法，尽管在她之后的一百年左右里这并非常例。并且，她的蛋糕也值得关注，因为既没有使用酵母，也没有使用麦芽酒，在让烘焙变得更“膨松”方面，当时仍然是普遍使用这两种东西。

显然这些蛋糕曾经是——现在一样是——只为非常特别的场合而制作的；但是，重要的是，它们并非现在婚礼欢宴的主要部分——它们被放在一旁，而且，切蛋糕这个动作要远比保证把蛋糕吃下去来得重要。切蛋糕成为新娘和新郎一起完成的第一个动作，顶层开始被保留下来，用于夫妇俩第一个孩子的洗礼仪式。而且，由于购买者越来越青睐蛋糕的高度和白色糖衣，蛋糕开始具有表现新娘本身的纯洁无瑕这一象征意义。

水果婚礼蛋糕在英国仍然是一种传统，其他国家却并非如此。新娘和新郎象征性地先切蛋糕这个传统也不再是一种通行的做法了。实际上，在美国，人们常常开玩笑说，婚礼水果蛋糕几层都没人动，是因为没人想要它们。《今晚》（*Tonight*）这个节目的主持人约翰尼·卡森（Johnny Carson）曾经有过妙语：这世上只存在一个水果蛋糕，它被人们一个传给一个，一个传给一个……因此，水果蛋糕在美国的婚礼上无法占据中心位置，如果有蛋糕出现，也是降级成了地位更低的“新郎蛋糕”（groom's cake），与象征新娘的那种白而轻盈的蛋糕相对照，这种蛋糕又黑又笨重。如今，黑色常常是通过巧克力来获得，即使是在英国，许多夫妇现在都用巧克力或香草海绵来做他们婚礼蛋糕中的其中一层。顺便说说，尽管新郎蛋糕这个传统在英国不大出名，然而大家都知道，威廉王子（Prince William）在他的2011年皇室婚礼上的确有他自己的蛋糕：一个非常具有英国特色的、由英国饼干联合公司制作的巧克力饼干蛋糕，实际上，它根本就不是一个蛋糕，而是由脆饼干、金色糖蜜、黄油、可可粉和砂糖组成的大杂烩，顶上是融化了的巧克力。另外一个与美国新郎蛋糕有关的传统是，它的目的不是为了吃，相反，它是拿来分发给未婚女性客人，让她们放在枕头下面，以使之为她们带来关于未来配偶的诸多幻梦——就像我们在本书开篇中说到过的那位不幸的《观察家》读者一样。

美国不是唯一抛弃掉厚重的水果婚礼蛋糕的国家。在挪威，传统上是让人更感轻松愉快的蛋白糖蛋糕（kransekake）：它是一摞饼干性质的蛋白糖圈，每一个圈依次变小，形成一个金字塔形状。它们不是专门为婚礼而制作的，但是一旦为婚礼而制作它们，那么，常常会在蛋白糖圈里藏上一瓶葡萄酒或烈性酒（若逢圣诞，它们会被装点成圣诞树的样子）。客人们轮流地一块一块拿取蛋糕，一旦酒瓶露出，就会为新婚夫妇祝酒干杯。这时候，幸福的新人就会取走顶层，再看看有几层会与之一道被取走：这表示他们将会有几个孩子。丹麦和挪威的蛋糕相似。新英格兰的阿巴拉契亚婚礼蛋糕与挪威的蛋白糖蛋糕也不是相隔万水千山，它是由一摞糖浆味道的薄饼或脆饼构成（在这一地区，高粱糖浆是传统的甜化剂），中间有苹果果脯、苹果酱、苹果黄油做成的夹心馅。传统上，每个客人会带来一层，所以，蛋糕高度是这对新人受欢迎程度的一个标志。稍后面的一个章节中，我们还会谈到球堆蛋糕（crocquembouche）这种法国传统的高高的婚礼蛋糕。如果这对新人可以亲吻蛋糕而不将其碰倒，那么他们的婚姻生活就会充满好运。在希腊、中国和印度尼西亚，蛋糕的高度也很重要，也许反映的是两个家族的地位；在德国，蛋糕通常是单层的巨大的海绵蛋糕，丰富地装饰有奶油、巧克力和砂糖做出的玩意儿。尽管这些传统已经不同于过去的水果蛋糕，所有这些蛋糕却继续满满地承载着象征和甜蜜。

本章中，我们回顾了中世纪时期蛋糕逐步变甜、变丰富的经历。它们变得更为规范，与面包区别更为明显；但是，它们的作用，作为庆祝和奢华的标志，则彼此相去愈远了。不仅是这一点，而且，水果蛋糕还讲述了一个世界正在变得越来越可溯源、可理解的故事。它那异国的香料、果脯、砂糖，是了解世界贸易和交流史无前例的增长最为便捷的方式。我们已经看到，这影响到欧洲某些最为传统蛋糕的香料运用；它还带来了香草、咖啡豆、新的异国风情的水果——当然，还带来了巧克力。贸易的发展，渐渐意味着原料——因此也意味着蛋糕本身——变得越来越为人们所能买得起了。到1600年，大多数欧洲小镇的每个街区都有了一个烘焙房。而且，如我们将在第六章谈到的，这些蛋糕随着欧洲移民的全世界散布而与之一道踏上旅途，开始适应新的口味。这就是传统威尔士水果蛋糕在巴塔哥尼亚、法国的圣诞饼（bûche de Noël）在魁北克之所以终结的原因所在。

我们这里所讨论的蛋糕，大部分都是硬实而且厚重的东西，有时仍然依赖酵母才能变得膨松。到18世纪中期，开始有了某种变化。砂糖变得更加充足，因此烹饪方法可以回到甜蜜的果脯上。同时，追求某种更为轻盈东西的烘焙师们，开始意识到搅拌充分的鸡蛋所具有的发泡力——我们已经谈道，拉费尔德夫人分量十足的"新娘蛋糕"已经抛开酵母，转而寻求鸡蛋的发泡性。蛋糕发展史上的第二步，是认识到这些发展可以大力推动产生某种更新、更轻的东西，这就是下面我们要谈到的东西。

【3】

Cake: The Short, Surprising History of Our Favorite Bakes

维多利亚女王的三明治：黄油、砂糖和奴隶制

据说，具有传奇色彩的美国美食作家茱莉亚·蔡尔兹曾经宣称，“只要有足够的黄油，什么都是美味”。一种普遍性的观点认为：人们把黄油看作是既豪华又“天然”的食物之一。这一阵营中的任何人，都可能会选营养丰富、黄油浓厚的磅蛋糕，而不是黑色的水果蛋糕。即使磅蛋糕这个名字听上去让人感觉很厚实、很有分量——这来自这一事实，即，蛋糕传统上是由一磅黄油、一磅面粉、一磅砂糖和一磅鸡蛋（带壳）制成的。尽管现在成为美国烘焙食品中一大经典，磅蛋糕并非出自美国：它的起源地在欧洲。在法国，它被叫作“四个四分之一”（quatre quarts），也是同其原料相关；在德国，则是因为其结构像沙砾而被叫作“沙砾蛋糕”（sandkuchen）。

磅蛋糕18世纪流行于英国，之后，随着蛋糕逐步从厚重、多水果这一特点慢慢变为某种分量更轻巧、颜色更金黄的东西，最后变成了具有象征意义的维多利亚三明治蛋糕（Victoria sandwich cake)(它同时也错误地被称为维多利亚海绵蛋糕[Victoria sponge])。并不难看到,如此简单易记的烹饪方法是如何与时俱进的,尽管,由于一磅的量到底是多少,在不同时期是有所不同的,所以知道烹饪方法并不能充分保证成功(也许正是因为这个原因,用多少其他原料来与带壳鸡蛋的重量匹配,慢慢有了另外一种计量方式)。原本的配料规则在北美意义不大,在北美,烘焙师是用量杯为单位为砂糖计量,用条为单位为黄油计量,而不是使用计磅的方式。尽管如此,我们对这种扎实、金色、朴素的蛋糕保留着一样的喜爱,就像保留着它的名字一样;在英国,即使是在米制时代,许多的烘焙师们却依然使用着基本的磅蛋糕配料规则(今天,通常使用每种原料4盎司、鸡蛋2个)。

所以,我们为什么从前一章的水果蛋糕转到磅蛋糕呢?这个问题简单的答案就是,我们能够做到这一点。不过,这不是直截了当地说能够就能够做到的:需要技术、原料、加工和口味的共同作用,才能够在18世纪晚期产生出一种轻巧的、海绵状的蛋糕来。因为,只有到了这个时期,我们才能够,首先,改进面粉加工,而面粉加工得到改进才能生产出更轻巧的产品,从而生产出更轻巧的蛋糕糊(想一想今天白面包和全麦面包之间的区别吧)。其次,帝国贸易把砂糖带到欧洲和北美洲的大部分地区,而且,像面粉一样,由于更好的工艺,砂糖变得更加便宜、更加白。第三，炉灶技术也开始大发展，它带来了更为精确的温度控制，也为许多家庭带来了封闭式烤箱。同时，17世纪末采用了威士忌，使得人们能够更容易控制鸡蛋液的发酵性，加之，最后，到17世纪末，化学膨松剂也被发现。因为有了这些新的产品和食物材料，人们的口味发生变化，打算要尝尝新鲜的、时髦的、柔和的东西了：果脯和黑糖渐渐就被抛开，而作为蛋糕糊的组成部分，黄油和砂糖的比例升高了。因为上述这些理由：时尚、技术、食品加工和贸易，从水果蛋糕到磅蛋糕的这种转换，实在可谓一场社会革命，一场烹饪革命。

关于两类蛋糕的出现，还有一个心理上的关键需要在这里指出。在食品的历史上，更淡一些的颜色，一直表示加工更好的意思（也就是，加工更多），而加工更好则意味着更为昂贵。所以，能够吃到更白的面包和更白的砂糖，你必须要有经济能力，因此，食物中更淡的颜色就慢慢成为富足和可意的标志。我们在黄油中，也能够看到这种联想；茱莉亚·蔡尔兹让人记忆深刻地指出，黄油——它有着华贵的、阳光般的黄——是一种奢华而且“自然”的东西，让其他食品材料的口感变得更为丰富。于是，想要搞清楚磅蛋糕为什么这么受欢迎，为什么一举击败黑色的水果蛋糕，我们就得考察，金色的黄油和白色的砂糖是如何慢慢变得人所能及的，它们又是如何进入家庭烘焙者的食品柜和烹饪书的。

第一则被出版的蛋糕烹饪方法和一种看起来很像我们现代磅蛋糕的蛋糕有关，这则烹饪方法写于1615年，作者是我们在上一章中已经提到过的格尔韦斯·马克汉姆，他是农夫、烹饪书作者、诗人，还曾经担任过伦敦的宫廷侍臣，甚至曾经（也许出人意料地）当过兵。该蛋糕包括面粉1磅、砂糖1磅、鸡蛋8个，鸡蛋须搅拌令人恐怖的整整1个小时。实际上，与其说马克汉姆是一位原创烹饪方法设计者，还不如说他是一位编辑，这里的意思是，这种蛋糕可能不是什么新的东西：它们含有早期烘焙产品的痕迹，因为里边用到了茴香籽和芫荽籽。自查尔斯二世与布拉甘扎王室的凯瑟琳（Catherine of Braganza）这位葡萄牙贵妇1662年的那场婚礼之后，“葡萄牙蛋糕”（Portugal cakes）就在英国变得流行，它们与之类似，都是金色，不加水果，但仍然以传统的玫瑰水和萨克酒（sack，一种甜葡萄酒）为特色。实际上，西班牙人是最早发明海绵蛋糕的人之一；意大利人让它更加完美，称之为斯帕尼亚蛋糕（pan de spagna），可能正是意大利人将其带到了英国。

实际上，马克汉姆根本就没有把他的烹饪方法叫作蛋糕做法，相反，他称之为“饼干面包”（bisket-bread）——除非它是薄薄地卷起来，才会被当作“蛋糕”——或者，更应该说，它是若干个小的蛋糕，因为混合在一起的东西被分装进了许多不同的模具里。不过，在许多其他方面，马克汉姆的蛋糕的确可谓一种新东西。它的烘烤是在模具里，是在烤箱里而不是在煎锅或者烤炉里，而且搅拌必须引入空气，因为他的要求是，厨师须在烘烤中途用手将蛋糕压平，或者叫作“大力将其压紧”。另外一个表明它不新的特征是，这些一小个一小个的样式很像我们今天看到薄饼时所想到的东西（或许，这可以解释，这个词与koekje这个荷兰人表示蛋糕的词之间所具有的语言关联关系）。和后世的做法最为明显的区别，在于马克汉姆的蛋糕没有黄油。这使得它更近于我们现代的无脂海绵蛋糕，其中，经过搅拌的鸡蛋仍然是作为主打的膨松剂。

马克汉姆的蛋糕具有味道鲜、香料浓的特点——这一特点我们在早期的香料籽粒蛋糕和一些发酵蛋糕中能够见到——在之后几十年里一直是一种普遍特色，尽管原料之间1：1这种简单做法也成了一个反复出现的特征。同时，对于那些有经济能力购买书籍的人来说，印刷文化的爆炸性发展，使得相当数量的蛋糕做法得以刊行于世。艾丽莎·史密斯（Eliza Smith）是一位非常受欢迎的英国美食作家，以前做过厨师，在其1727年的著作《妙手主妇》（*The Compleat Housewife*）中，就有一个名为“各式蛋糕”专章，收入了40种不同蛋糕的做法。这是一本畅销书，也是第一本在美洲出版的烹饪书，于1742年在弗吉尼亚州发行。但是，书里面的蛋糕没有一种被描述为海绵蛋糕或者磅蛋糕，大多数都包含有熟悉的香料籽粒、果脯（果干蛋糕）或者姜。即使那种“配黄油吃的普通蛋糕”也含有酵母和香料——这与我们今天关于磅蛋糕的想法截然不同，而这再次表明，它与上一章里所谈论过的水果蛋糕，倒是有着紧密的家族关联关系的。

然而，到18世纪中期为止，新的更轻、不加水果的蛋糕已经十分普遍，足以被收入另外一本畅销的烹饪著作中，这本著作就是《烹饪艺术》（*The Art of Cookery*），1747年出版，其作者只简单地署名“一位女士”。两百年后，人们终于发现，这位作者原来是汉娜·格拉斯夫人（Mrs Hannah Glasse），这位作者的烹饪经验来自她曾在一个贵族家庭担任家仆。她的“磅蛋糕”体现了自马克汉姆以来口味和原料方面的变化：它有鸡蛋白6个、鸡蛋黄12个（这使得它更为丰富）、黄油1磅、砂糖1磅——但仍然有不可避免的芫荽籽粒——而且须用手或“大木勺”让人郁闷地搅拌1小时之久。1806年的《家庭烹饪新体系》（*A New System of Domestic Cookery*）可谓风靡一时，其作者是英国寡妇玛利亚·伦德尔（Maria Rundell）（此书二十五年中，在大西洋两岸共卖出了50万册，还被翻译成为德文），但即使是这本书里重点介绍的“美味磅蛋糕”，仍然带有其先辈的痕迹：它以肉豆蔻、肉桂、葡萄酒和芫荽籽调味，在今天，这些仍然是许多欧洲北部烹饪中的经典口味。她还在书中收录了一种叫“海绵蛋糕”（spunge cake）的东西，但原料是按照对应鸡蛋10个来配搭的。让人觉得有趣的是，这些鸡蛋的蛋白和蛋黄是分开搅拌——这是一种带来额外空气的不错方式，表明这是一种更为轻巧的蛋糕。

我们在一本美国的书中，最终找到了真正意义上的磅蛋糕，尽管这个过程中经历了非同寻常的曲折。这本书是亚美利亚·西蒙斯（Amelia Simmons）的《美国烹饪》（*American Cookery*），首次出版于1796年，是美国出版的第一本美国人的烹饪书。作者西蒙斯可能生活在新英格兰，在她的书的第一版扉页上说她是“一位美国孤儿”，她不能写字，这本书是通过她对记录者的口授而来（正因如此，第一版中错误颇多，于是同一年中就出了第二版）。她的书涵盖广泛，有肉、鱼、肉饼、面饼、水果饼、腌菜以及“从帝国果干蛋糕到清蛋糕，应有尽有的各式蛋糕”。她关于磅蛋糕的做法是这样的：

砂糖1磅，黄油1磅，面粉1磅，鸡蛋1磅或10个，玫瑰水1吉耳（gill，液体度量单位；美制的1吉耳是半杯，英制的比美制的要稍微多点儿），根据个人口味加适度香料；仔细观察，在慢火烤箱中烤15分钟。

有好几位食物历史学家和博客博主记录了自己关于制作西蒙斯所说蛋糕的尝试，发现做出来的蛋糕比现代的要硬实，但是口感宜人，因为它使用的是玫瑰水，而不是我们现代的香草提取液，所以具有一种非比寻常的特色。另外，很大程度上还是因为每个人对于香料的口味不一样；当时人们的口味，从肉豆蔻、丁香和多香果这种铁三角搭配，到更具刺激地代之以小豆蔻等，各有喜好。同时，几百年来，香草在稀有香料中占据的地位仅次于藏红花，因为它的提取极为耗时。香草只生长在赤道周围的一个狭窄地带，如果不是在原生地栽培，那么人工授粉的技术十分关键，1840年左右墨西哥才发现这一点。德国化学家在1874年发现了如何制作一种综合成分的替代品（直到今天还在使用）；这些东西对亚美利亚·西蒙斯来说是太迟了。

通过亚美利亚的书，我们知道，磅蛋糕的确是在18世纪末传到了美洲，自那之后，它一直是一种主要食品。甚至在美国人的日历上，有一个一年一度的磅蛋糕节（3月4日）。然而在英国，它却走上了一条稍有不同的道路，有了一个非常独特的名字：维多利亚三明治蛋糕。

对于那些不熟悉英国饮食传统的人而言，维多利亚三明治蛋糕也许没有什么意义。但是，对于英国人而言，它是国家身份的象征。本质上，它是两个轻巧的圆形磅蛋糕，夹上一层果酱，而且通常还要夹上一层软和的生奶油，尽管后面这一点在纯粹派那里不无争议。它之所以轻巧，是因为使用了化学膨松剂（这种东西，我们将谈到，是18世纪后期的发明）。它的名字来自维多利亚女王，传说中，维多利亚女王是它的著名拥趸，尽管她本人只夹上简单的一层果酱罢了。不过，它很受欢迎，并不限于皇室专享。它是一种让人觉得舒服的轻盈而又漂亮精致的蛋糕，带有红色和奶白色的条纹，在起起伏伏的蛋糕样式变化中一直高昂着自己的头。用英国美食作家兼厨师奈杰尔·斯雷特（Nigel Slater）的话说，“把这种海绵蛋糕放在餐桌上，旁边配上一把泛黄的骨柄刀，您就得到一幅关于英国的画面，如同您的父辈和祖父辈所见到的一样。”毫不奇怪，我们当下这个怀旧的时代，更是推动了人们对维多利亚三明治的喜爱；正因为它那简单而又可口的美，在我为下午茶客人们烤制蛋糕时，它常常是我的不二之选。

这种受到钟爱的英国蛋糕，在其最初有记录的出现中，其中一次可能是伊莎贝拉·毕顿夫人（Isabella Beeton）那本最具英国特色的烹饪书《家政书》（*Book of Household Management*），这本书最早于1861年出版，但之后由于加入了其他撰稿人而被一再扩充，变得面目全非了。这本书非常流行，甚至在20世纪30年代都还有接近一半的英国主妇们在使用它。在她关于蛋糕的这一部分中，最接近磅蛋糕的是毕顿夫人所描述的“海绵蛋糕”，它不含任何油脂。但是，在题为“奶油、果冻、煎饼等”这一章里，埋伏着一则关于“维多利亚三明治”的烹饪方法，需要：鸡蛋4个、与鸡蛋重量相同的碎砂糖（这一时期的砂糖是以大的块状或条状存在，家里要用的时候需要将其破碎开来）、黄油和面粉，加1/4盐勺的盐，以及一些果酱。她的烹饪方法如下：

把黄油打成奶油；撒入面粉和碎砂糖；将这些原料搅拌均匀，之后加入鸡蛋，鸡蛋必须在之前就完全打好。揉搓蛋糕糊大约10分钟，在一个约克郡布丁模具里抹上黄油，将蛋糕糊倒入模具，在中火的烤箱中烤制20分钟。使之冷却，在一半的蛋糕上铺一层可口蜜饯，将其放置在另一半蛋糕上，轻轻将两块蛋糕压在一起，之后将其切成长指头形；在玻璃餐盘中码放成十字交叉，上桌。

一位现代烘焙师对毕顿夫人烹饪方法中所用原料（从头开始一直到“可口蜜饯”）一望即知，但是对她的方法则不尽然。今天，更通行的做法是用砂糖来打黄油（“奶油打发”法），然后加入打好的鸡蛋，最后，把面粉轻柔地折起以免空气被挤跑了。不过，这都无关紧要，因为我们要注意这一奇怪事实：毕顿夫人根本就没有把她创造的东西叫作蛋糕。我们只能认为，它的奶油和果酱夹心以及优雅地以“指头”形状端上桌，决定了它更多地是一种甜点。更切合实际地说，情况也许是她在另外一本书中发现了它：毕顿夫人是一位无耻的抄袭者。不管如何，很清楚，到1861年为止，也就是她的书出版那一年，磅蛋糕已经与它的皇家庇护人联系在了一起。

维多利亚三明治在英国如此为人喜爱，其中一个理由是，它不只是一个蛋糕，它是让人缅怀不已的英国精神的一种象征（有人可能更愿意称之为英格兰精神，因为我们已经看到，爱尔兰、威尔士和苏格兰都有自己的民族蛋糕）。它集中代表了许多标志性的英国社会事件：下午茶，乡村节日，以及许多其他传统的国民机构。妇女会（Women's Institute）这个组织与蛋糕之间的关系，就以一种让人难忘的方式，在电影《挂历女郎》（*Calendar Girls*）中被永远保留了下来。并非巧合地，这部电影特地刻画有这样一个场景：由海伦·米伦（Helen Mirren）扮演的那位反传统的性情直率的主角，承认她获奖的维多利亚三明治是从玛莎百货（Marks & Spencer，它本身当然也是一个英国机构）买来的。她那些行事同样风风火火的朋友们对此既感到惊讶又觉得有趣，因此，您不必对维多利亚三明治或者妇女会有什么详细了解，就会明白这件事不会就此完事儿[①]。

农业和地方集市对家庭出产今天仍然有着强烈影响，在英国，制作精良的维多利亚三明治漂亮又轻巧，足以在集市上有一席之地。实际上，大多数集市都有一群对它们特别热衷的人；我们渥尔维克郡的本地农业集市，甚至把男烘焙师所烤制的维多利亚三明治专门列为商品的一类。在北美，磅蛋糕具有同样的地位，当它带有柑橘、酸奶油的烈或糖霜的甜，尤其是如此。诸如此类的变通使得家庭的磅蛋糕做法被严格保密，备受喜爱。即使是传统的维多利亚三明治，也可以有咖啡或柠檬味，而且根据顾客喜好，还可以有各种不同口味的果子酱或柠檬酱。这些弄来弄去的各种做法，甚至得到了妇女会的倡导和肯定。

维多利亚三明治在英国具有如此出名的地位，原因之一在于，它是传统下午茶的一个有机组成部分。三明治、蛋糕、一壶茶，这种轻巧的小吃方式被认为是1840年左右由安娜·鲁塞尔（Anna Russsell）发明的，她是维多利亚女王的卧房侍从，

---

① 这部2003年拍摄的影片是根据里尔斯通妇女会（Rylstone and District Women's Institute）的真实事件改编。事件的起因是，该组织成员之一的丈夫因白血病亡故于当地医院，为给医院筹款，她和自己的朋友们发起了裸体拍摄挂历行动。她们年龄都在40岁以上，在挂历上裸体而自然地从事着烹饪、编织、插花等家务活动。这一事件产生了强烈的社会影响，不仅有这部电影的问世，更重要的是，至2003年，她们的这份挂历销量就已经高达30万册，筹集到了近60万英镑的白血病慈善基金。——译者注

第七位贝德福德女伯爵，她将其当作对付下午时分“消沉感”（sinking feeling）的一种治疗手段。随着午餐慢慢移向一天的中段时分，晚餐推迟到傍晚时分，维多利亚时代英国那些无所事事的女性觉得，下午变得没啥可吃又没啥社交活动可以参与。下午茶这种新餐饮方式填充了午餐与晚餐之间的空白，很快就成为社交生活的一个既成的组成部分。实际上，人们认为，正是因为在女王居所，位于怀特岛上的奥斯博恩庄园所举办的茶会上提供维多利亚三明治，才使之获得皇室御用这一资历。内容经过了扩充、极具维多利亚特色的1880年版毕顿夫人《家政书》，以充满魅力的方式把下午茶描述成“几种优雅的小玩意儿”，其中包括“以甜小吃方式出现的蛋糕和脆饼”。这时候，在家政出色的家庭中，它已经成为可以预料的一个生活组成部分了。

撇开所谓“消沉感”，下午茶时间更是稍事暂停，来聊聊天，吃些东西，补充精力；再一次，按照奈杰尔·斯雷特的话说，“下午茶可能是我们全然、纯粹为了娱乐而吃的一餐”。并不奇怪，在小说中，它频频出现，成为表现暂停下来进行放松的一种便捷手段。一种带坚果的磅蛋糕，“富勒核仁蛋糕”（Fuller’s Walnut Cake），在南希·米特福德（Nancy Mitford）的作品《恋恋冬季》（*Love in a Cold Climate*）中出现了好几次，每一次都勾起无比欢欣，同样一种蛋糕，也骄傲地出现在

《故园风雨后》（*Brideshead Revisited*）的茶桌上，那是查尔斯·奈德（Charles Ryder）来到牛津大学的第一周。核仁蛋糕是“富勒蛋糕”（Fuller’s Cakes）这家美国公司的产品，20世纪早期，该公司的烘焙产品和甜食遍布英国各处的商店。核仁蛋糕的特色是里边有夹心，表层涂有煮熟的白色糖衣。它的顶部装饰有签名性的切成两半的核桃仁。饮茶不断发展，成为跨越社会诸阶层的一种普遍性习惯，到19世纪末期，越来越广泛的社会群体拥有足够的时间和闲暇，能够在下午享受到一杯茶、一块蛋糕，无论是在家里，还是在一家新开的茶坊或者咖啡厅里。茶和蛋糕——就像砂糖与白面粉——变得民主起来。

那么，我们且暂停一会儿，来想想和形成这种新式蛋糕有关的不同过程。关键是吸收到磅蛋糕蛋糕糊中空气的多少：这使得这种蛋糕比水果蛋糕更为“膨松”。要做到这一点，有三种方式：经过搅拌的鸡蛋，从几则早期磅蛋糕烹饪方法中就可以见到，它带来了蜂窝状的气泡，赋予蛋糕“海绵”的外形；化学膨松剂，这种东西18世纪末期开始用于家庭厨房，它通过蛋糕糊中酸和碱的相互作用生成二氧化碳；最后，黄油和砂糖一道的奶油打发，这通常是制作磅蛋糕或者维多利亚三明治的第一个步骤，它让蛋糕糊通气，把空气锁在蛋糕糊里面。正是锁在蛋糕糊里的空气在烘烤过程中产生膨胀，才使得蛋糕变得膨松。另外，黄油使得轻巧的蛋糕口感细腻而丰富，因为它抑制了谷胶的形成，谷胶就是让面包有嚼劲的那种东西。还有，黄油让蛋糕湿润，这使得表皮在适当的烘焙温度下可以变化出漂亮的颜色。这就是“无脂”海绵蛋糕（真正的“海绵蛋糕”必须是无脂的）不易保持形态的原因：它缺乏黄油所带来的湿润。它还强烈依赖搅拌过的鸡蛋来达到“膨松”。

磅蛋糕的轻巧性质，还依赖砂糖与面粉的正确比例：砂糖太多，会让蛋白质变软，使其控制不住蛋糕的成型。烤箱的温度也有其作用：如果太热或太冷，膨胀和成形的过程就不会按照正确顺序发生，要么是外表变得厚而焦黄，要么是表面色泽过深而且顶部像个“火山口”。所有这些过程，使得现代的磅蛋糕成为一种截然不同于水果蛋糕的景象，后者对于轻巧性少有考虑：因为使用果脯和黑砂糖，水果蛋糕是厚实的、黑色的，通常用打奶油和混合搅拌而非打发和通气的方式来制作。

磅蛋糕的另一个特殊之处是，一直以来，它们更为通行地是在有一定温度控制的密闭烤箱中烘烤。我们后边将谈到，到19世纪晚期为止，这开始意味着一个调节拨盘；在那之前，蛋糕的成功与否，更多依靠的是烘焙师的经验：确切的温度感觉是什么样的，烧木头的烤箱要多长时间才能够冷却到适当的温度。当亚美利亚·西蒙斯1796年出版她的烹饪著作的时候，美国人仍然是在炉膛火上烤，这在她的几则烹饪方法中就有所反映，但是，到了19世纪早期，各类家庭烤箱在美国也变得越来越普遍了。当西蒙斯在她的磅蛋糕做法中明确要求使用“中火的”烤箱，她或许并不是指我们现在习惯了的那种烤箱，而是指一个密闭锅子周围的火所带来的热度（这种锅子也被称为“荷兰烤箱”［Dutch oven］）。这种锅子的热度肯定比我们现代烤箱的要高得多，因为她说，只用15分钟蛋糕就可以了。

我们将很快回到所有这些发展上来：烤箱技术，砂糖的更加易得，化学膨胀剂的发明。但首先，且让我们来思考磅蛋糕中改变最少的那种关键原料：黄油。

茱莉亚・蔡尔兹道出了一种普遍的情绪，当她说黄油让一切尝起来有了更好的味道。黄油口感丰富，颜色金黄，所以总能为自己赢得许多拥趸，即使是今天，我们知道它的饱和脂肪酸非常高的情况下。实际上，对黄油的喜爱，在20世纪90年代之后又有所攀升，当时，人们发现了人造黄油之类产品中的反式脂肪酸对健康所产生的危害（反式脂肪酸［trans fats］是通过对植物油加以硬化或氢化的方式由人工制成）。黄油也得益于人们希望消费未经加工的、“自然的”产品这一愿望，这一潮流对维多利亚三明治蛋糕的流行也起到了助推作用。2014年，美国黄油研究所（American Butter Institute）报告，黄油消费达到了四十年来的高点，平均数量为每人每年消费5.6磅（1997年为4.1磅）。考虑到黄油是所有奶制品中脂肪含量最高的一种，它那让人愉悦的丰富口感并不让人惊讶：在美国，它的脂肪含量是80%，在欧洲是85%（可以比较一下：奶酪是30%，凝固奶油［clotted cream］这种脂肪最丰富的奶油是55%）。所有这些给一切用黄油的东西一种重要的“感觉良好元素”。一位美食作家曾把黄油喜爱者那种依恋总结为“一种如此猛烈又如此没有道理可言的忠诚，以至于反对者称之为‘黄油迷思’［butter mystic］”。这不仅是因为它的味道——尽管那很重要，这也是因为，正是有了绿色田野里的微风吹拂、惬意和阳光，才有了它那金黄的颜色和母亲乳汁一般的营养源泉。大多数黄油是在工业化的乳品厂里生产，或者手工黄油是多么艰辛的工作，都无所谓。用人类学家利维-施特劳斯（Claude Lévi-Strauss）的话来说，黄油不仅吃起来是好的，而且“想起来是好的”。

如果看着一碗牛奶和碗边的一块黄油，您不会一下子就明白这种东西是怎么变成另一种东西的，但是，只要把这碗牛奶单独放上几天，您就明白了，液体有向固体转化的特点。在前工业化时代，制作黄油的第一步，是把牛奶“定”在碗里，直到奶油上升到表面，可以将其撇去。这就制成了口感丰富、最想要获取的黄油，但乳清或者撇过之后的黄油奶所形成的牛奶脂肪，可以当作一种更为经济的替代品来使用。然后，手工搅动牛奶或奶油，用搅拌器在液体里上下搅动，直到形成黄油粒——这个过程需要几个小时的艰辛劳动，而且会受到气候条件影响。这个过程所做的，是让奶油或牛奶透气，把气泡锁进脂肪。慢慢地，脂肪和水被搅成不同的构造，水和脂肪分离，剩下的就是奶油状的固体，以及一些水状的黄油牛奶，后者可以抽取出来供饮用，饲养动物或者用于烘焙。

不必说，这是一项非常艰苦而又必要的工作，劳拉·因戈尔斯·怀尔德（Laura Ingalls Wilder）的自传体小说《大森林中的小房屋》（*Little House in the Big Woods*）是关于自己19世纪70年代在美国中西部的童年时代，在书中，她为一代又一代的小读者们对此有过生动的描述。在她家里，每周的周四都要搅黄油（不管怎么说，这是家用冰箱之前的时代）。4岁时候，劳拉还太小，轮不到她站到那个大搅拌器旁边，但她喜欢吃胡萝卜，胡萝卜可以用来为色泽黯淡的冬季黄油上色，她还喜欢喝搅黄油剩下的黄油奶。她看着妈妈漂洗黄油，为它加上盐，以便更好地保存它（因为加了盐的黄油影响最终成品的口感，许多18世纪和19世纪的蛋糕做法都要求烘焙师彻底清洗黄油，将盐去除掉）。对劳拉来说，最美的是看着黄油在妈妈的草莓形模子里变成小块状。不同家庭常常有自己独特的模子，为的是向购买者表示黄油由哪里制作。以妈妈的为例，那只是为了好看的原因。

在18世纪和19世纪，奶制品对于比如劳拉一家的农村生活至关重要，他们种植或制作自己吃的大部分食物；实际上，奶制品也是乡村社会生活的一个核心焦点。托马斯·哈代（Thomas Hardy）在他的小说《苔丝》（*Tess of the D'Urbervilles*）中，就为我们刻画了围绕英国奶制品加工所产生的民俗，这本书的背景就被放置在19世纪末期。其中一幕，哈代小说的女主角苔丝，是一家叫作塔尔博塞的大规模奶制品工场的挤奶工。一天，尽管利用马力搅拌了很久，但黄油"没有出来"。迷信的奶场工人，男男女女们，都相信是因为发生了某种古怪的事情，比如怨咒，或者出现了热恋中人（当然，这对于整个故事而言是一个关键点）。这些奶场工人们不是去考察奶油、设备或者天气原因，而是决定请一位术士来驱赶坏运气，就在这时候，黄油开始出来了，于是所有人备感解脱。

奶制品加工（和烘焙相似）传统上是女性工作的一个部分；"奶制品"（dairy）这个词来自中世纪英语中的"dey"，意思是女性仆人，而"erie"则是她工作的场所。塔尔博塞算是一个例外，因为它是一家大型商业企业，因而是由一个男性来领导，并且雇用男女工人。黄油制作以及其他奶制品加工中的技能，也并不局限于家庭：地主也养有奶牛，尽管他们自己并不太会去做奶制品加工的工作。作家简·奥斯汀（Jane Austen）的父亲就是一所英格兰教堂的副牧师，在1798年，奥斯汀在写给妹妹卡珊德拉（Cassandra）的信中，曾经说道，

"我们都非常不喜欢我们的新女仆；她对奶制品加工一无所知，准确地说，在我们家中，这一点对她相当不利，但她将被教会这一切。"特殊情况下，奶制品加工甚至并不是必须要有一个工人的：美洲开拓者们发现，自己的马拉车转着圈，就能自然而然地搅拌出黄油来。

因戈尔斯一家也许没有条件，像奥斯汀一家那样，把他们辛苦制成的黄油拿来做蛋糕（当然，我们之所以对19世纪早期英国优雅阶层的下午茶习惯有所了解，奥斯汀的许多著作，是原因之一），但是，家道小康的镇上人家在18世纪末，的确有着相当的品位能力。所谓黄油迷思之说是站得住脚的：在英国，第一次，更多的牛奶是被加工成黄油而不是喝掉，很快，其他国家也变得如此。

可惜的是，随着小康之家开始大事享用黄油滋润的餐食，轻巧的茶点蛋糕开始让富人和时髦人士的餐桌变得熠熠生辉，它们与穷人的距离却越来越远了。随着工业化的起步，越来越多的人搬进城镇，随着农业变得规模更大、劳动力更密集，穷人被变成工资劳动力，愈加远离自己小规模的奶牛养殖。即使是中产阶级的家庭烘焙者也不大可能像以前那样自己制作黄油了。当1727年英国美食作家艾丽莎·史密斯出版《妙手主妇》时，里边关于黄油制作的操作指导是这样开始的："一旦挤好牛奶，把牛奶滤进锅里，通常搅拌半个小时……"一个世纪过后，她的读者们越来越不太可能需要这样的操作指导了，或许是因为她们不再养殖奶牛，或许是因为她们可以直接到商店里去购买黄油。穷人觉得，不论要做到上面两件事中的哪一件，都是越来越困难了。

但是，正是因为越来越多的人远离农村，他们才会更加眷恋被黄油勾起的那种田园理想。与黄油源头的分离，在诸如英国和荷兰之类国家尤其突出，两个国家历史上都有高水准的城市居民，（就英国而言）有迅速的、早期的工业化。在美国东北部，直到1910年，一个人才更可能居住于城市而非乡村；在美国南部各州，直到20世纪50年代以前，这都是做不到的。同时，黄油越来越变成经济宽裕人家的食用材料：到1902年，英格兰最高社会等级所消耗的黄油，几乎是其余人口的三倍之多。城市贫民不得不靠一小部分拿来将就，或者使用猪油和肉缝中剩下的作为替代品。不过，这在20世纪70年代发生了变化，因为有了有意思的新产品问世，它的价格比黄油要低得多。它是什么？人造黄油。

人造黄油（oleomargarine，或者，按照今天的叫法，margarine）是法国化学家希伯莱特·梅耶–穆赫耶斯（Hippolyte Mège–Mouriès）于1869年发明出来的，是一次为法国军队寻求廉价油脂替代品而举办的比赛中的获奖项目。梅耶–穆赫耶斯的发明使用牛脂肪进行延伸制造。这项专利很快卖给了尤根思［Jurgens］这家荷兰公司（该公司后来成了联合利华［Unilever］的一个组成部分），该产品很快风靡一时，尤其是在英国和德国。并不奇怪，那些国家中的奶制品工业让人印象不深：人造黄油不仅对他们在油脂市场上的份额发出挑战，而且作为价格更为便宜的“真东西”又常常被忽视了。人造黄油制品则认为，它们可以很好地塑造黄油深受人们喜爱的那些特征，于是推出了名为“Churno”“Buttapat”“Creamo”等的诸多系列，暗示它们的源头与绿色田野中的奶牛这种田园风光紧密相连。实际上，人造黄油最初在英国叫作“butterine”，对这一点的强调更甚。在美国，以奶制品加工作为爱好这一风尚十分强劲，使其对人造黄油的反感甚至在市场上也深有体现，在许多州，人造黄油产品都被课以重税，甚至将其着色为粉红色，以确保没有人将其误以为是真正的黄油。加拿大人走得更远：人造黄油直到1948年一直是被禁止的，中间只有大概第一次世界大战末黄油供应短缺那段时间是例外。2008年，魁北克才对一条禁止给人造黄油添加黄色着色的法令解禁（添加之后它看上去更像黄油：人造黄油在“自然”状态下是白色的）。

人造黄油最终是作为不含有黄油饱和脂肪酸的延伸品而获得了自己的商机，近年来，它随着不含反式脂肪酸产品的推出而开始重新赢得一定程度的欢迎。在英国战争年代，人造黄油甚至单凭自身就成了烘焙原料，尽管必须承认，这是因为许多人想要把微薄的黄油供应节约下来食用。但是，它想要得到人们的认可还有崎岖的道路要走。它作为黄油的廉价替代品这一出身，在第二次世界大战之后也仍然难以摆脱；英国取消战时管制之后，人造黄油是唯一要求定量发售的配给品。与此同时，黄油的销售则不出意料地飞速攀升。

就烘焙而言，今天人们关于黄油替代品可否接受仍然意见纷纭。美国的磅蛋糕做法很少提到人造黄油作为黄油替代品，除非是要做素食型的不含奶制品那种。玛莎·斯图亚特（Martha Stewart）明白无误地表示支持黄油调味。但在英国和澳大利亚，人造黄油也有自己的拥趸。现代英国《好管家》（*Good Housekeeping*）关于维多利亚三明治的做法中，对黄油就有明确要求，两位最著名的英国家政女神，奈杰拉·劳森（Nigella Lawson）和德里亚·史密斯（Delia Smith）就是这么做的（下一章里我们会更多地谈到她们）。但是，那些传统烘焙的坚定捍卫者们，妇女会的女士们，有的拥护黄油，有的拥护人造黄油，甚至还有的拥护两种混合使用。

在北美，烘焙中一种更被认可的黄油替代品是植物油，或者像品牌领导者Crisco之类的植物酥油（Crisco这个名字来自它的主要原料crystallised cottonseed oil［晶化棉籽油］）。Crisco首先于1911年推入市场，作为黄油的高级替代品，它在人们所想象得到的每个柜台都得到大力推广：价格低、利健康、用途多、口感好、易保存（很像几十年前人造黄油在英国的样子）。因为不含奶制品，它甚至被当作合乎犹太教教规的产品来销售，而且有若干犹太教拉比[①]为其背书：根据它的制造商所说，一位纽约的拉比在它发售时曾发出赞美，“希伯来民族为Crisco已经等待了4000年！”通过种种优惠、广告以及阐述其用途多样的烹饪书（自然，其中包括了磅蛋糕的做法），该产品强势进入市场。Crisco磅蛋糕同其更为传统的前辈们一样简单，只是用来搭配其他原料的变成了酥油。下面，我们要讲的是这些原料中的另外一种：砂糖。

砂糖是完全以慰藉为旨归。砂糖的甜和碳水化合物的难以消化是让慰藉食物[②]如此具有慰藉性的东西。人类似乎生物学上就被驱使去欣赏甜的味道，而且，即使它不是自己餐饮中固有的部分，也能够很快地适应。20世纪70年代的一次实验表明，即使是子宫中的胚胎，对于注入子宫液中的糖精也有所反应（这个实验没有反复做过：之后很快就发现，糖精对于胎儿发育具有负面效应）。许多动物表现出同样一种倾向，譬如，对于甜的水果，这表明甜具有某种固有的生物性的优势，而不只

---

① 拉比（Rabbi），犹太教中对智者的尊称，指受过正规宗教教育、系统学习过犹太教经典的教会领袖或大学者。——译者注

② 慰藉食物（comfort food），指能够让人引发怀旧等情绪的食物，常常以高能量、高碳水化合物以及简单的做法为特点。——译者注

是感觉良好这一因素，比如，甜可以表示某种食物材料可吃，或者富含宝贵的能量。

当然，砂糖并非蛋糕中唯一使用的甜化剂：枫叶糖浆、蜂蜜，以及——我们在上一章中谈论到的——果脯，都可以服务于同一个目的。但是砂糖——尤其是白色的、精加工过的砂糖——是西方世界中家庭烘焙中我们的最爱，而且，在从水果蛋糕到磅蛋糕的发展过程中，它是有最具革命性的故事可讲的一种。人们之所以喜欢砂糖，部分是因为它质地均匀、可靠，但是它的白，也具有那些人们渴望的标志，纯洁、完整，如此之类我们开头就谈到过的东西。在砂糖加工这个不断发展的世界中，白砂糖的加工最为精细，因此是最贵的。很容易想象，那些白色、闪亮的晶体，由家庭厨师从大糖条上凿下来——或者说，到19世纪，为了显示其光彩，它们一直是裹在蓝色包装纸中、未经切割或破碎地卖出——所具有的诱惑魅力，远远胜过因为加工度更低而留下来的浅黄色。今天，我们更黑一些的砂糖一般是用糖浆来人工着色的，“未经加工”则成了吃的东西中一个让人赞赏的特色。不过，不要低估口味、市场、制造工艺和贸易中的变革——更不要说人类生活方面了——变革在19世纪伴随人们能够越来越容易获得便宜的白砂糖而来。砂糖从一度只能为富人所享受的奢侈品，注定会变成穷人饮食中的主打：热量高，甜度高，营养却低。

经过全面精加工的砂糖是纯蔗糖：相比它的单糖亲戚，如葡萄糖、果糖，纯蔗糖的分子式更为复杂。蔗糖自然产生于糖蔗和甜菜中，但是必须花大力气进行加工才能使之宜于使用。历史上，我们大多数的砂糖都来自甘蔗，甘蔗是一种古老的作物，至少从公元前500年就开始种植了。甘蔗种植需要的劳动力特别巨大，因此，在16世纪地主们就开始大量使用来自非洲和印度的奴隶，来照料他们位于西印度群岛、马德拉以及美洲最南部那些不断扩张的种植园（这里再一次提到了贸易三角这个问题）。在1550年，巴西有五个甘蔗种植园；到1623年，有350个。种植园的工作劳累而且无休止，奴隶们深受病痛折磨，未成年就死去的数量高得让人恐怖。种植园也带来了巨额财富：在19世纪，砂糖占巴巴多斯和海地等出口总值的90%以上，尽管，即使是奴隶制被废除之后，工人们成为合同劳工，仍然见不到什么钱。

收获甘蔗和提取蔗糖的过程，在工业进程起步之前，让家庭黄油制作看上去像是在田园牧歌般放牧着奶牛的田野上漫步。首先是砍倒高高的坚硬的甘蔗，通过磨压和蒸馏提取其中汁液。第二步通过煮制来加热和净化这种汁液，浓缩出蔗糖糖浆。最后，砂糖本身结晶而出，留下糖浆，后者从巨大的圆锥形模子的底部抽取出来（回顾一下我们前边谈到过糖条）。直到17世纪机械化到来之前，开头使用动物，后来使用水力，再后来是蒸汽，产量上升到足以带来价格的降低。再到19世纪早期，进入美国的精炼厂并作为最终产品出来的只有一半左右的原砂糖，另外的四分之一（以及质量太低无法销售的）被变成了糖浆。现在，整个操作都机械化了，使用了离心机之类设备，把更为均匀、更白的砂糖分离出来。研磨和精炼过程，从废弃副产品而言，也更有效率了：糖浆作为食品材料有自己的市场，不再是简单地排泄掉，而甘蔗被抛弃的部分，也能够用作化肥和燃料。

到家庭厨师们开始用烘焙磅蛋糕来进行实验的时候，砂糖已经有了若干分类，有了我们今天仍然了解的许多形式。18世纪的英国烘焙师或许在她的食品储藏室里有褐色的德莫拉拉砂糖（Demerara sugar）（这个名字得名自它的来源地，那是英属圭亚那的一个行政区的名字）。她可能会购买经过两次或者三次精炼的砂糖，更为均匀的颗粒状砂糖，到19世纪的后几十年，她甚至可能买到方块砂糖，尽管她更可能是将其放进茶里而不是蛋糕里。到18世纪末期，她的砂糖购买行为甚至可能和政治发生关联，因为许多英国家庭抵制来自奴隶种植园的东西，以支持废除奴隶贸易。奴隶制1777年在马德拉被废除，1794年在整个法兰西帝国被废除（尽管1802年拿破仑又宣布取消）。1804年海地独立，终结了奴隶贸易，西班牙则是在1811年宣布奴隶贸易违法（顺便说一下，尽管在古巴这个主要砂糖生产区域之一并非如此）。稍后，在1833年，由于议员威廉·威尔伯福斯（MP William Wilberforce）的努力，英国也依样行事。1776年美国《独立宣言》第一稿就喊出了废除奴隶贸易；但是具体条款却隐没在北方和（蓄奴的）南方殖民地代表们之间的谈判中了。最终，奴隶制是1865年在美国被废除，宪法第十三条修正案宣布其为非法。

然而，并非所有砂糖都来自甘蔗；19世纪初，拿破仑鼓励开发一种家庭糖料植物，以削减法国对英国进口的依赖。于是有了甜菜，它和身段优雅如柳的甘蔗外观相去甚远，相反，它更像是萝卜的一种，但是它的确产出了同样一种糖（以及无数其他产品），这种糖在今天我们也用在蛋糕里。德国出产丰富，所以糖一度成为德国的一种核心出口产品。甜菜生产仍然集中于欧洲，但是，美国现在也加入到了最大生产国这个名单。尽管如此，甜菜糖只占到我们今天所有糖产品的五分之一，而不是按照你正在吃的东西有什么味道来辨别。

糖蔗以及之后的甜菜，二者一道，如同疾风暴雨一般攻陷了西方的餐桌。按照研究砂糖的历史学家西德尼·敏茨（Sidney Mintz）的话说：“（砂糖）1650年是稀罕品，1750年是奢侈品，到1850年实际上已经变成了必需品。”在中世纪时期，砂糖如此昂贵，以至于要同稀有香料一道严加保管。它的售价高达每磅1–2先令（按照今天的钱来算，每磅30–50英镑，或者每磅50–85美元），所以并不奇怪，都铎王朝的一般消费是每年1磅（比现代的一小袋还要少）。砂糖如此让人渴望，以至于人们用它来制作餐桌上那些主菜，这些主菜被称为“精制菜品”（subtleties）——它们是显示主人之富有、展现其炫目的财富的一种方式，而不是拿来吃的。伊丽莎白·拉费尔德对于甜食有着特殊的兴趣，在她1769年的美食著作《老练的英国管家》（*The Experienced English Housekeeper*）中，有一整个部分是讲如何用棉花糖来点缀餐桌。

到18世纪，砂糖变得足够便宜，可以被当作一种常规性食物材料，而且开始更为普遍地进入人们的消费领域。它很快成为茶的重要调味品，因为人们觉得茶苦，加糖更好些（实际上英国人在这一点上根本无须鼓动：他们长期以来，就有饮用甜酒和蜜酒这一愉快的传统）。简·奥斯汀1813年就妹妹卡珊德拉期盼回家这件事而写的信中说，“回到自己的房间里那种惬意真是太棒了！——还有，加了糖的茶！”但是，砂糖在18世纪早期价格突然下跌，意味着几乎每个人的饮食都变得更甜了。17世纪中它的价格就已经跌下去一半，1700—1750年间又跌去三分之一。一位历史学家估计，1775年左右，英国每年每人消耗砂糖大约24磅，或者，每天1茶匙（相比之下，美国在18世纪中期是每年每人消耗3—5磅之间，现在是每天接近半磅）。美国的消耗要低一些，部分原因是砂糖和糖浆的赋税重——这一做法，不经意地，让人们从喝（以糖浆为制造基础的）朗姆酒转向喝威士忌。这也足以称之为一场革命：一场基于世界性贸易系统和帝国，关于口味、购买力、供应和制造的革命。

问题是，砂糖太有吸引力，而且，随着价格走低，穷人以牺牲其他食品材料为代价也开始使用砂糖。对于无数家庭，尤其是妇女和儿童，除去用了砂糖的茶和用人造黄油做的面包，几乎别无可吃。在19世纪，随着工业化和人口迁徙在西方世界不断扩大的城镇中产生出大量穷人，这种状况只是变得更坏。实际上，在许多方面，砂糖强化了这种趋势，它让其他食物变得更加可口，把热饮变成某种近乎一餐饭食的东西。英国人19世纪70年代每年每人平均消费49磅；到20世纪初期上升到79磅——这个数字，比中世纪时期平均一个人一生所消费的还要多得多，而且，现在的这个数字是相当均匀地分布在整个社会阶层。今天，每周每人消费为1.25磅（560克多一点），或者一年65磅（29公斤）。

砂糖的民主化所带来的问题是，与同样也在增长的黄油消费不同，它让没有太多营养价值的食物材料为人们可得。砂糖能够大量给予热量，但不能提供任何像蛋白质之类更有用的营养物质。因为过度的热量（卡路里）很容易作为脂肪积淀，这让它得到越来越多的负面关注，比如它造成坏牙。然而同时，糖精（以及它更为人诟病的现代近亲，高果糖玉米糖浆）被用于越来越多的我们吃的和喝的东西中。这不仅是因为它让东西的味道更适合我们现代的口味，而且起着防腐剂和味道增强剂的作用，能够让加工出来的产品有更长的上柜时间。

现在我们如此习惯于甜的味道，以至于我们不会始终去关注它，但如果没有甜味，我们肯定就会去关注。欧洲经历过第二次世界大战中食品配额制的一代人，由于得不到砂糖的稳定供应，只能靠每周很少的配额过活，配的往往是胡萝卜软糖和胡萝卜果酱之类甜点心（还建议用其作为蛋糕馅心）。毫不奇怪，美国大兵在欧洲盟国那里非常受欢迎，因为他们很轻松就能够获得巧克力和口香糖。当1953年糖配额制在英国结束的时候，人们大事囤积，所以不得不重新引入各种限制措施。不只是飞速冲向糖果店的孩子们。1949年，一份关于取消配额制这一失败尝试的政府报告，用习惯性的干巴巴的文风写道："似乎很清楚，公众把糖视为食品而非奢侈品，尤其是，妇女们买糖胜过了买香烟和冰激凌。"

所有这一切意味着，砂糖对于西方人的食品摄入，正在做出越来越重要的贡献。砂糖在19世纪开始之际，在英国人的饮食中，占总热量的2%，但到了20世纪初，占到了14%，现在更占到18%。美国农业部的数据表明，2008年，它上升到占普通美国人饮食总热量的四分之一。世界卫生组织的建议是5%—

10%。我们已经论及，就营养而言，消费中的这种增长并不是一件好事情，而且这也不一定代表着人们变得更加富裕。它所真正表明的是，人们越来越无法摆脱甜的味道。到19世纪60年代，果酱、果冻、饼干和点心——以及蛋糕——越来越容易获得、越来越普遍，表明甜已经深深嵌入西方人的饮食之中。作家约翰·斯坦贝克（John Steinbeck）亲眼见到：他于1920年夏天在世界上最大的甜菜加工厂里边工作，每月100美元，后来将这一经历写进了他关于工人们的那些小说里。砂糖现在也让穷人有了用以显示财富和地位的作用，就像富人们最初那样——实际上，有钱人已经不再拿它这么干了，因为砂糖早已不再是一种精英地位的食品材料。不过，对于那些刚刚能够消费得起自己以前当作奢侈品的那些人来说，这是一种转变。只有在20世纪，牙医才开始意识到，这种转变需要他们以牙齿作为代价。

帝国、工业和变化中的味道，这些效应（加上想要吃到磅蛋糕这一欲望）把制作磅蛋糕所需要的关键原料带到了家庭烘焙者的身边。今天我们看到，向轻巧海绵蛋糕转化，这是在科学技术的帮助下得以完成的：即，温控家庭烤箱以及化学膨松剂的发现，后者让蛋糕糊无须烦人的搅拌就能够获取更多的“膨胀”。前面谈论过的亚美利亚·西蒙斯，是人们所知的第一位推荐给烘焙作法中加入“珍珠灰”（pearl ash）的作者——

这种东西现在叫作“草碱”（potassium carbonate），它最初是用在肥皂制作中，为的是漂白布料。珍珠灰是一种高效的膨胀剂，但是会由于与蛋糕糊中的酸发生反应而产生发酵气体，这会给蛋糕留下一种肥皂味儿。为了对付这个问题，接下来，烘焙师求助于小苏打（或者烘焙苏打），这也是一种碱，它通过与酒石酸或柠檬酸等酸性成分发生反应而生成二氧化碳，但不会留下太过鲜明的自己的味道。最后，在1850年，有了烘焙粉，其中既有酸也有碱，沾水就会发生反应（所以含有烘焙粉的烘焙产品，需要在混合之后直接放进烤箱里）。它很快就留下了自己的印记：艾丽莎·阿克顿（Eliza Acton）在其1845年的《现代私房厨艺》（*Modern Cookery for Private Families*）中推荐使用小苏打，建议“在蛋糕糊就要被放进烤箱之前”加上少量。这少许的量，她说，是不会留下明显味道的。这些发展表明，蛋糕糊可以更好地膨胀，而且烘焙师的劳动大大减轻。

成功制作磅蛋糕的最后一步，是带温度量度的可靠烤箱，它可以不再需要把功夫花在经过学习才能获得的时间判定上。实际上，我们甚至可以说，密闭的烤箱是烘焙中最至关重要的东西：现代的《食品与文化百科全书》（*Encyclopaedia of Food and Culture*）中的相关条目明确指出，密闭烤箱中的烘烤过程是整个操作中的核心部分。如我们所谈到过的，在中世纪和现代早期，欧洲烤箱是蜂巢形状，用木材生火。经验丰富的烘焙师会用手去衡量烤箱的内部温度，但膨胀适度、色泽到位的海绵蛋糕所必需的那种可变控制，到18世纪才出现，当然，此时的蛋糕是放在置于金属片之上的金属或者木头做成的箍子里面烤制，为的是让它们形状更为规则，边上的表皮不会太突出。

对于蛋糕与家庭的关联关系来说，或许更为重要的是，科学、技术以及制造工艺的发展，使得可靠的炉灶被带到了家庭使用者的身边。1780年，英国人托马斯·罗宾逊（Thomas Robinson）为一种铸铁制造、以煤生火的厨房系列用品申请了专利，渐渐地，温度控制的准确性和火力的稳定性得到改进：譬如，小火的火力可以通过烟道和金属盘构成的系统进行调节。尽管这些价格不菲。我们已经谈道，亚美利亚·西蒙斯没有想到，她的读者在18世纪末期会有自己的烤箱，对于贫困家庭来说，到20世纪早期仍然如此。煤气烤箱由另外一个英国人，詹姆斯·夏普（James Sharp）于1826年推出，尽管过了一段时间它才变成家中常见的东西（部分是因为人们关于煤气有所怀疑），但是直到20世纪20年代，煤气一直是家庭烤箱的最主要燃料来源。即使是有了烤箱或者系列厨房用品，燃料的高昂成本常常使之难以每日使用，因此，要吃蛋糕的话，还是要用传统方式去烤，或者到商店里去买。我们将看到，当我们对家务女性进行思考的时候，这一切是如何为家务女性的作用留下印记的。

两个世纪的巨大社会、经济和文化变化之后，家庭烘焙师拥有了制作我们认为是磅蛋糕那种东西的设备和钱。要使之成为可能，需要工业化、城市中心的兴起、世界贸易以及技术上的飞跃，而且向我们表明了人们在家庭、饮食和口味上的诸多变化。现在，谁会认为，当烘焙师们参与到这种简单的蛋糕之中，实际上他们是参与到历史的一个部分之中呢？

这个故事最让人吃惊的事情之一，是磅蛋糕以何种方式在许多地方变成民族身份一种象征。维多利亚三明治是优雅却带着阶级敏感的英国国民性的一个标志，它的最佳存在是身为休闲茶会的主打。在德国，沙砾蛋糕（sandkuchen，根据其结构特征命名）和鸡蛋蛋糕（eischwerkuchen，根据烘焙时按照鸡蛋重量来匹配其他原料这种配搭方式命名）在另外一个社交活动中发挥着作用——不过，这一次是咖啡而不是茶，我们将在第八章中来谈。在加勒比，一旦法国人把“四个四分之一”（quatre quarts）学到手，就给它加进当地的朗姆酒和香蕉泥来增加润度。不过，因为糖蔗唾手可得和想要加速迈向工业和商业，美国人才是真正将它变成了自己东西的人。现在，磅蛋糕被认为明确无误地是美国的东西，和酸奶油、酥油奶酪、绿茶、南瓜以及各种其他样式一道，被他们与时俱进地发扬光大。尽管维多利亚三明治一直是圆的，磅蛋糕却可以是条形的，或者在特别的圆环形邦特烤盘中烤制——这表明它与我们后边要谈及的另外一种德国蛋糕咕咕霍夫之间有着移民的关联关系。

磅蛋糕如此长时间地为人喜爱，原因之一在于它的简单。它易于制作，使用的原料任何普通烘焙师都可以在自己的食品橱柜中找到，同时，它的味道宜人，没有巧克力那种甜得发腻的特点，也无须法式蛋糕那套挑战性的刀叉技法。此外，它慢慢变成怀念我们历史上更早一段时光的象征，那时，妇女们自己烤制蛋糕，使用新鲜且无添加的原料。并不奇怪，它是我们现代社会中最常烤制的蛋糕之一，它的做法是新烘焙师最常去琢磨的。它和我们要碰到的下一种东西非常接近：几乎不可能烤出来的天使蛋糕（angel food cake）。

【4】

Cake: The Short, Surprising History of Our Favorite Bakes

家政女神

除了天使蛋糕，很少有一种蛋糕会让家庭烘焙师们觉得尴尬或者沮丧。它与硬实、黄油浓郁的磅蛋糕正好相反：天使蛋糕完全是轻巧和泡沫，不含脂肪，使用最多一打鸡蛋的蛋白部分，搅拌充分以尽可能多地让空气透入蛋糕糊。这是美国人19世纪七八十年代发明出来的，它能够让我们真切地看到那个时代家庭制作者打发时间的方式。毕竟，这是电子搅拌器和蛋糕原料组合装问世之前，因此，任何人要拿出家庭制作的天使蛋糕来，都需要相当充分的空闲时光、鸡蛋储量，以及腕力——或者能够做到这一点的物件。如果钱包不厚，要做烘焙是不合适的：需要的鸡蛋蛋白那么多，厨师要么能够承担得起浪费大量蛋黄，要么有办法把它们做成蛋黄酱或者蛋奶糊等其他昂贵的东西。本章中，我们将思考，关于性别角色、女性的工作以及家政女神的造就，这种蛋糕能够告诉我们一些什么。

天使蛋糕是一种要求非常高的蛋糕；能够把天使蛋糕烤

好的人会让顶级大明星也相形见绌。它需要一个高高的圆形模具，模具中间有一根空管，这样烤制出来的蛋糕，才会具有大而且不同寻常的圈状造型（管子可以使得热量均匀地穿透蛋糕糊）。烤盘必须是不粘型，这样蛋糕糊在膨胀的过程中就可以紧紧抓住烤盘边缘，在蛋糕边缘形成“小脚”，如此一来，当把它从加工模具中脱出，倒置放置以使之冷却的时候，蛋糕能够撑得住，搅拌到蛋白中的空气起到了最为关键的作用。每件事都必须温柔以待，方可做到不破坏它的轻巧，面粉必须筛上好几次，才能得到更好一些的透气效果。人们认为，它的名字正是来自天使蛋糕无比的透气性，它是典型的北美特色点心（总统海耶斯［Rutherford B. Hayes，1877—1881年执政］就特别喜欢用妻子露西［Lucy］那出了名的家庭天使蛋糕作为甜点）。宾夕法尼亚州的“荷兰人”（德国后裔）是把它们当作婚礼蛋糕来烤制的，这样新婚夫妇会得到天使保佑；非裔美国人把它们带到葬礼上，为的是纪念去了天国的灵魂。为了搞清楚它们最初是怎么制作的，我们且将“食物发展史”（Foodtimeline.org）这个美食网站上给出的天使蛋糕最早的做法收录如下，该做法来自1884年出版的《波士顿烹饪学校烹饪教程》（*The Boston Cooking School Cookbook*）一书：

取筛过一次的面粉1杯，与塔塔粉1茶匙混合，之后再筛过四次。取蛋白11个，用球形搅拌器或者带孔勺子搅拌，直到蛋白变成硬薄片状。加入经过精细研磨的砂糖1.5杯，再搅拌；加香草或杏仁1茶匙，快速而轻柔地混入面粉。给蛋糕盘底部和柱子加上衬纸，不要涂油，倒入蛋糕糊，烘烤约40分钟。烘烤完毕，沿边缘松开蛋糕，旋即端出。

因此，在过去，天使蛋糕的烘焙者可能有充分的空闲时间——因为搅拌、观察、冷却等无比繁复，而且要有可观的经济收入。而且很可能，她还有心显示一番，而且是个好客的人。毕竟，这样的一种蛋糕，关乎外表和展现个人的技能。所以，天使蛋糕真正囊括了它问世时与女性特点相关的那些关键特征，尤其是在美国，但是，很大程度上英国也不例外。人们希望，中产阶级妇女可以管好一个平和、有序、带来审美愉悦的家。人们认为，她们英国具有一定水准的教育和技能，但首先是那种让她们配得上成为主妇的技能。她们也正在开始与消费品打交道，是这些把天使蛋糕之类蛋糕制作变得可能；并非巧合的是，天使蛋糕做法得以确立，是人工球形搅拌器和管式烤盘发明之后不久。同时，值得注意的是，她们也许还意识到，不包含蛋黄和黄油、植物油等的蛋糕，脂肪含量更低，更符合当时关于女性美的理想。

然而，问题是，当时人们希望女性可以如常说的“家中天使”（angel in the home）那样，但是，自己母亲和祖母以及之前无数代，通过观察和实践而学会的那些家政技能——因为城市化、人口迁移以及逐步缩小的家庭规模之类缘故——她们却几乎不可能拥有。简言之，人们期望她们是家政女神，但她们却越来越需要其他人的教导，来教会她们如何做到。本章中，我们将对蜂拥而出为她们提供帮助那些最具有影响力的导师加以剖析。这些女性（这些导师以女性为主）——作家、厨师，以及后来的电台和电视人物——渐次地，在厨房和家庭方面给予女性们安慰、引领和指点。但是，尽管一些女性通过遵循其指引，在烹饪中获得自信和快乐感，其他一些，却感到焦虑和一种失败的恐惧。如果烘焙节目中的参赛者透过烤箱玻璃门观察她们的蛋糕已经堪称焦急，那么，新主妇，当她制作天使蛋糕，准备款待客人的时候，该是焦急到何等程度？她甚至连她烤箱的温度控制也指望不上。家政女神的崛起，因此直接关系到现代女性身份的塑造。

“家政女神”（domestic goddess）这一用语，对于大多数英国人而言，无疑是和美食作家奈杰拉·劳森联系在一起的，她广泛受到欢迎的烘焙书（初版于2000年）名为《如何成为家政女神》（*How to be a Domestic Goddess*），副标题是《烘焙与惬意烹饪的艺术》（*Baking and the Art of Comfort Cooking*）。2001年，在2001年度英国图书奖上，为奈杰拉赢得了年度作者的荣誉，而且，这本书拥有难以数计的粉丝（也是我经常查看的“烘焙圣经”）。但是，它的书名以及潜在信息——女性（当然，书名还极其容易让人想到女性读者）希望把自己的时间花在厨房里，并且通过提供点心来形成她们的自我价值感——为其招来了许多负面的关注。奈杰拉本人坚持认为，这是对她的书及其信息的误读。她在前言中声明，该书并不关乎规则，而关乎激发烹饪中的惬意感，她所谈论的东西“并不关乎实实在在地去做一位家政女神，而关乎像一位家政女神那种感觉”。的确，她也承认，这部分地与关于充满魅力的女性身份的梦想有关，但这一梦想至少部分地是一个充满讽刺的梦想。烘焙，她说，关乎解脱羁绊、感觉舒心、让人快乐——而且的确，也给她们打下烙印。在许多其他访谈场次中，奈杰拉强调，她是一位家庭厨师，并非职业厨师，她制作的食物杂乱而无章法，只是让人想吃而且好吃罢了。但是，她的书名继续让人各执己见，有些人喜欢把女性特征、烘焙和幸福随意联系在一起，另外一些人则不愿意投身于任何让女性回到厨房、以烹饪悦人的事情中。

我们将再谈到这一争端，但值得注意的是，实际上，奈杰拉并非“家政女神”这个用语的始作俑者；她甚至不是第一个让它流行于主流文化中的人。这一殊荣属于美国喜剧女演员罗西娜·巴尔（Roseanne Barr），在早期的单口相声中，她打趣地说，自己讨厌被叫作家庭妇女，反倒是想作为家政女神而为人所知（巴尔官方网址的签名档就是“个性独特的家政女神”［The Original Domestic Goddess］）。某种程度上，这成为她后来以工作的母亲“罗西娜”这个电视形象的标志性表达，因为她之所以让这个形象显得滑稽好笑，恰恰是因为无论是看上去还是听起来，都不像“家政女神”这个形象所能让人想到的样子——而且她知道这一点。她既是一位说话直率的现实生活中的女性主义者，又是一个虚构的任性而可爱的家庭头儿，时而被家人的各种想法所困扰，时而被一种先顾自己的愿望所解放。但是，和奈杰拉一样，罗西娜也吸引到人们的负面关注，尽管理由截然不同：在罗西娜这个情况中，是因为她屏幕上和现实生活中的人物形象似乎距离家政理想太远（她的口无遮拦、她的高大丰满）。当然，讽刺的是，指责奈杰拉的人似乎觉得她在屏幕和出版物中的形象轻佻，而且她对食物的喜爱自以为是，这同样与女性理想是格格不入的，尽管她的确看上去像是一位“女神”，而且展现出一种家庭有序而欢欣的形象。即使是在20世纪晚期和21世纪早期，对于什么是女性的合适行为，尤其是就女性特点和家庭而言，某些模式化了的东西仍然在通行着。

但是，事实上，尽管巴尔在讽刺意味的俏皮话中涉及了它的使用，“家政女神”这个用语比罗西娜也还要早上一些，而且是在一个完全不一样的语境中。它于1974年在出版物中出现，海伦·安德林（Helen Andelin）关于如何获得幸福婚姻的指南《魅力女性》（*Fascinating Womanhood*），其中一章里，安德林把家政女神描述成优秀的管家人物，但不止如此，她们是把自己家政角色提高到神圣高度的女性。她们必须超越简单的义务召唤，为自己的丈夫和孩子创造一个温暖、舒适、美丽的家，在哪怕最世俗的工作中找到满足。安德林这本书吸引了无数追随者；她的方法今天仍然被教导，并在许多现代女性那里还能得到回响。女性主义者，一方面，并不让人惊讶地想要反抗这本书中传递的顺从父权家庭结构这一信息。这肯定是罗西娜通过反转“家政女神”这一用语所在做的事情：她的俏皮话很滑稽，是因为她自陈没能达到那个理想。尽管奈杰拉显然更大程度上的确符合这个榜样——她的外表，她的家政技能，她那些表现朋友和家人共享闲暇时光的电视节目——她也是在使用这个用语来表明，实际上，女性能够选择她们想要成为的样子。她们能够烘焙蛋糕，以之作为她们女性特点或者对他人关爱的一种表现，或者，她们能够只是简单地为了烘焙的愉快而烘焙。尽管，对于奈杰拉而言，也许还有她的读者们，烘焙是一种愉快的行为，她却在别处花了大力气来强调，简单从事以及直接去商店购买，都同样是可以接受的替换方式。

肯定已经非常明显，“家政女神”这个用语意义丰富，尽管或许关键问题在于，这些意义都相当模糊又覆盖宽泛。这个用语清楚地与家庭有关，但它又不只是关系到擅长家中杂务而已（对安德林来说，它关系到创造一个完美家庭的“又一段路程”）。在现代神话学中，家政女神在家庭中达成从容、美丽和成就，但是确实用了一种看上去并不刻意的方式。她的家干净而有序，她的食橱里满是全盘家庭制作的食物，她以美丽而整洁的外表呈现在人们眼前。但是，这个形象既让人羡慕，又让人批判；实际上，正是因为这一形象在现代世界中完全无法达到，才使得它在今天这个更缺乏敬畏的时代中得到定义。写作本书时，我发现，在以维基百科作为基础的“城市词典”（Urban Dictionary）[①]中，与之一道被搜索的是“公主”“超棒的妻子”“烘焙”之类用语，这实际上已经说出了一切。使用这一用语来描述自己的人，通常在这么做的时候很是带着玩笑的心态。

① 城市词典，关于俚语表达的一家开放式在线词典网站，网址：https://www.urbandictionary.com/。其特点是网站的所有词条都由用户自己上传，而用户常常不仅有定义，而且有描述，风格则不乏智慧、幽默，甚至吐槽，正如其创始人亚伦·佩克汉姆（Aaron Peckham）所说，作为词典，它“可以不正统，不可以没有态度”。因此，它可谓观察城市文化与精神一个有价值的窗口。——译者注

不过，对于这一切，存在着一个有趣的历史方面的问题。当我们今天说做一名家政女神的时候，我们常常是指可能被归入“过去传统”一类的家务工作，譬如烘焙、织补或者缝纫，这些在今天重新抬头，却并不是让一个现代家庭运转起来的那些核心家务工作的组成部分。正是这一点上，站在女性主义者角度会有不安之感：毕竟，为什么无数女性努力奋斗，让自己能够离开上述耗时的家务工作，总是有原因的。还有一个阶级问题值得考虑：显然，人们需要一定的金钱和闲暇，才能，哪怕是开玩笑地，有望成为家政女神。如果我们把这个问题此时暂时放在一边，那么，尽管似乎现代女性（当然，也有男性）的关键差别在于，她们是否从事烘焙、织补和缝纫，那也是因为，她们想要这么做，而不是不得不这么做。但是，正如她们若干代的先辈们那样，她们常常缺乏与生俱来的本领，而对于在大家庭中长大的女性而言，这种知识是不学就会的。这就是为什么家政女神在今天是如此一种高端的形象，就像她对于我们18世纪的同龄人那样。

奈杰拉以及她同样为人熟悉的同代人，诸如德里亚·史密斯和玛莎·斯图亚特，都远非我们最初的家政女神。最初的，当然，是那些通过榜样示范，向年轻女孩们显示如何经营一个家的母亲们、祖母们，她们将家庭烹饪和治疗的手稿代代相传。（第一夫人玛莎·华盛顿的手稿本——以圣诞姜面包的做法为特色——就是这样的，给到她的手上是1749年的版本，但显然是更早的前辈从英格兰带过去的。）但是，就作为成功家庭主妇的全面形象代言人来说，被最普遍认为堪称第一位家政女神的人，是伊莎贝拉·毕顿夫人，我们在前边一章里谈到过她的《家政书》（该书初版时间是1861年）。毕顿夫人这个名字，今天仍让人脑海中浮现出一个精力充沛、面带微笑的老妇人形象，她的智慧是从多年在温暖厨房里的经验提炼而来，让人轻易联想到手工劳动（尽管它越来越衰微）。这个形象很难说是事实。伊莎贝拉·毕顿实际上是一个年轻女性，有时做作家，是一位极度缺乏经验的厨师，她是在她的丈夫——出版商萨缪尔·毕顿（Samuel Beeton）——的建议下写出的这本书。她之前曾写过一个美食专栏，从丈夫的出版物之一《英格兰妇女的家政杂志》（*Englishwoman's Domestic Magazine*）中取得了一些编辑经验；离开学校之后，她还在一位本地烘焙师那里得到了和面、做蛋糕方面的指点，但绝非家务方面的权威。实际上，她出版的第一则烹饪方法，关于“可口的海绵蛋糕”，就不得不紧接着充满歉意地加以修订，因为她竟然把面粉忘记了。她书中的做法大部分是从其他来源找来的，常常不知出于何人之手，而且，几乎可以肯定，如她声明过的那样，未经尝试。既然是这样，它们就并不是一定能够做得成功的。伊莎贝拉同父异母的妹妹露西记得，自己在研究这本书的时候，她曾给了自己一个蛋糕（的做法）来尝试，但不幸的是，做出来的东西却太像饼干。不过，她的书立刻就轰动性地流行开来。可惜，毕顿夫人自己的故事并不那么让人高兴；她没有看到之后任何一版的付印，年仅28岁就在生孩子之后过世了。

毕顿夫人的书如此流行的理由之一是，它是如此地发号施令式的。与后来的书不同，此书的确认定读者方面是具有一定知识的（比如，书里给予她的维多利亚三明治烘焙师的指令，简单的是使用“中火”烤箱，同时，她的几个关于果酱的做法表示，需要烹饪到“直到烹饪到位为止”），它的目标读者，既是针对手下有一屋子女仆的妇女，又是针对自己亲自做烹饪的妇女。她所声明的“目标读者”是每年收入1000英镑，至少5口人的一家子，但是，她的确对那些收入达不到这个标准的人也给出了替代性建议，后来还出版了建立在后者自身基础上的烹饪方法（不包括关于家政管理方面的内容），供厨师们阅读。虽然如此，她的书（很聪明地在出版之前就分期推向市场）的确包括许多让人充满信心的规则和窍门。譬如，关于蛋糕这章，开始的部分叫作“关于制作和烘焙蛋糕的几条提示”，罗列了一系列简单的规则，从打鸡蛋到搅拌鸡蛋都包括在内：鸡蛋要一个一个地打到一个单独的杯子里，这样，可以非常清楚鸡蛋是否合格或者必须扔掉；鸡蛋要搅拌得非常充分彻底，这样，才能让蛋糕有足够的“膨胀”。

聪明的营销还在继续暗示作者是一位老妇人，即使编辑在伊莎贝拉过世之后已经换成了萨缪尔和一位助手——后来成了他的续弦。食品历史学家尼可拉·洪博（Nicola Humble）认为，此书的吸引力，部分在于语言明了，还有书中宽阔的知识面（从蛋糕到畜牧业都有涉及）也激发了读者的知识好奇心。肯定，伊莎贝拉缺乏家政服务方面的根基，而这一点正是这一时期其他许多知名女性美食作家所大事强调的东西。然而，她以其性别绝对代表了这一时期英国美食作家群体：绝大多数烹饪书都不是职业男性厨师所写，而同一时期产生于法国的就是如此，而是值得尊敬的劳动阶级妇女所写。

毕顿夫人之前，第一位值得一提的是汉娜·格拉斯夫人（毕顿夫人对她应该充满感激），她的《轻松明了学厨艺》（*The Art of Cookery Made Plain and Easy*）出版于1747年，到1803年就有17版，而且直到1843年还在付印（她的烹饪方法中有几则在玛莎·华盛顿的家庭烹饪书中出现）。在书中，她说，自己"尝试了从未有人认为值得花时间去写的一种烹饪"，那就是，简单而又清晰的烹饪方法。这本书瞄准的受众，是比毕顿夫人的更为普通寻常的家庭，而且写得同等的详尽：磅蛋糕须在"快火烤箱"中烘烤，尽管她对于和面给出了若干建议：用手，或者使用"大木勺"（毕顿夫人那里，建议加入一杯葡萄酒，"但很少有必要"）。格拉斯夫人的经验，来自她曾经是邓恩格尔伯爵的家政人员之一，尽管她在写作自己的著作时，是在管理（并且养活）自己的一家。和几十年后的简·奥斯汀一样，她出版时只简单地署名“一位女士”，她的名字直到去世之后才出现在书上。格拉斯夫人也并非真正原创者：人们估计，她的972则烹饪方法中，超过三分之一来自其他地方，尤其是来自另外一位女作家汉娜·乌利（Hannah Woolley）名为《女士指南》（*The Lady's Companion*）的著作。的确，是格拉斯夫人首先使用到一种崭新的格式：详尽索引，可以方便读者轻松找到自己需要的那个部分。

不过，就烘焙而言，更具影响力的是伊丽莎白·拉费尔德，她的《老练的英国管家》问世于1769年，这是烹饪类书籍真正市场起步的时间，我们在前一章中曾谈到过她。如该书名称所示，它的读者对象设定为高等仆从阶层，而且，像格拉斯一样，为了标榜自己知识的正统地位，拉费尔德也强调自己曾服务名门。与格拉斯相似的另外一点是，她也是一个大家庭中的母亲，丈夫挣钱的能力最好地说也不过是能挣着钱而已，她是在切郡的阿利庄园（Arley Hall）搏得自己的名声，她在那里升为管家，之后，她嫁给了园艺工工头，在曼彻斯特开了一家自己的点心商店。她很在意地强调，她本人制作出来的样品——包括她富有特色的奶酪蛋糕、洗礼和婚礼蛋糕——可以在她所开的商店中看到、买到。她的书出过十三版，被许多人抄袭：毕顿夫人的书中，也许并不让人惊讶，关于蛋糕和点心的那个章节，就尤其仰仗于她的这本书。实际上，毕顿夫人关于她的蛋糕制作部分的导言，与拉费尔德的“关于蛋糕的看法”便有着惊人的相似。而拉费尔德夫人本人却坚持说，自己根本不屑于这类剽窃行为。

伊丽莎白·拉费尔德所写作的时间，正是密封烤箱新技术还处在孕育中的阶段；在她的一些烹饪方法中，关于保持烤箱敞开的指导，表明她仍然使用的是木头生火的烤箱而非可以保持稳定火力的烤箱。她书中使用的语气谦逊；她注意到市场上还有其他烹饪著作，于是在所写前言“致读者”中，她极力说服公众“勿对我的工作滥加指责，除非是试过了我的某一种烹饪方法，而如果真的仔细照做的话，我想是能够满足期待的”。每个部分的开头都有一段“看法”，罗列出读者需要知道的东西。关于蛋糕的“看法”是权威式的，清楚说明如果不按照她的规则可能造成的后果：譬如，如果打的鸡蛋不做搅拌，“它们会回缩，您的蛋糕就不可能轻巧”。香草籽蛋糕、大米蛋糕和果干蛋糕都应该在木制的烤盘中烤制，因为锡制烤盘会导致表皮烤焦、膨胀不够（因为热力不能穿透到蛋糕糊里面去）。但她也容许烘焙者的个性发挥，譬如，在烤箱这个问题上，她说，“尽管每一种蛋糕中每一种材料的称量都要小心从事，但是控制和烤箱必须留给制作者去操心。”

最后一位对毕顿夫人产生重要影响——进而广义上也对18世纪晚期和19世纪女性的烹饪著述产生重要影响——是艾丽莎·阿克顿。和毕顿夫人一样，专业意义上说，她也不是太充分够格去写一本烹饪书；实际上，她早期的写作是诗歌，但她的出版商建议说，烹饪书可能更加能够赚钱。后来的事证明这位出版商是对的。她的《现代私房厨艺》1845年问世，到1861年毕顿夫人的书出来为止，一直是市场的引领者。如她的书名所示，它是为家庭而非大家庭中的服务人员而写（它是献给“英国年轻的家庭主妇们”的），像目前为止所有提到过的核心文献那样，它的立意是要给出清晰而精练的指导，推崇的是既简单又经济。在开头提供烹饪方法的简明概述，在结尾提供原料和烹饪时间，想到这一创新点子的人，正是阿克顿——这种新颖做法后来却被归到了毕顿夫人那里。阿克顿还宣称，自己所有的烹饪方法都“完全可靠”，她本人在自己的厨房中尝试过其中绝大部分（人们希望，会比毕顿夫人的更能成功一些）。艾丽莎·阿克顿是毕顿夫人关于鱼和肉的许多烹饪方法的来源；蛋糕这个部分则相对弱一些，因为，对于这个部分，毕顿夫人已经从拉费尔德和另一位名叫玛利亚·伦德尔的家政百科全书式人物那里拿来得够多的了，后者好评如潮的《家庭烹饪新体系》一书问世于1806年。不过，我们几位近年来的家政女神认为最棒的还是阿克顿，认为她的光芒不公正地被毕顿夫人掩盖了。美食作家伊丽莎白·大卫赞美她亲自动手的作风，以及让她的方法看上去更加值得信赖的诸多细节。譬如，在关于制作海绵蛋糕的指导中，阿克顿告诉自己的读者：

> 想整个都做到极佳，相当程度上取决于用什么方式搅拌鸡蛋；搅拌应该尽可能地轻柔，但是，认为它们搅拌多久都可以这种看法是错误的，因为当它们已经达到一种完美的硬实状态，却还继续搅拌，是只会让其受到损害的，有时就会发生凝结，于是乎就会导致蛋糕变得笨重。

不仅阿克顿的指导称得上清晰又直接，而且她还运用到一种技巧，让读者在获取她所传授的知识的过程中感受到她的信心和经验，这一技巧在许多现代烹饪书中已经为人所熟悉了（譬如，对于给蛋糕起酥油，她建议说，“我们发现，如果切得小一点，化得柔和一点，蛋糕就会相当轻巧”）。阿克顿1861年去世，两年后，毕顿夫人的《家政书》终于盖过了她的风头，尽管直到1914年她的《现代私房厨艺》仍然还在付印。

像阿克顿、拉费尔德，当然，还有毕顿，这些女性作家所采取的各种直截了当的指导，在18世纪和19世纪英国的烹饪书籍中成为越来越普遍的做法。尽管就方法和烘焙时间而言，书里面的烹饪方法不像现代中的那样无所不包（而且，一直以来，她们都不把原料和方法分开，不把锡罐的大小说清楚），她们的确强调指出了这一事实：家庭烹饪并非总是“仅仅知道”基本的东西而已。19世纪后半期是遗世独立的那种家庭的、私人的——同时也是经济上缺乏生产力的——资产阶级女性圈子的发展顶点。这意味着，女性越来越需要指导，来取代大家庭中那种通过观察而学到的方式。到这个时候，也更有可能专门探索烘焙和各种烹饪方法，因为，工业革命带来的制造和技术浪潮，已经创造出丰富的家用新商品，比如计时钟、更高效也更小型的烤箱，以及各种厨房用具。所有这些发展，让在家烹饪和烘焙成为一种更易于管理也更为可靠的景象。

英国出版业做出了迅速反应，来容纳这种指导所带来的新市场：在1700年到1800年这一百年间，出版了300本关于食品和烹饪的新书，而且价格大多数中产阶级家庭都能够负担得起——3到4先令（毕顿夫人的第一版全本售价7先令6便士）。包括《家政书》在内的许多书都是用系列形式出版，每月6便士，而且书还在二手市场上不断流通。尽管所覆盖的是一系列的专题，这些书却几乎都包括了关于蛋糕的章节，既表示人们需要烘焙产品，也表示人们需要关于它们的指导。艾丽莎·阿克顿并不情愿地反映了这种需要，她写道，尽管她本人认为，蛋糕是“甜蜜的毒药”，不应该占用了那些更有用烹饪方法的位置，自己还是决定在《现代私房厨艺》中收入一些蛋糕，因为她并不想“让我们任何一位善良的读者感到不满”。然而，她禁不住要指出，“更多的疾病是习惯性沉溺于那些营养更加丰富、分量更多的蛋糕造成的，对蛋糕这种东西并不关注的那些人对之动辄得咎并不合适。”幸运的是，并非所有蛋糕都被以如此贬抑的方式抛弃掉了：简单的烤饼和饼干、发酵类的海绵类蛋糕和蛋白糖饼，因为既轻巧又美味，被认为是“最不该被反对的”东西。杏仁和果干的磅蛋糕和奶油包则被当作是最为差劲的，因为它们营养非常丰富。

但是，在北美这个家庭烘焙现代核心地带之一，情况又是怎么样呢？美国一直是一个烹饪书大市场，尤其是烘焙类烹饪书。我们在之后的一章中会更多地来谈，这里只是点到即止：从欧洲移民那里流传进来的烘焙传统，加上一个个孤立农庄和农场因地制宜使用其特色农产品来制作东西所形成的种种传统，似乎造就了对于新烹饪方法和烘焙新颖性的无尽追求。此外，家政帮助和大家庭在定居早期的几十年里非常少有，至少在这个国家的北边部分是如此，而西进的探险者们必须全然依赖自身的技能。所以，讲述如何为家人和家庭提供饮食的书尤其受到青睐。

不过，典型美国特色烹饪书这种传统需要一段时间才会出现。首先，美国家庭主妇不得不依靠英国传来的书，第一个值得注意的成功，是艾丽莎·史密斯1727年的《妙手主妇》（尽管，传说中有一本书更早，那就是被“五月花”[①]带到美洲的格尔韦斯·马克汉姆的《英国主妇》，如果真是这样，它无疑是大大地派上了用场，因为这本书包括了管理家庭事务的方方面面，从挤奶到酿酒，从家中用药到烹饪，称得上是面面俱到）。史密斯的作品根据美国口味和食品市场进行了修改，1742年在弗吉尼亚的威廉斯堡付印。

美国没有自己本土的烹饪书，直到《美国烹饪》1796年问世，它的作者亚美利亚·西蒙斯是一位带有神秘色彩的孤儿，上一章中我们就谈到过这本书。她专为美国人而写这一目的得到了相当的认可，因为美国人慢慢习惯那些与欧洲的截然不同的原料和口味，经常发现欧洲的烹饪方法是过于复杂了。《美国烹饪》是一本小书，即便是同一年中问世的扩大了的第二版，也只包括了47页，大概120种烹饪方法，其中26种是关于蛋糕的（标题页上宣称，书里有“从帝国果干蛋糕到清蛋糕”的不同类型蛋糕）。和她的许多英国同行不同的是，西蒙斯强调自己缺乏教育方面的权威，但她的书宣扬实际和有用（而且，2先令3便士的售价，使得她的书可以被——如其所说，“一切人

① “五月花”（Mayflower），一艘英国轮船名。1620年，英国清教徒正是乘坐这艘轮船从英国普利茅斯来到美洲新大陆，这已经成为今天讲述美国历史时一个大书特书的里程碑事件。——译者注

等”，尤其是像她那种没有家的人——轻松购买）。这并不是说她的所有烹饪方法都是原创，它们肯定不是；但是，这是第一次在出版物中有了用玉米片和南瓜之类作为原料的菜品，有了十足美国特色的烘焙产品做法，比如玉米片强尼糕和飞饼。在她的姜面包做法中，她还使用到“糖浆”（molasses）这个词，而不是英国人所用的“糖蜜”（treacle）。

就我们所关心的论题来说，更重要的是，西蒙斯也是公开推广一项将改变蛋糕制作经验技术的第一位烹饪书作者：使用珍珠灰作为膨胀剂（珍珠灰即“草碱”，过去常用来制作肥皂和漂白布料，所以能够在许多家庭中找到）。珍珠灰是她的姜面包和薄饼做法中的特征；实际上，在美国的烹饪书中，这也是第一次用“薄饼”（cooky）这个词而不是“小蛋糕”（little cake）来指这些点心，这个词来自荷兰语koekje。不难想象，珍珠灰的推广使用对于家庭烹饪会带来多么大的冲击：一小时之久的蛋糕搅拌，竟然可以用一小撮灰来取而代之（天使蛋糕靠的就是搅拌鸡蛋蛋白，这是它的制作充满挑战的原因之一）。1799年，一家伦敦报纸上的一份关于使用珍珠灰的报道，在想要知道它如何用于蛋糕制作的女性读者那里引发了一场兴趣风暴。有趣的是，西蒙斯在她关于“清蛋糕”（plain cake）的做法介绍中，还描述了另外一种膨胀剂：“酵子”（emptins）。这又是一个美国特色用词，指酿酒所留下来的发酵物，常常用来制作蛋糕。蛋糕制作仍然不能完全摒弃它与面包之间的联系。

西蒙斯的书极为普及，但是领导性的美国烹饪作者，到19世纪20年代为止，扛旗者是另外一位女士：艾丽莎·莱斯利（Elisa Leslie），她的书带来了一些19世纪最为流行的烹饪和礼仪。莱斯利小姐成年之后，大部分时间住在她母亲开的寄宿公寓里，19世纪20年代，可能是为了给公寓经营做出更大贡献，她参加了古德菲勒夫人（Mrs Goodfellow）在自己家乡费城办的一所烹饪学校。1828年，她出版了她当时在那里所收集的各种烹饪方法，将其命名为《75种糕点、蛋糕和甜品的做法》（*75 Receipts for Pastry*，*Cakes and Sweetmeats*），以此作为起点，有了她关于家务管理、礼仪和烹饪的众多著作。她1837年的《各流派烹饪指导》（*Directions for Cookery*，*in its Various Branches*）一书，是当时最为流行的著作。

与我们先前谈及的英国作者们一样，莱斯利的风格也是实事求是、充满热情，想要通过烹饪方法来引导读者。她并不认为人们有办法获得我们今天认为是基础设备的那些东西：譬如，她的书开始就是一个砝码和度量衡概览，对此，她认为十分必要，“因为并非所有家庭都备有比例尺和砝码”。她也强调自己烹饪方法的原创性和可靠性，她说，自己的目标是“用一种平实而细腻的方式写作，让仆人和能力最不够的人都能够完全明了”。和阿克顿一样，她也是烹饪方法形式上的一位创新者，在她这里，所有原料及其数量是列在开头的，“这种方式将极大便利采买工作和必需之物的准备。”最后，她以一种比西蒙斯更为推诚布公的方式，坚持她的美国特色风格，她注意到，英国和法国的书，部分是因为缺乏明白晓畅，同时也是因为和美国的相比在工具、燃料和烤炉等方面多有不同，所以很难原样照搬。她说，“这本小书中的烹饪方法，在每个意义上都应该说，是美国特色的”，因而收入其中的有葬礼蛋糕（funeral cakes）、康涅狄格蛋糕（Connecticut cakes）和选举蛋糕（election cakes）。

莱斯利相信，只要遵循她的烹饪方法，就能够轻松地在烘焙中取得漂亮的——同时也是经济的——结果。但是，和阿克顿一样，她也准备承认，只要懂得基本规则，家庭烘焙者是可以加以变化的。如果她想节约钱，比如，她可以省掉香料、白兰地、玫瑰水和馅心，不过她必须坚持面粉、鸡蛋、砂糖和黄油等关键原料严格按照规定的比例。她的语言是鼓舞性的，同时，她指导烘焙者，根据原料和美感，须针对不同类型的蛋糕使用不同的锡罐。譬如，大的蛋糕必须在直线边的锡罐中烤，因为采用这样的方式“它们可以切成更美观的块状”而且更易于结成糖衣。姜面包和磅蛋糕应该放在陶盘中放入烤箱，烤起来会更容易，而“海绵蛋糕”和杏仁蛋糕应该用很薄的烤盘——如果这样，就可以使得热量更易于穿透蛋糕糊。不过，她的书中没有关于化学膨胀剂的内容，她宣称，这种东西给做好的蛋糕带来一种让人不舒服的味道。

最后，对于什么是“烤好”，莱斯利给出了清晰而且肉眼可见的信号：如果插入小枝条或者木签，它抽出来是干净的；而且，它会从周边回缩，“不再发出噪声”。（小枝条，以及关于蛋糕在荷兰烤箱［上了盖的锅子］烤好之后便拿走木炭之类指导，这些恰如其分地提醒我们：并非所有厨师在这个时代都能够拥有专用设备和炉灶的。）不过，对于一个烘焙新手而言，或许最难忘的是，她承认事情有时仍然还是会被弄糟：“如果蛋糕烤焦了，待冷却下来，立刻用刀或刨子将焦的部分去掉”。接下去是30种蛋糕做法，从磅蛋糕到几种法国人发明的蛋白糕（macaroons）、法国杏仁糕，再到卷饼（crullers，起源于荷兰或德国的油炸面绞）、英国杂合饼干（jumbles）和姜面包，以及纸杯蛋糕（cupcakes，我们将在最末章中再谈到它），种类繁多。她的书理所当然为她赢得了众多的追随者；后来时光不再，身体发福退休，住进了美国旅馆，这家旅馆可以算得上费城的一个观光景点。

艾丽莎·莱斯利的作品是命令式的，但同时又是熟人口吻、娓娓道来的，与之后的那些越来越专业和生硬的方式形成鲜明对比。如果家政女神的特征之一是成为厨房中的强者，那么，也许莱斯利和阿克顿是目前为止最接近的，她们的语言更不一本正经、更具鼓舞，她们的描述简单易懂，而且坦然承认情况是会出错的。这种写作风格持续不久，因为很快它就被一群喜欢厨房工作科学化的女性写作者推翻了，这些作者注重的是在营养和常识的基础上，大力张扬规则所具有的好处。她们所针对的女性，比其英国的同辈人来说更不大可能有仆人，因为美国有更加民主的生活方式，年轻女性的工作机会欣欣向荣。而且，美国的烘焙师在新世界碰到的是一整个系列的全新原料，从菠萝到椰子，两种东西很快就会作为蛋糕原料被启用。

到19世纪中期，关于家政的观念开始紧密地与一种美国特色的看法关联起来，在这一看法中，家政、女性特征、母亲身份和健康公民的创造是密切相关的。这些观点中的一部分，在英国也走上前台，但是在英国，家政观念有着强烈的阶级意味，也就自然没有与新共和国形成之间的关联关系。这种美国看法，一直被当作一种女性崇拜，对我们现代思想方式中的简单分类发出了挑战。它赋予家政技能以极高价值，但在传统女性活动范围中它却是几乎被排斥在外的；这绝不是什么早期的女性主义运动，如果我们能够就这些用词的含义来判断。但是，对于作者和教育活动家凯瑟琳·比彻（Catherine Beecher，《汤姆叔叔的小屋》［*Uncle Tom's Cabin*］作者哈瑞特·比彻·斯托［Harriet Beecher Stowe］的姐姐），管理一个运转良好、卫生、祥和而且科学（是的，科学）的家，代表了一种无可比拟的成就。因为，通过学习这些家政技能（在她的著作中，家政技能包括科学和营养学的许多分支，当时这些在传统上是不会教给女孩子们的），女性就能够影响到她们家庭的发展，从而使得美利坚民族迈上通往基督道德和繁荣之路。在这种家政氛围中长大的男人，本性上就会去做他们的妻子和孩子眼中正确的事情——正因为这个理由，女性自身是无须参与政治之类公共活动圈子中的。

年轻时就没有了母亲的十三个孩子里，凯瑟琳·比彻是老大——1816年，她只有16岁，就接过了操持家庭的任务，当时妹妹哈瑞特才5岁——她不知疲倦地工作，靠来自她所写的那些受人喜爱的家庭手册收入养家糊口，为女孩子们建立了一种系统的良好教育（她的著作中，1841年的《论在家和在校年轻女士适用的家庭经济学》［*A Treatise on Domestic Economy for the Use of Young Ladies at Home and at School*］是一本畅销书）。1846年，在《比彻小姐的家庭烹饪方法书》（*Miss Beecher's Domestic Receipt Book*）名下，她出版了一本烹饪方法配套书，二十年后，这两本书合并成一个修订本，哈瑞特也参与其中，取名叫作《美国女人的家》（*The American Woman's Home*）。

《家庭烹饪方法书》想要做的许多事情是莱斯利做过的，但是范围更加宽广。这本书在内容方面也是全然的、典型的美国特色。它包括许多地方性美国饮食，比如宾夕法尼亚法兰绒蛋糕（pennsylvania flannel cakes，可以使用燕麦粉来做的烘蛋糕，尽管比彻说，这常常会让它们粘在锅上）、波士顿奶油蛋糕（Boston cream cakes）、清教徒蛋糕（pilgrim cakes，埋在烤箱的煤和灰下面烤），以及许多以玉米而非小麦粉为特色的烹饪方法。卷饼，还有层糕（layer cake），都再一次出现；后者是另一个可爱美国烘焙传统的早期前辈，它形状像是果冻蛋糕（jelly cake）的样子，中间夹有果冻或者蛋白糖。但是，让比彻的著作脱颖而出的是它对于营养学和科学的重视。

同莱斯利一样，还可以根据所蕴含的意义算上亚美利亚·西蒙斯，比彻发现，进口英国烹饪书中的做法类型繁多却解释不足，涉及东西太多，对普通美国家庭妇女缺乏吸引力。相比之下，她的烹饪方法简明扼要，而且，尽管没有莱斯利那种娓娓道来的味道，它们的确为读者提供了这种或那种行事的科学理由。不过这一点被弱化了，因为她认为，厨师通常是在经济和个人判断范围内行动的，而且常识经常是与科学原则同样必要的。关于蛋糕制作的“总体性指导”比比皆是，其中有一些指导就明确体现出比彻对于科学和卫生的兴趣：她说，把头发绑在脑后，穿上长袖围裙。用勺子搅拌蛋糕，不要用手。她的指导并非闲话，要求很高，正如她相信，女性家政的高目标会让我们充满期待：

如果您是一位系统而勤俭的家庭主妇，您会将砂糖磨细，将香料放在盒子或瓶子里备好，将发酵粉（saleratus，另一种早期膨胀剂，与酸中和会产生碳酸氢钾）筛过，将无核葡萄干洗好晾干，将姜粉筛过，将砝码、尺子以及其他用具放得整齐有序。

有条理的烘焙师在她第一次做某个配方的时候，会花一些时间为自己的原料称重，然后用一个小杯子来量度，这样，下次她就可以通过参照自己的量度来节约时间了（这个建议要比后来的家政科学家范尼·法莫［Fannie Farmer］提出的规范措施早上五十年）。

但是，与这些规程混杂在一起的，是许多个人化的建议，这使得她的书易于消化。和莱斯利所用的小枝条不同，比彻建议用一种更容易找到的家中用品来判断是否烤制到位：一根扫帚片。她还提出了一种常识性方式来判断烤箱是否达到了所需要的温度，这种方式主妇们可能已经用了好几代人："快火烤箱非常热，如果把手伸进去，你只能从容不迫地数上20个数就不得不把手抽出来；慢火烤箱则可以数上30个数。"也许是要让努力学习的家庭烘焙者感到安慰，书里写道，如果事情被弄糟了，也许那是烤箱温度的缘故。另一方面，关于海绵姜面包的做法指导，则要求厨师加入足够的面粉，让蛋糕糊就像磅蛋糕那么厚，这里用到的是关于特定蛋糕的一致性方面的一些知识。我曾经兴趣满满地想要对此做出一番尝试，但是对于面粉的个人判断被证明根本不是我的问题。我立刻发现自己搞错了，原料不是像现代烹饪方法中那样，按照使用的顺序来罗列的，因此我不得不转向我的现代家政女神，来寻求关于烘焙温度和时间方面的指导。至于结果，我必须说，非常值得我为之所花的功夫。

在其他领域，比彻的读者也被允许按照自己的口味行事：譬如，关于清蛋糕糖衣的做法，她是用筛过的砂糖1/4磅加上蛋白2个，但她也注意到，其他厨师只用1个。有些烘焙师说，“儿童蛋糕”（child’s cake）如果蒸15分钟会更好（她邀请大家“试试看”）；波士顿奶油蛋糕要用鸡蛋6至12个，她的意见是“根据您能买得起多少而定”，数量越多，与面粉相配的其他液体加得就多。有趣的是，后边这条指导是少见的鼓励烘焙做法打破“规矩”却仍能取得成功的一个例子。我们只能猜测，这些笔调是否让她的书看上去更容易接近，或者她的读者——她们是因为需要规矩而不是发扬天性才来读她的书——是否更喜欢准确地告知自己该做的是什么。

凯瑟琳·比彻本人对于营养丰富的食物持一种禁欲主义态度，她说，这些充满诱惑的东西只能在正餐时候吃。所以，她的书中竟然有营养丰富的蛋糕，这非常让人奇怪，所以我们认为，这可能部分是出于读者需要，尽管她的确认识到，人们吃东西既是为了生存，也是为了享受。这种节制性观点并未持续太久。到19世纪70年代，烹饪书开始倡导烘焙的趣味方面，尤其是当时砂糖变得越来越便宜了。许多社交和筹款的烹饪书都来分享一个个家庭主妇所喜爱的烹饪方法，比如1877年的《七叶树烹饪与实用家政》（*Buckeye Cookery and Practical Housekeeping*），这本书源自俄亥俄州（七叶树是该州的州树），但很快全国出版，而且每年都以《迪克西烹饪书》（*The Dixie Cookbook*）[①]的名字推出新版。其中一版中曾有过本属展望却颇具预言性的评论："如果有一天，某个充满魄力的洋基[②]或者七叶树女孩可以发明一个灶，或者给烤箱加个温度计，让热量可以精确而且肉眼可见地得到控制，那将是所有讲究条理的家庭主妇们所期待的日子。"

这些书向我们表明，小蛋糕和薄饼开始被看作是和孩子们一起来烘焙的东西，而蛋糕则一般越来越作为甜点和茶配点心而受到欢迎。完全关于甜品烘焙的烹饪书籍数量激增，表明女性把越来越多的时间花在某位作者称之为"休闲烹饪"

① 迪克西（Dixie），对美国南部各州的通俗称呼，尤其指南北战争时"南部联盟"中的各州。——译者注

② 洋基（Yankee），在美国以外，这个词是对美国人的通俗称呼；在美国南方人的语言中，这个词指北方人，尤其是南北战争时"北部联邦"各州的人；在美国其他地方，这个词指中西部和东北部的人，尤其是新英格兰人。——译者注

（recreation cooking）这种东西上，或者说，表明了对甜蜜充满了渴望。回到英国来说，第一次世界大战之后配给制终结，带给了许多烹饪书一种轻松而随意的口吻，因为这些书将家庭烘焙者带回到一种相对丰富而甜蜜的生活。正是在这一时期，诸如天使蛋糕之类美式做法首先开始在英国出现。在英国，一系列新的女性杂志，比如《好管家》（*Good Housekeeping*）（1885年创办于美国，不过，1922年才进入英国），开始尝试以一种更为直接的方式对家庭烘焙者说话。

到这一时期，女性也更加有可能得到厨房中一系列节约劳力的设备和机器：电、自来水、拧开龙头就有的热水、冰箱（1918年美国家庭几乎没有冰箱；到1940年有冰箱的已经接近一半），以及，最后，带计时刻度盘的烤箱。最后一种，正如《七叶树烹饪》所预料的那样，它对家庭烘焙形成了巨大冲击，在美国的真正起步是20世纪30年代，尽管在英国要再过十年左右。这些革新是否真正产生出了所以为的那种冲击，人们是有所质疑的。调查数据表明，不仅数量越来越多的女性在维护着家庭工作和报酬雇用之间的平衡（非裔美国妇女一直比白人妇女工作得更多），而且家中事务实际上在20世纪五六十年代比20年代所花时间更长。要买的东西更多，要清洁的东西就更多；让家始终是一个美味而洁净的所在这种要求并没有消失；实际上，假如说有什么随着家庭人员组成减少而在增长的话，那就是与母亲身份相关的各种感情表现了。新的现代烤箱并不像制造商喜欢宣传的那样十足的自动调节：厨师仍然需要平衡烹饪指导和她的烤盘、原料和所烤蛋糕种类之间的关系。扫帚条还不能就这么扔掉了。

尽管如此，带领其他女性走向家政成功的女性，到20世纪30年代，越来越具有一种趣味和满足感，与厨房中的“快乐”联系最为紧密的名字是艾尔玛·罗姆鲍尔（Irma Rombauer），她是《烹饪之乐》（*The Joy of Cooking*）这部盛名不衰的美国作品的作者。罗姆鲍尔1877年生于密苏里州圣路易一个德裔美国人家庭。她的父母受过教育，具有文化修养，她是一个聪明而且勤奋的孩子，在家里只说德语。她的文化根脉可以在《烹饪之乐》中关于烘焙的部分读到，而且后面还有她关于圣路易那些德国烘焙店的美好记忆的回味，她正是在那里吃到咖啡蛋糕和小海绵蛋糕。

艾尔玛接受的不是职业教育；她的家庭条件优渥，她结婚之初的生活云集的全是自发的和社交性的活动。不过，1915年她暂时抽身出来，上了一个烹饪班，这一经历成为她后来著书的跳板。她的两个孩子记得，她是一个忙碌的女人，喜欢享受，但绝非一个在厨房中获得大成的人——除非是谈到蛋糕装饰这个方面。那么，她是怎么写成堪称20世纪最受欢迎的烹饪书之一那个东西的呢？答案很简单：机缘巧合。她的丈夫1930

年自杀过世，让她经济窘迫而且找不到什么活着的意义。

因为某种理由，当时53岁而且带着两个成年孩子的艾尔玛决定，自己的解决方法就是写一本烹饪书出来。她从自己多年前在烹饪课所学到的烹饪方法开始，再为之加上自己从朋友和熟人那里千方百计找来的烹饪方法。1931年，这本书她自费出版了3000册，书名叫作《烹饪之乐：可靠烹饪方法汇编，附烹饪随谈》（*The Joy of Cooking: A Compilation of Reliable Recipes, with a Casual Culinary Chat*）。这本书不显山不露水地就流行开来，至少在当地是如此，艾尔玛本人的魅力和推举无疑在让人们对其关注方面功不可没。但最后，还是多亏了一次会上的介绍，艾尔玛从出版商鲍勃斯–梅里尔（Bobbs–Merrill）那里得到一份合同。由此开启了出版史上一种堪称最为紧张的关系，因为这本书的每一次再版都要就成本、修订和版权发生争斗——不幸的是，艾尔玛把版权签给了出版商。幸运的是，这并未影响到它的销售：在出版商的强势市场推广以及“退款”保证之下，头六个月就出版了10000册，售出6838册。

《烹饪之乐》的成功，其中一个关键因素是，我们现在认为深谙媒体作用的家政女神应该具有的核心属性之一：艾尔玛本人的声音，如“烹饪随谈”这个最初标题指出的那种声音，所具有的力量。简单地说，这种力量使得她的读者觉得她既是一位指导者，又是一位朋友（伊丽莎白·大卫说艾丽莎·阿克顿也具备这一点）。艾尔玛在烹饪术语方面没有什么要围绕其运转的核心轴：她并不把自己看成老师，她的品味是不拘一格的，并不受任何特定哲学束缚。一道用一罐高汤为基础做出的菜肴、一道用五花八门的东西做出来的菜肴，在她看来是一样地好（甚至有时后者更佳）。她也不是始终都无所不知：她营养学方面的知识是零散的，她的许多蛋糕做法都说要用面包粉——尽管她与时俱进，谈到的是精确的烤箱温度，而不是使用通常的“中火”“热”之类用词。鲍勃斯-梅里尔出版社的那些人竭力想要去除她那种闲谈味道，因为她往往是谈着做法就谈到逸事或者回忆上去了，但是艾尔玛坚持要保留这些东西，她本能觉得，正是这些东西让这本书与众不同，事实证明她是对的。她的读者觉得，她们通过某种方式认识了书背后的那个女人，而当时其他的“烹饪圣经”却做不到这一点。

到1936年第一个鲍勃斯-梅里尔版本出版之时，艾尔玛用了一种崭新的方式来呈现她的烹饪方法，这有助于家庭烘焙师搞明白方向。后来称之为“行动”方式，通过这种方式，在烹饪方法一开头就会给出原料和数量，但是，这些东西在文本内部会刻意地以粗体方式加以重复。于是，厨师可以用一种单向流动的方式来阅读烹饪方法，每种新的原料一旦需要，读者的眼睛就会将其捕捉到。此外，她通过顺应不断变化的口味和不断发展的厨房技术来增强自己书的吸引力。1943年版收录了节约时间、配方亲民的烹饪方法；1946年版收录了可以在一个碗里来做的新式快速做法蛋糕（这种蛋糕是“通用磨坊”[①]发明的，尽管直到1951年艾尔玛都没有向他们鸣谢；1946年版制作得相当仓促，让艾尔玛很不满意）。到20世纪50年代，因为一系列中风，艾尔玛越来越能力受限，于是她的女儿玛丽安（Marion）更多地加入到这本书的工作中并最终成为她的共同作者。后者自身的兴趣体现在，书里面增加了健康食品烹饪方法，加入了更多的营养学方面知识。但是，对于许多关心艾尔玛的读者而言，艾尔玛本人的声音才是个中关键。艾尔玛1962年去世，她在文化史和烹饪史上的地位得到了人们的肯定。在纽约公共图书馆1995年列出的20世纪150部最具影响力的著作中，她的书是唯一的一部烹饪类书籍。1996年，艾尔玛传记作家估计，从1931年算起，这部书的硬面精装版总销售数达到了9300万部。

《烹饪之乐》的立意是要囊括所有类型的烹饪；实际上，随着不断再版，它的收罗越来越丰富。不过，关于蛋糕的部分始终是最受欢迎的，可能这是因为艾尔玛显然是发自内心地在述说。烘焙和蛋糕装饰是她本人最喜爱的厨房工作，并且许多做法都是以她自己的德国文化继承作为基础。简单地说，它

① 通用磨坊（General Mills），一家美国食品制造公司，世界500强企业，我们熟悉的哈根达斯（Häagen-Dazs）就是其旗下著名品牌之一。——译者注

们也是本书中最“快乐”的部分之一。比如，“罗姆鲍尔特品”（Rombauer Special）就属于明星登场（这是一种巧克力蛋糕，顶上有蓬松的白色糖衣，覆盖有一层黑色巧克力），还有一种叫“酸奶油苹果蛋奶酥蛋糕”（sour cream apple soufflé cake），它是从艾尔玛的奶奶那里传下来的，从德国来到了美国，以及“圣诞史多伦”（Christmas stollen），它是由两个咕咕霍夫再加上几个发酵、加水果的蛋糕制作而成。实际上，总体而言，烘焙类占到了1931年的最初一版中的三分之一以上，其中就有天使蛋糕，艾尔玛说，它是每个新手最为羡慕的东西。她的“烹饪随谈”在这一章中，从王后玛丽为丈夫乔治五世做海绵蛋糕的逸事（她烤出来的东西“略显乏味”但“极易消化”），到西班牙前国王对于咖啡蛋糕的痴迷，内容十分丰富。她的风格流露出自信；即使是天使蛋糕，她说，也不过是一件技术到位的事情罢了：细砂糖，新鲜的塔塔奶油（最新的化学膨胀剂），鸡蛋要冻过以便分离，但搅拌时室温即可，蛋糕放入之后烤箱开到高温，之后温度逐步下调。她提供了两种天使蛋糕的基本方法，一种“轻巧”，另一种“轻到仿佛化掉”。但是这一次，是用金属丝来测试是否烤好——或者，如果不方便，用吸管也行。

《烹饪之乐》到20世纪末期为止，一方面是因为艾尔玛平易近人的风格，另一方面是因为它不断适应新品味，因此一直是美国烹饪界的一个标志。艾尔玛并非一种新烹饪的先驱，但是我们或许可以将其视为第一位现代家政女神，因为她为了享受烹饪而对之做出了提升。她作为业余者、积极进取的家庭厨师这一人格魅力，通过这本书而得以呈现，而其呈现方式，是同一时代中的“厨房圣经”所不具有的（即使是加入了玛丽安作为共同作者，这一特色在所有早期版本中都得到保留，正如毕顿夫人的编辑身份这个谎言在其死后仍然得以延续）。而且她对整日待在厨房中的女性敞开心扉——现代的厨房修得越来越光鲜靓丽、目的明确，却可能难免觉得孤独。这些女性越来越需要一位朋友来教她们各种窍门，而艾尔玛就是这样一位朋友。而其他的最受欢迎候选人，其中之一却是实际上不存在的人物。她的名字叫作贝蒂·克罗克（Betty Crocker）。

贝蒂·克罗克网站称她为“餐饮界第一夫人”（The First Lady of Food）。餐饮历史学家劳拉·萨皮罗（Laura Shapiro）把她描述成“有史以来最成功的烹饪界权威”。她有一张面孔（实际上是几张面孔，因为她的肖像画随时光流转而有过几次更新，以便呼应妇女们对她的认知；最新的样子是以一位75岁女性的面容作为基础，集中体现了她公司的那些特点：以烹饪和烘焙为乐；关爱朋友和家人；日常事务方面资源丰富而且充满创造；积极投身社区活动）、一个签名、上百本烹饪书籍、一个电台声音以及（简短而且不太成功的）一个电视形象。她为成千上万的美国厨师们提供参考意见，在她的蛋糕组合装中奉献一张备受喜爱的安全网。然而贝蒂·克罗克从来就不是一个真人。

她是拥有“金牌面粉”（Gold Medal flour）这一产品的通用磨坊在1921年创造出来的人物，目的是为了回答顾客们关于烘焙的各种问题。对于烘焙公司而言，她不是第一个虚拟人物：从19世纪90年代起，杰密玛大婶（Aunt Jemima）亲切的笑脸就被印在蛋糕组合装上；金牌面粉的对手公司也曾虚构了安·皮尔斯伯里（Ann Pillsbury）这个形象。人们认为，如果某产品是由一位看上去亲自使用过它的女性来代言促销（尤其是当其用于烘焙之类以家庭为目标的活动上），妇女们就会做出更积极的反应。贝蒂·克罗克实际上还是有些不同的，因为她被刻画成一位职业女性而非家庭主妇。当出现在电视上的时候，她常常是作为管控测试厨房的专家，而不是围着围裙下厨的人。这可能是因为通用磨坊对于进入他们产品和制作方法的东西，做过大量的测试操作。烹饪方法在测试厨房中经过试验，然后送交给家庭主妇，供她们在自己家中尝试，有时会派出一位公司职员，亲自去看看主妇们是如何做的。这种做法导致了给出的指导意见形形色色，就像今天在美国烹饪方法中，一种仍然还被采取的方式是，用勺子将面粉舀到杯子里，用刀将超过杯面的面粉刮去不要，而不是将它包装好（后一种方式会导致在烹饪方法中加入太多面粉，从而有产生糟糕结果的危险——对推广烹饪方法和产品的公司形成反感，将其作为他们愚蠢做法的证据）。新手厨师可以参加空中贝蒂·克罗克学校，在收音机里收听贝蒂·克罗克的节目，还可以从杂志上收集她的各种烹饪方法。第一本《贝蒂·克罗克插图烹饪书》（*Betty Crocker Picture Cook Book*）出版于1950年（后来被人们满怀深情地叫作“大红书”［Big Red Cookbook］），与艾尔玛·罗姆鲍尔的《烹饪之乐》一道成为畅销书。到了20世纪40年代，美国的家庭主妇中十之有九都知道了她的名字，同时，根据通用磨坊网站的说法，到1945年，她在美国家喻户晓的程度仅次于当时的总统夫人埃莉诺·罗斯福（Eleanor Roosevelt）。

尽管贝蒂本人是公司的职业面孔，挂在她名下的书却文风自然、具有人情味，现在已经证明这一点是非常受人欢迎的。现在，宣称烹饪方法经过尝试和验证已经成为通常做法，但是贝蒂·克罗克可以做出独一无二的表白：在自己值得信任的声音背后，有着科学的测试厨房和一大群测试烘焙师的大力支持。可靠性得到了保证；正如“大红书”的第一版前言中所说：“只有那些以完美成绩和品尝快感高分通过了家庭测试的，才会被本书收录。”由编辑部成员为特定烹饪方法授予星级的做法，更带有一种个性化的笔触。方法后边有贴士，包括关于至关重要的精确度量的图片、专门术语表、有用的厨房器具总览（各式各样的蛋糕烤盘：方的、圆的、长方的、管状的）、有关用餐安排的知识，还有一个部分对漂亮的摆台进行论述，这表明家务仍然与营造欢乐家庭这个形象有着无比紧密的联系。烘焙师甚至可以按照设计蓝图，通过寻找优质材料、检查“框架结构”（面粉）以及获取适当工具，成为优秀的“蛋糕建筑师”（ar-cake-techt）。

“大红书”囊括了各种烹饪（因为出过许多版），但是贝蒂·克罗克的名字始终特别地和烘焙联系在一起，因为她是从一家面粉公司走出来的，也和随处可见的蛋糕组合装联系在一起，后者我们将随后谈到。的确，这本烹饪书的第一版用尽心思，令人佩服地找来种种方法，以求让蛋糕有大事露脸的机会：让“早晨快速醒来”更加甜蜜的肉桂卷、构成“魅力午餐”的“特别的咖啡蛋糕”、点亮“休闲早餐或早午餐”的“节庆咖啡蛋糕”、作为“正餐终结者”的“家常味咖啡蛋糕”，以及给半下午或者傍晚画上一个圆满句号的时髦面包。至于解说，则不仅是拉家常式的，而且直接调动读者兴趣：用“我们可以给您讲个故事，让您来了解各种面包吗？”作为开头，从阿尔弗雷德国王所做过的失败的努力讲起，讲起关于快烤面包的这个部分。那么，为什么可以快烤呢？原因在于，它们使用到最新的快速反应膨胀剂：烘焙粉或烘焙苏打与酸性的酸牛奶进行混合。大多数蛋糕做法都是用两种形式给出：一种使用的是传统的“打发法”（creaming method），另一种是供时间紧张的女性使用的新方法，称之为“双快法”（double-quick method）。

厨房中的轻松和可靠是20世纪中期市场营销的关键词。战争年代的技术和经历对于食品的要求，意味着食品制造商需要创造越来越多的“方便”产品，从冷冻的“鱼排”到蛋糕组合装之类，这些只要加上一杯左右的水就可以食用了。所以，制造商们感兴趣的是创造这样的印象：这就是妇女们所需要的东西。真实的情况，如历史学家劳拉·萨皮罗所表示的，比这更为复杂。大多数妇女仍然喜欢用东拼西凑的东西来烹饪，方便食品仅仅是非常迟缓地而且通常是和未经加工的原料一道，在家庭烹饪中慢慢有了一席之地。尽管营销手册所宣扬的妇女形象是在厨房中手忙脚乱、缺乏经验、劳累不堪（无疑，有些是这样子的，尽管全职家务劳动随着战争的结束又开始抬头），这并不代表方便产品拥有一个现成的市场。这就是几乎即刻可食的蛋糕组合装进入美国厨房的历史背景——制造商们甚至希望让它们打入美国厨房的核心。

问题在于，烘焙所代表的不只是厨房——甚至所代表的东西胜过烹饪，或者其他人以为由于新技术而变得更为容易的其他任何东西。烘焙标志着女性在其家庭中的骄傲，标志着她们让家人快乐的能力，在美国尤其如此，美国人眼中，蛋糕代表着家政特色、对家人的爱以及轻松地让家人得到享受那种能力，今天，我们把这些和家政女神这个词联系在一起。蛋糕组合装因此难以得到人们接受，经过很长时间才来到人们的生活中。杰密玛姨妈的蛋糕组合装1889年就推出了，只需要加上水或牛奶就行，如果想要多一点烘焙师所渴望的甜味或丰富性，再加上砂糖和黄油就是了。但直到20世纪30年代这个市场才真正热起来，当时，达夫公司（Duff）率先推出了姜面包组合装，其他公司很快跟上。当通用磨坊和皮尔斯伯里公司（Pillsbury）两个面粉巨头分别携其贝蒂·克罗克姜蛋糕以及成对的白色和巧克力配搭蛋糕进入其中，情况得以加速发展。皮尔斯伯里公司1951年搞定了天使蛋糕，很快市场就充斥众多不同公司和蛋糕生产线，将一切预先完美配好之后装入盒子里发售。

在20世纪四五十年代，这些组合装有一个相当短暂的红火期，但它们绝对不是像制造商们所想象的那样，是被用五花八门的东西来做烘焙取代的。有一种普遍流行的理论是，它们之所以失败的理由之一，在于消费者们觉得脱离了搅拌和称量的过程来做蛋糕太不习惯（组合装实际上节约的时间非常少）。不过，这并不正确。早期的包装的确除了液体之外什么都不需要加，但是通用磨坊决定改变它们组合装的构成，另外加了一个鸡蛋（理由是，为了重新创造出参与其中和制作某种新鲜东西的感觉）。皮尔斯伯里并没有这么做，可是两大公司却一直均衡地控制着这个市场——这表明，所谓不习惯，归根到底算不上是什么关键。实际上，鸡蛋这个问题，劳拉·萨皮罗说，更多地和组合装中鸡蛋粉口感太差有关，与让妇女们感到投身在烘焙行为中毫无关系。

渐渐地，蛋糕组合装的确为自身赢得了商机，有趣的是，这个商机来自两个不同的方面。一些人为之吸引，是因为方便和可靠；许多烘焙者即使是使用五花八门的东西做烘焙，也会在食橱中留上一个“以备万一”。对于那些想要学到完美的通气层蛋糕或者天使蛋糕却又对自身能力不够有信心的人来说，组合装是完美的解决之道。实际上，一些美国学校从20世纪50年代开始使用它们，因为它们可以产生出可靠的结果（自然，这些课程都得到了生产蛋糕组合装公司的赞助）。烘焙书籍越来越多地将使用五花八门材料的烹饪方法和基于组合装的烹饪方法彼此并置，一道加以介绍（并不奇怪，贝蒂·克罗克的“大红书”就是其中之一，并排地列出，制作蛋糕组合装蛋糕需要多少原料和用具［分别是3种和6种］，用五花八门的东西来制作又需要多少［分别是8种和15种］）。然而，制造商真正的“尤里卡行动”[①]来自这一认识：只需作为制造一个美丽蛋糕的起步过程，组合装就可以推向市场。现在好了，蛋糕组合装不再是懒惰、无指导，（或者沿着这条思路得出的逻辑推导）难以做到热爱家人、为家人提供营养；相反，她是全身心付出时间、爱意和技能在创造某种美得惊人的东西。方向的改变对于蛋糕组合装的销售，在今天仍然至关重要，这一点得到了其制造商们的高度赞同。邓肯·海恩斯公司（Duncan Hines）的棒棒糖蛋糕（cake pops，参看第九章）组合装，就指导烘焙者首先使用组合装烤出蛋糕，然后将其揉碎，用搭配的糖衣包将碎末粘起来，之后将它们做成球状，并裹上果仁或者巧克力。您可能好奇，用五花八门的原料来制作蛋糕是否花的功夫更多，然而，对于许多烘焙者来说，相比最终将其呈现出来所具有的挑战，这是整个过程中最不值得考虑的部分（味道没有被忽视，但它是由组合装“不会失败”的承诺来负责的）。

今天，蛋糕组合装正是因为这个理由而大行其道。2012年，贝蒂·克罗克发布了《贝蒂·克罗克终极蛋糕组合装烹饪书》（*Betty Crocker Ultimate Cake Mix Cookbook*），与此同时，被称为“蛋糕组合装博士”（Cake Mix Doctor）的安妮·布莱恩（Anne Bryn）推出了整个系列著作（和组合装），专门讨论

① 尤里卡行动（eureka moment），希腊文eureka的意思是“我找到了”，相传阿基米德发现浮力原理，狂喜中大呼的就是这个词。——译者注

如何给盒装组合“动手术”，以求得完美的结果。不过，应该补充说，蛋糕组合装并不是一种全世界都流行的产品。许多美国烘焙者喜欢它们，在美国，贝蒂·克罗克仍然一统市场（目前她所提供的最流行的组合装是“超润”［supermoist］）。澳大利亚也是如此，在澳大利亚，蛋糕装饰也是一种高雅艺术，盒装组合在厨房里的地位稳固。做烘焙的妈妈们眼中的圣经《澳大利亚妇女周刊·儿童生日蛋糕》（*Australian Women's Weekly Children's Birthday Cake*）就推荐，蛋糕本身用组合装来做，而真正焦点在装饰上（尽管针对想要自己制作的烘焙者，他们的确在后面给出了若干烹饪方法）。不过，在英国，组合装主要是为了给孩子做烘焙而用；这的确是我个人关于它们的经验，对于年轻的烘焙者来说，组合装是非常强大的。一份2013年刊于《卫报》（*Guardian*）这份报纸的评论觉得自己有必要用这样的一行文字开始：“不要对已经制作现成的蛋糕组合装嗤之以鼻——它们是食橱空了时最理想的救急品。”很少见到这么余音绕梁的背书。即使是“蛋糕组合装博士”本人也说，自己之所以选择组合装，是因为她是两个幼小孩子的忙碌母亲，但是觉得自己需要补充一句，自己“并不羞愧”。而且，她还借用罐装糖衣上的一句话说道：这是烘焙者无法通过欺骗来“糊弄”的领域。即使是组合装的喜爱者（人数不少），似乎对于诚实努力和作伪欺骗之间最适当的界线在哪里，也是观点模糊的。尽管绝对清楚的是，使用蛋糕组合装不一定拿掉“家政女神”这个称号；实际上它能够增加获得这个称号的可能性。

蛋糕组合装制造商在20世纪30年代发布其产品的时候，所以只是部分地把事情办对了。显然，许多妇女的确仍然喜欢用五花八门的东西做烘焙，这对于她们的价值，唯有在红极一时的第一次大型烘焙比赛中，才得到了更为清晰的展现；“皮尔斯伯里烘焙大赛”（Pillsbury Bake-Off）成为显示通过多年实践所获得那些技能的绝佳机会。

烘焙大赛是一种非常典型的美国做法。该赛事的现代对手，英国的“大不列颠烘焙大赛”（The Great British Bake Off），2010年登上英国电视屏幕，在此之前，在英国，比赛性质的烘焙都只是在乡村表演或者村镇集市上举办。但是，尽管美国也有乡村和农业集市，皮尔斯伯里烘焙大赛却是一种新东西。1949年，它由皮尔斯伯里面粉公司发起，取名“全国烹饪与烘焙大赛”（Grand National Recipe and Baking Contest）。唯一的参赛要求是参赛作品至少用到半杯皮尔斯伯里出品的最佳面粉；除此之外不做任何规定（起初不允许蛋糕组合装参加，1966年开始，给以组合装为特色的获胜作品设立了一个专项奖）。美国妇女们（以及屈指可数的男性）带着各式各样的蛋糕、薄饼、派、蛋挞、面包来参赛：选出参与测试赛的有200

人，测试赛中被评为100件最佳作品的创造者被邀请到华尔道夫[①]参与决赛。西奥多娜·斯玛菲尔德（Theodora Smafield）以其“非揉面水发卷”（no-knead water-rising twists）获得第一名（所获奖金高达5万美元），它是由加料甜面团做成、上面有一层肉桂和坚果仁的蛋糕卷。第三名则授予理查德·W. 斯普拉格（Richard W. Sprague）的“卡利姨妈的糖果蛋糕”（aunt Carrie's bonbon cake），它是夹有果仁糖、有奶糖糖衣的巧克力多层蛋糕。1950年和1951年的大奖都授予了蛋糕（1950年的是来自加利福尼亚雷德伍德城的丽丽·乌贝尔夫人［Mrs Lily Wuebel］所制作的果仁“橘子紫罗兰蛋糕”［orange kiss-me cake］——我曾经试做过，这种蛋糕非常润泽、橘子味道很重；1952年的是来自加利福尼亚拉霍亚的海伦·韦斯顿夫人［Mrs Helen Weston］制作的“星光双喜蛋糕”［starlight double-delight cake］，这种蛋糕把糖霜既作为顶上覆盖部分，又用作蛋糕制作原料）。1953年大奖授予来自南达科塔韦伯斯特的洛伊斯·康纳果夫人（Mrs Lois Kanago）制作的“我的灵感蛋糕”（my inspiration cake），这是一个有山核桃和巧克力的多层蛋糕，取名可谓名副其实。截至今天，唯一的一位男性获奖者是来自加利福尼亚雷德伍德城的库尔特·维特

① 华尔道夫（Waldorf Astoria），纽约著名酒店，始建于1893年，是世界上第一家摩天大酒店，1993年被评定为纽约地标和城市遗产。——译者注

（Kurt Wait），他在1966年以“澳大利亚坚果奶糖大蛋糕”（Macadamia fudge torte）取得了最后的胜利。

劳拉·萨皮罗推测，在人们认为妇女们失去了厨房的兴趣和技能之时，烘焙大赛取得了未曾料到的成功，原因之一在于，它给了她们的工作以合法性、奖励和宣传。对于参加皮尔斯伯里烘焙大赛的妇女们来说，做出一个让人惊叹的蛋糕所需要的时间和精力显然是值得的、有回报的。现实中，人们觉得烘焙总是有着一点儿竞争的锋芒的，即便是那些并未打算让自己去参加一个全国性比赛的人也会这么认为。在一个大多数妇女都在家工作的时代，纯粹为了社交而非维持生活而烘焙某种甜而美的东西，总是一种值得骄傲的事情。正因如此，蛋糕成为——在今天仍然是——家政女神众多光彩中一个根本性的组成部分。尽管，到了20世纪60年代，那些平衡都开始垮塌：越来越多的妇女在家庭之外工作；越来越多的妇女开始承认自己厌倦了连串的家庭杂务，觉得烘焙之类任务并不能让她们获得满足感。对于想要获得灵感去走自己的路这种女性，有着全新的系列榜样。家政女神逐步衰落，注定要被开辟自身道路的女性所取代。

观念中的这种变化，部分地意味着，须完全抛弃把家务工作看作衡量女性价值的一种方式。对于女性主义者来说，兴致勃勃地为其他人烤制一个漂亮的蛋糕，正是她们所想要反抗的一切东西。我们将在最后一章中再来谈论这个问题。而此刻，我们关心的是同时出现的另一种思想方式：这涉及搞清楚如何将烹饪以及其他家务工作和强烈的女性身份并在一起。对于想要从事烹饪的新一代妇女而言，烹饪这个角色的榜样——但是不要以之来作出界定；要感觉得心应手却不以之为乐——是聪明的、自信的、博学的：就像美国的茱莉亚·蔡尔兹，英国的简·格里格森（Jane Grigson）和伊丽莎白·大卫这样的女性。

这些女性中没有一个是专业厨师（尽管蔡尔兹在巴黎的“蓝带学院”[①]这所学校进修过专业水准的烹饪课程）；她们都在厨房和餐桌传播知识和趣味——因为她们把食物看作一种共同活动、记忆的制造者。她们之中也没有一个是像早期的作者们那样专门为妇女们写作（或者专门针对妇女们言说，譬如茱莉亚·蔡尔兹曾主持一个成功的电视秀，1963年播出的《法国大厨》［*The French Chef*］）。蔡尔兹说，她是在和任何对食品感兴趣的人说话；尽管她并非专门针对一般的家庭妇女，因为她们已经有了太多为她们而生产的信息。格里格森和大卫都为英国广播公司撰写食品稿件，都是针对受过教育而且对此感兴趣的公众言说（大卫早期的《星期日泰晤士报》［*Sunday Times*］专栏，最初是印在这本杂志的女性板块，但是，因为期

① 蓝带学院（Le Cordon Bleu），1895年成立于巴黎，世界上最重要的一所教授经典法国料理、甜点和烘焙的厨艺管理学院。——译者注

望自己的美食文字不得不配上烹饪方法，她感到很受局限）。

在我们这里所谈到的所有人物中，茱莉亚·蔡尔兹也许是最不像家政女神的一个（而且她可能也是最不愿意接受这个头衔的一个）。她个子非常高挑，声音不同寻常地深沉，而且她非常笨拙，尤其是在镜头面前。她在电视上失误频频，漏洞百出，但是她对之大开玩笑，认为这些无伤大雅，通过这种方式，她向公众表明，食品和娱乐无须过分完美。蛋糕在她1961年的书《玩转法国烹饪艺术》（*Mastering the Art of French Cooking*）（与西蒙尼·贝克［Simone Beck］和路易赛特·贝尔托尔［Louisette Bertholle］合著）中，实际并不占很大部分；内容不多的意思是，里边只有五个代表。尽管如此，黄油海绵蛋糕、橘子蛋糕、橘子杏仁蛋糕、塞巴女王蛋糕以及侯爵蛋糕，关于这五种蛋糕的指导内容非常广泛，蛋糕制作的总体性规则尽在其中；书里谈到的“基本规则”之一，是如何把经过搅拌的蛋白在保证其分量前提下叠放在蛋糕组合装里。茱莉亚·蔡尔兹还非同凡响地在法国烹饪界中留下了自己的印记，人们常常争辩说，这可是世界上最为男性所主导的领域。她的菜肴常常很复杂，但这并不意味着，这是因为厨师想要用炫耀和精致来打动人们。相反，这只是因为她觉得这种食物吃起来不错，而且她想与任何对她的书感兴趣的人分享这种知识。在这个方面，她与艾尔玛·罗姆鲍尔有共同之处，尽管她对自己的品味更加坚持，而且有着更多的训练的技巧。她承认，（这和原料的）窍门是关键。作为女性主义者和妇女厨师们眼中一位充满灵性的人物，也许真是在半开玩笑中，蔡尔兹才能被描述成一位家政女神。但是，奈杰拉·劳森要我们去读她那本烘焙圣经的书名，用意难道不是正在于如此吗?

战后之初的其他女作家同样反对前几十年那种精致的女性特色，极其利落地拿出来的各种蛋糕和其他菜肴正在其中。1963年，蔡尔兹电视秀开播的同一年，贝蒂·弗里丹（Betty Frieden）出版了她的《女性的奥秘》（*The Feminine Mystique*）一书，引起了各地心情郁闷的家庭主妇关注，这本书为全职家庭工作的许多妇女所感到的那种郁结正了名。英国美食作家简·格里格森和伊丽莎白·大卫所做的事情稍有不同：她们默默地把烹饪写作和广博的学识结合在一起，倡导一种新的传统，在这种传统看来，食物历史和共有文化，和就“如何做”进行分享相比，如果算不上更加重要，至少也是同等重要的事情。两位都是欧陆食物在颜色、风味和简单性方面的倡导者，都兴致勃勃地重申来自英国烹饪过往的那些品质（大卫生于1913年，她的《英国的面包和发酵烹饪》［*English Bread and Yeast Cookery*］是一部权威性著作，里边有许多我们在前两章中谈到过的英国特色食品）。两位都是受过良好教育、旅行经验丰富、有文化的女性，把自己的美食之旅写得热情洋溢、让人跃跃欲试。两人的书都主要关注蛋糕——《英国的面包和发酵烹饪》和《英国食物》（*English Food*）包含各式烹饪方法在内，但又满是历史、个人推荐和旅行见闻。对于两人而言，食物（以及烘焙）是一件关乎深刻愉悦和记忆制造的事情，与性别无关。有趣的是，两人都对阿克顿、格拉斯、拉费尔德等更早的烹饪作者进行礼赞，认为她们超越了维多利亚人的过分讲究，代表着两人所认为的真正英国的烹饪方式。

蛋糕和烘焙构成了这种个人和烹饪传承的一个部分。譬如，在《英国烹饪》中，当写到姜面包的时候，格里格森分享了自己关于桂冠诗人威廉·华兹华斯（William Wordsworth）的一幅想象中的可爱画面，诗人与他的妹妹多罗茜（Dorothy）漫步走过乡间，去往格拉斯米尔，想要满足突如其来的想要吃姜面包的愿望（可惜没有碰到——商店里卖的不是这种东西），她还写到自己姨妈贝尔（Aunty Bell）那种燕麦姜面包的做法，几则关于姜面包这个名字来历的记录，还有关于英格兰北方传统谷物庄稼的几句话。她用奈杰拉本人会轻松说出的一句话来描述漂亮燕麦姜面包的质感："有燕麦片的块状，因为糖蜜而味道深沉。"个人笔触比比皆是：如果您不在伦敦范围内，那么，名为"宫廷女郎"（maids of honour）这种蛋糕很值得一做，在伦敦是最好的都可以买得到，同时，她建议读者按照自己的喜好选择所使用蛋糕罐的大小，而且还简单提到了自己做出的选择。在她关于诸如儿童生日蛋糕、家庭烹饪方法和哈罗盖特的贝蒂茶坊之旅，如此等等的回忆中，人们可以感受到的，不仅有她对烘焙的热情和欣赏，还有她关于食品经验的分享。

这真是将我们完全带回去了，奈杰拉为什么偏偏要做这件事？她曾经说过，她之所以写《如何成为家政女神》（*How to Be a Domestic Goddess*），部分是为了纪念她关于母亲和妹妹的食品记忆，两位都早早离世。她或许最佳体现了今天与家政女神相关的那些特征——主要是因为她书的标题，书的标题，当然，反映了她对一种非常传统的女性烹饪兴趣浓厚——同时也是因为出版物和屏幕上，她那使出百般解数来达成目的的形象，她那忧郁的面容，以及独一无二的声音（以及聪明才智）。但是，我希望本章所表示的是，家政女神不止于此。如果，我们把这些女性看作帮助其弟子驾驭家务工作的人，感到是在交朋友而不是孤单待在厨房之中，并且最终，鼓励了烹饪和烘焙中一种正在开始全然超越性别的快乐感，那么，我们会发现一种更有成果也更让人满意的方式，来衡量家务工作、烘焙和女性身份。而这，正是我们在最末一章中所将要义无反顾进行宣示的东西。

最后，我们开始谈到的天使蛋糕到底怎么了？作为家政成就、休闲时光、美味和雪白纯粹的象征标志，现在制作它，要比19世纪70年代它登上烘焙舞台之时容易多了。20世纪30年代的食品技术人员认识到，只要蛋白搅拌到极致柔软的阶段，而且，如果在面粉中加入一些砂糖的话，要达到所希望的那种轻盈和蓬松质地就更加容易了（这对使用我们在样品做法中提到的带孔勺子进行搅拌的人来说，肯定是一种宽慰）。天使蛋糕很快成为聚会上的新宠，从樱桃到奶油硬糖，有各种风味、各种夹心：艾尔玛·罗姆鲍尔奉献出香料、果仁、奶油硬糖、巧克力等范例；贝蒂·克罗克的“大红书”加入了胡椒薄荷、樱桃和金银变体（“以适应那些特别庆典”），这些打破了所有规则，在黄色中把蛋黄也包括进来了。在20世纪40年代，时髦的做法是在这种蛋糕中间做一条横沟，填进各种口味的奶油作为暗藏的“惊喜”。今天，要制作一个天使蛋糕容易多了，超市中可以买到预先分离好的蛋白，搅拌工作可以用高能电子搅拌器代劳，商店和网站上都可以买到专业的烤盘。还有更容易的，我们有盒装组合，厨师只要给它加水就能够搞定。和以前相比，烘焙现在更为民主、更无视性别。但是，也许最重要的是，我们现在有机会得到海量的友好声音，在照片中手艺精熟，而且还准备承认自己失误、对自己不成功的努力大笑自嘲：美食博客的主人们对自己在烘焙世界中的每一次冒险都留下记录文档。几百年来，人们一直在调整他们的烹饪方法和实践，来容纳他们所能够传递下来的东西。这就是我们将要在后面回过来讨论的东西。

【5】

Cake: The Short, Surprising History of Our Favorite Bakes

纸板婚礼蛋糕

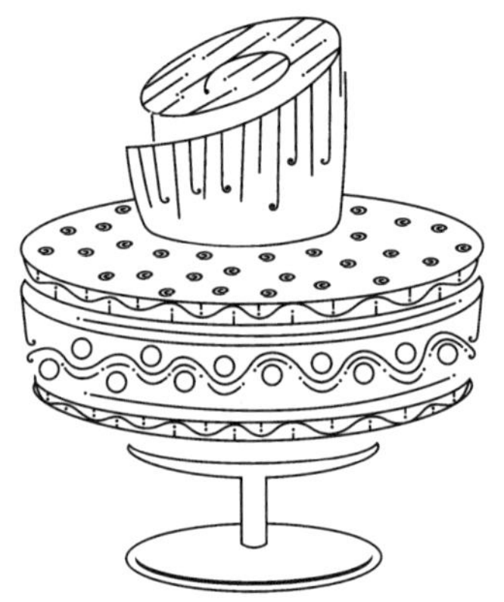

1942年，9岁的南希·比格林（Nancy Biglin）为哥哥的婚礼当伴娘，婚礼在英格兰东北部的赫尔举行。第二次世界大战开始两年了，欧洲人已经慢慢习惯单调而且不确定的国民饮食。可以想象，有希望品尝立在桌旁、就要开切的传统白霜蛋糕，该是多么让人激动。拍照完毕，发现美丽的糖霜原来不过是纸板做出来的假象，里边只有一个小小的水果蛋糕，可以想象，小南希该是多么失望。“我想我只是看着它吧，我想我禁不住流泪了，”半个世纪之后，她对帝国战争博物馆伦敦声音档案馆[①]的采访员说，“我一生中从未那么地觉得沮丧。”

① 帝国战争博物馆（Imperial War Museum）收集了自第一次世界大战至今的各种与冲突、战争有关的材料，以研究和理解现代战争的历史和战争如何改变人们的生活，由伦敦分馆、特拉福德分馆、达克斯福德分馆、丘吉尔战时办公室和贝尔法斯特战舰五个部分组成。其中，伦敦分馆的声音档案馆（Sound Archive）收集了世界上最大的口述历史材料，以记录每个个体在战争影响下的“艰辛和牺牲”。——译者注

这种战争期间的把戏很好地概况了本章的主题：用您有的来烘烤；或者说，也许是，将就了事来烘烤。它还揭示出，即使是在拮据年代，蛋糕仍然很重要，而我们本以为，这样的时代里，蛋糕可以因其无用而搁置一边。

在您无所选择的时候，将就了事是一种头脑清醒的做法：譬如，在经济萧条时期，或者，战争时期，一切原料都短缺的时候。关于在没有鸡蛋、没有黄油、没有砂糖（有时是三种都没有）的条件下怎么做蛋糕的方法，在第二次世界大战期间，尤其是在食品限制比美国要严峻得多、持续时间也长得多的欧洲，可有不少：英国直到1954年才最终结束食品配给制。在欧洲，蛋糕烘焙所有需要的主要原料都是配额的，而且售卖的蛋糕也供货不足。每人每周的配额是：黄油和蛋白糖加起来约6盎司（比例会根据供应变动），砂糖8盎司，新鲜鸡蛋1个。如果您自己养了鸡，那么您很幸运（战争时期许多人就是这么做的）；否则，您就只能面对鸡蛋粉的各种稀奇古怪，这些鸡蛋粉是以大批量用船从美国运来的。它们是有用的产品，但人们的反应各不相同，有人说它们气味难闻，其他人把鸡蛋粉加水复原炒来吃，则会在它价格降低时感到无比欢欣。实际上，战争开始之后，要获取蛋糕是非常困难的，当时，因为短缺，不得不针对面包和其他面粉制品实施更为严格的配给制度。

我们或许认为，在如此每日严苛的限制和生存威胁下，蛋糕应该在任何人的重视榜单上都不会有很高的位置。然而实际上，似乎它对人们的道德情感具有一种重大冲击，尤其是随着战争的日渐发展。当1949年11月盖勒普（Gallup）这家民意调查机构问大家，在获取非配额食品方面是否有困难，在承认有困难的受访者中，9%的人提到了蛋糕，仅仅排在最常说到的谷物（14%）和 鱼（11%）之后。即使是政府，在受人喜爱的食品部长乌尔顿勋爵（Lord Woolton）领导下（那种以他名字命名、爱国之心满满可惜平淡乏味的蔬菜派，让人们永远记住了他），也认为，承认并支持人们对于小小舒适那种从未停步的渴望是非常重要的。乌尔顿勋爵领导下的食品部，就利用配额物品进行烘焙，会定期出版小册子和制作广播节目，甚至在圣诞节为年轻人提高了砂糖的配额。他懂得，在肉食供应中有一些黄油是多么重要，原因很简单，人们对之充满依恋情结——尤其是相对饱受诟病的蛋白糖而言。这是一个精明的决定：在充满压力的时期，这些关于一切正常的小小暗示，实在是太重要了。

我们幸运地获取到许多本日记，它们记录下战争期间英国的日常生活，这主要该归功于“大众观察”（Mass Observation）这个社会调查组织的努力。该机构由一群人类学家创立，他们所关心的，是通过创建“关于我们自身的人类学”来理解现代社会。他们的做法，是询问人们从时装到酒吧饮料乃至对于君主制的态度等社会万象话题。他们甚至还有一大批写日记的人，这些人会定期送来自己每日生活的一则又一则记录。这些作者中，最著名也最多产的，是居住在巴罗因弗内斯这个北部港口小镇的内拉·拉斯特（Nella Last）（在“大众观察”那里，根据其职业和年龄，被记作“49岁的家庭主妇”）。她热衷烘焙，非常怀念战前的闲暇时光以及那段时光带给她关于家庭生活的幸福回忆，她把这些感受记录在自己的日记里。她的两个儿子一直在军队服役，她和丈夫成了一个相当不愉快的不完整家庭单位。在1941年耶稣受难纪念日这一天，她写道，自己与丈夫参加了一次野餐会，带了两块蛋糕，蛋糕是头一年夏天原料还丰富的时候做的。切开这个蛋糕，似乎让她百感交集。她当时做的蛋糕是两个，一个是为圣诞节做的，另一个是为丈夫和小儿子两人12月里的生日做的，但是她将切蛋糕的时间一直推迟到复活节。吃着这个蛋糕，代表着几乎难以承担得起的喜悦，因为与之一道而来的，是关于家人环绕身边、自己想要表达对家人之爱所选取的蛋糕用料，如此等等的诸多记忆。她在日记里写道，她希望它至少是多年来自己可能做出的最后一个可口的蛋糕。她没有记录这个蛋糕是否达到了投入其中的期望值，但她的这则日记完美地代表着，烘焙蛋糕可以成为一种爱和滋养的表达方式——以及失去了它，会带来何等的忧伤。整个战争期间，内拉一直把原料节约下来，为的是在儿子回来的时候做烘焙，以之作为给他们、给自己的一种特别款待。她并不是唯一的把蛋糕与家庭、爱和慰藉联系起来的人；蛋糕和其他怀旧的、甜蜜的食物，在寄给战争中的军队官兵的食品包裹中，是最普遍想要得到的东西。

这种怀旧，无疑，部分地也与战前关于生日之类更让人快乐的庆祝场景有关。“大众观察”的其他几位写日记的人记录道，自己在试图保留这些场景时所碰到的困难。潘姆·阿什福德（Pam Ashford）是格拉斯哥的一个办公室工作人员，去了六家不同的面包店，还挪用了妈妈为家里存放的一个，才筹够了为了办一个纪念自己离开办公室的茶会所需要的蛋糕。当1942年去特韦德河畔的贝里克这个英国边境小镇的时候，她很惊讶地发现，这里的蛋糕竟然充足得多。也是这一年，当内拉·拉斯特去到布莱克普尔，也有同样的发现——当然，二者都是边境小镇，但是，因为没有港口和战略性工业，所以不会像格拉斯哥和巴罗那样，会是空中轰炸的首选目标。同时，一家莱昂斯茶馆1940年的菜单上，仍然包括有各种蛋糕、烤饼和烙饼，烙饼甚至还可以得到黄油，不像三明治和吐司，那个时候只能用蛋白糖。

蛋糕的获得具有不确定性，这导致太多愤懑，尤其是因为许多女性觉得供应的东西不值得为之排队。1942年的一份“大众观察”报告发现，被调查人员最常见“吐槽”的食物就是关于蛋糕的，几乎占到妇女总数的四分之一，超过了1941年关于奶酪的抱怨。另一份调查发现，被询问人员中12%在上一周里使用过蛋糕组合装，18%偶尔使用。相比之下，67%的人在上一周里购买过一个蛋糕，而购买了饼干和小蛋糕的人更多——但是主要是因为他们无法像过去那样从事那么多的家庭烘焙。到第二年，数字更高。与此相似，说没有足够烹饪脂肪的人中有四分之三是想用它来做烘焙。

报纸、杂志、食品制造商以及像食品部之类官方机构，都尽其所能要在配额制条件下维系烘焙的愿望。对于一些制造商来说，这实际上是他们能够提供的全部，因为他们的产品由于短缺已经暂时下架了。蛋白糖贴上政府标签出售，没有品牌名字，所以，诸如史多克（Stork）等公司不得不使用“社论式广告”（advertorials）的方式来让自己的名字留在人们脑海，“皇家贝尔斯面粉”（Be–Ro Flour），史多克和波尔维克的烘焙粉都出版烹饪书和册页来为焦头烂额的主妇提供帮助。波尔维克还继续赞助蛋糕制作比赛。食品部全力推出自己的烹饪方法册页、谈话、说明会（包括许多场由深受喜爱的食品经济学家玛格丽特·佩顿［Marguerite Patten］主持的在内）以及广播节目，为人们提供烹饪和烘焙的各种新理念。他们的册页中，有些集中关注聚会或者圣诞烘焙，承认人们在生活中仍然需要甜蜜和欢庆。正如其中一个册页，就用典型的欢快口吻写道：

“毕竟，我们珍贵的配额和分配，无论是以更为日常方式来用，还是在聚会盛装中来用，带给我们的好处是相同的。”

为了利用菲薄的、替代性原料来“将就”，烹饪书作者在其蛋糕做法中变得相当具有创新性，但却常常是想尽力制作出尽可能与战前外表上和味道上差不多的蛋糕来。约瑟芬·特里（Josephine Terry）1944年的烹饪书《无须手忙脚乱的食物》（*Food Without Fuss*），其中包括一则关于蛋糕糖霜的做法，使用的是糖精、奶粉、水和砂糖，她说，它看上去、吃起来都非常像是真东西，以至于客人们误以为烘焙者曾涉足黑市！她还设计了一种方式来做“无须手忙脚乱的茶叶花式”，采取的方法是把一个简单的蛋糕（买来的或者家里做的）分割开来、淋上糖霜，做成三个不同的、外观时髦的蛋糕。其他做法使用到陈了的蛋糕或者饼干，就像特里的法国巧克力蛋糕，把厚厚一层巧克力牛奶冻铺在重叠起来的饼干或者蛋糕屑上面，顶上用的也是同样东西；还有她的战时蛋糕，使用的也是陈了的茶叶炊饼和茶叶花式。另一个提出来的节约方案是规划一个“烘焙日”，这样许多东西就能够在同一个热烤炉中制作——就像从前的社区蜂巢烤箱那样。一方面，烹饪书作者康斯坦斯·斯普里（Constance Spry）的做法是孤注一掷，在1942年的《来到花园，烹饪》（*Come into the Garden, Cook*）一书中，她建议烘焙者把他们的配额储存起来，然后将其全部花在一个漂亮的旧时传统蛋糕上。一种更为浪漫，但或许并不太让人满意的战时蛋糕，是烹饪书作者芭芭拉·马赫尔（Barbara Maher）回忆起来的："鲜花蛋糕"，一个装满泥土的碗，上面漂亮地插着花园中的鲜花。

很明显，在战争时期要维系通常的蛋糕习惯是一个真正的挑战，但是人们并未抛弃蛋糕之类奢侈品；相反，他们似乎更渴望它们了，因为它们有力地象征着常规、家庭、朋友，象征着稍有时间和闲暇来款待自己。据报道，在1943年4月，伍尔沃斯公司①在富尔汉姆分部开的茶吧，是唯一没有遭受损失的柜台，因为顾客们继续会走进来，喝一杯茶，吃一块蛋糕。

不过，战争时期和经济萧条至少时间不长。其他情形中，短缺更具本质性；因为缺乏的是技术或者原料。19世纪40年代到90年代，美国西进道路上的迁徙者，要烤制东西的话，不得不依靠火边的烹饪、杀猪得来的脂肪、野蜂蜜和水果。正如战争时期那个例子一样，我们或许以为，烘焙在西进安居者们最想要的东西列表上不会有太突出的位置，尤其是他们的所有的给养全靠随身携带。然而，对于甜蜜的渴望似乎还是占了上

① 伍尔沃斯公司（Woolworth's），该公司最初是一家美国公司，后来创办人弗兰克·伍尔沃斯（Frank Woolworth）将它开到了英国，后发展成为英国著名连锁商店。——译者注

风。大多数烘焙的完成，是在马车队伍停下来等待春天长出青草的时候。所以蛋糕数量更多，而且极有可能没有鸡蛋，使用的是糖浆而非砂糖。19世纪50年代一位西进大军中的儿童回忆，有一个生日蛋糕是用从装玉米片的口袋底的落尘中收集来的面粉、野蜂蜜和野火鸡蛋做成的。家庭制作的烘焙苏打、酸牛奶和一丁点儿黄油构成了蛋糕糊的其他部分，烤制的方式是旧传统那种，放在长柄锅里，置于篝火上，环绕着堆积的煤块。再一次，我们看到，决定维系最受喜爱的蛋糕传统人们是多么善于运用各种资源。

同样地，在20世纪早期的澳大利亚，在漫长路途中活下来的能力，是烘焙原料的先决条件。在这块刚刚有人定居的土地上，城市中心距离出产农产品的农场非常遥远。很快就兴起了庞大的铁路网络，把产品运往它们的销售市场：到1870年，在澳大利亚东部修有1000英里的铁路，而到1890年，就有了11000英里。然而，让牛奶之类新鲜农产品能够更长时间保存的任何方法都受到欢迎，否则农场主有剩余却无法利用。解决方法是采用罐装，澳大利亚人对浓缩牛奶的喜爱就是这样诞生的。

这一加工方式是1795年处于战争时期的法国发明出来的。军队需要便宜而可口的食物，食物要易于运输，于是，为了找到解决办法而举行了一次比赛（此举在18世纪晚期和19世纪的法国，是一种经过尝试和验证过的做法；类似的比赛产生出了人造黄油和国内的甜菜产业）。获胜者是一位糖果制作人兼厨师，名叫尼古拉·阿佩尔（Nicolas Appert），他发现，早期那些把抽去空气的瓶子密封起来并对其加热的实验，可以通过增加砂糖而使之更为可靠。他的装瓶法被军队采纳，很快传播到英国（阿佩尔本人同意不申报专利，但另一位英国发明者迅速做出专利申请，可能是一种与之出于一辙的方式）。在英国，玻璃瓶很快被金属罐取代，尽管这种方法仍然很昂贵，在滑铁卢，在克里米亚，以及美国内战期间，士兵们都带着罐头给养，两边的士兵们都带着罐头装的肉、炖菜，甚至牡蛎。到19世纪中期，英国海员把罐头装的肉带上了他们的轮船。

罐头食物可以在美国的边疆道路上找到，但因为罐装成本而数量稀少；在1849年这种加工方式得到改进之前，罐装必须人工进行，从顶部的一个小孔把食物塞进去，把液体倒进去，再把孔焊起来，只留一个小针孔。之后必须整个拿来煮，待蒸汽从针孔中逸出，接着便密闭焊死。1851年，这种加工方法在伦敦的大博览会展示，价格开始下降。与此同时，有一位名叫盖尔·博尔顿（Gail Borden）的美国人，他来自地产调查行业，是白领业务的多面手，当他看到奶牛送去伦敦便因为晕船而不产奶了，便开始思考怎样把罐装用到牛奶上。1952年博尔顿完善了他的方法，实际上，当时已经有一个英国专利被注册了，可是他的方法更为成功。当时，杀菌操作并未得到充分理解——只知道砂糖能够促进杀菌（它对细菌具有抑制作用）。到19世纪80年代，加热阶段得到大幅提升，砂糖变得不再必要，于是罐装脱水（不含糖）牛奶在1890年进入市场。回过来再说澳大利亚，1882年第一批牛奶浓缩机在墨尔本安装，1908年雀巢公司（Nestlé）在昆士兰南部的图古拉瓦建立它的第一家牛奶加工厂，世界上最大的牛奶加工厂。

罐装对于军队的最大好处是，它意味着军队有质量可靠的给养可以依赖。当然，它也使得给养更易于运输，碰损的危险降到了最低。然而，各地的甜食爱好者很快发现，（小心！）加热听装的浓缩牛奶会产生焦糖，而且付出的努力要比传统融化砂糖和牛奶的方法少很多。并不意外，澳大利亚人（和新西兰人）喜欢他们一块块焦糖、巧克力和椰子做出的蛋糕，喜欢他们的毛毛虫（grubs）、大黄蜂（bumble-bees）和焦糖之吻（caramel kisses），这些蛋糕品种在每个烘焙店都能够看到，在家做也容易，也喜欢看到浓缩牛奶在中美和南美的炎热国家有着一个巨大的市场，在这些国家，三奶蛋糕（tres leches cakes）和牛奶焦糖酱（dulce de leche）本来就广受欢迎。

尽管博尔顿的浓缩牛奶为所有人带来了健康的好处，尤其是对成长中的儿童，关于他的产品的事却不是一个自始至终都很让人高兴的故事。各种经济款的品牌偷工减料地使用脱脂牛奶，使得产品的脂肪和维他命含量很低。因为许多母亲不幸地满心以为浓缩牛奶安全、纯粹而且科学，导致用该产品喂养的婴儿在健康方面出现了可怕的结果。在澳大利亚，浓缩牛奶成了大萧条时期慈善分发物品的一个组成部分，与其他诸如金色糖浆和面包等加工食物材料一道，也被说成是缺乏营养的饮食。

我们和所遭遇环境相关的最后一个烘焙例子稍微有些不同。我们这里所谈的并非孤独，原料或者新型食材的匮乏，而是更为本质性的东西：海拔高度。我记得，看到堂兄从科罗拉多买回来蛋糕组合装，为了在高海拔地区进行烘焙而做出的那些变化，当时简直让我瞠目结舌。这并非大多数英国人会碰到的问题。但是，在美国一些地方，譬如落基山脉，这倒真是个难题。就像南部各州以外的烘焙者，想要获得南方软面粉所达到的恒定光照是非常困难的，所以，丹佛或者博尔德（又或者卡尔加里、约翰内斯堡）的烘焙者想要完善一份为海平面地方居住者所写的烹饪方法，需要花相当多的功夫才行。

问题是高海拔地区的气压更低，这影响到蛋糕在烘焙时中心所能达到的温度，渐次地，又影响到由面包和鸡蛋之间相互作用而取得的蛋糕构成。低气压还使得湿气流失更快，烤出的蛋糕过于干燥。在经过早些时间必然会有的一连串失败之后，博尔德之类地方的烘焙者发现，自己需要做的是对烘焙时所处的条件进行矫正（升高温度，增加液体以容许更大的湿气流失，减少砂糖和膨胀剂的用量），这样一来，无论烹饪方法是从无数朋友们辗转来到家里，还是出自本社区的烹饪书籍之中，一切都好。但是，一旦面向大众市场的图书开始出现，种种问题就来了。1950年，《贝蒂·克罗克插图烹饪书》里边有一个短小的部分讲到高海拔地区的烘焙，并且给出了一个调整原则：在3500英尺以上，每1500英尺就必须进行一次调整。某些蛋糕需要尤其小心，比如大名鼎鼎的天使蛋糕，还有所有的海绵蛋糕，它们所用到的蛋白搅拌的时候只需搅拌到胶状一次，这样它们在烤制的时候就有膨胀能力。

克罗克夫人及其助手们面临的更多压力，是海拔对于蛋糕组合装的影响。毕竟，他们的最大卖点是可靠性，而标准的组合装绝对无法在高海拔地区达到最佳效果。他们所采取的解决办法非常有名，而且注定会作为烘焙史上最具创造性的应对之道而流传后世，他们的做法是建造了“一个会飞的厨房”。自然，成本和实用性问题意味着，皮尔斯伯里的会飞厨房实际上是不会离开地面的；它是一个来自第二次世界大战的加压高海拔模拟器，里边装有一个炉灶和一扇视窗，观察者可以透过视窗对烤制过程中的蛋糕进行查看和监控。经过20世纪40年代后期的64次“飞行”，在所有配发给高海拔地区的蛋糕组合装里，都放入了要求加入更多液体的特殊操作指导，今天仍然是如此。

论及蛋糕，的确可谓必需乃发明之母。家政女神也许告诉我们的是，要烤蛋糕，我们需要一系列规则，但是我们在这里谈论的例子向我们表明，如果这些规则无法满足，一点儿别出心裁是多么重要。烘焙者们为了坚持他们的点心和庆典所付出的努力，也提醒我们，蛋糕常常不仅关乎味道，也关乎场合。世事艰难之际，甜蜜和慰藉筚路蓝缕地守护着某种正常之感。下一章中，我们将以一种新的方式来谈论这一点：当蛋糕成为国际旅行者，陪伴它们的烘焙者在全世界四处奔波。

【6】

Cake: The Short, Surprising History of Our Favorite Bakes

周游了全世界的蛋糕

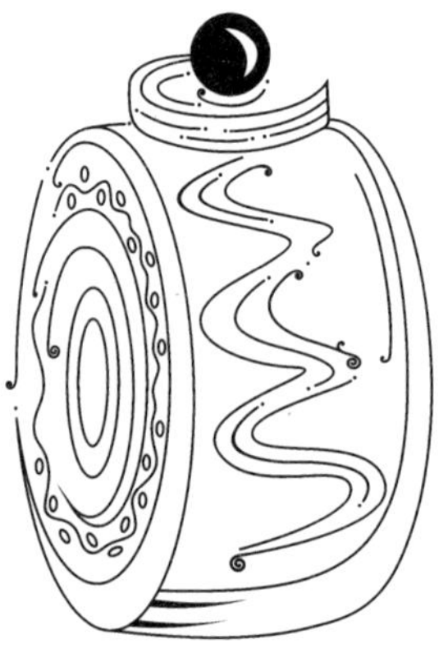

1673年5月，法国探险者开始了密西西比河上的进发。这不是他们第一次深入北美领土，说法语的加拿大人可以为此作证，但这标志着法国开始对密西西比流域和墨西哥湾各州产生影响。在影响巅峰时期，法国人拥有的领土高达828000平方英里，贯穿整个大陆心脏地带，从加拿大一直延伸到南边的墨西哥湾和密西西比河谷。与此同时，法国人带来了语言、文化和食物，其中包括了现在仍然尤其与路易斯安那地区和新奥尔良紧密相关的一种蛋糕。这种蛋糕现在广为人知的名字是“国王蛋糕”（the king cake）（或者以前按照法国人的叫法，称之为gâteau des rois），同时，它也是闻名世界的新奥尔良狂欢节（Mardi Gras）各种庆祝活动的奠基之石。该蛋糕正是许多周游世界的蛋糕中最为著名者之一。

本章中，我们将追踪这些独特的地方性和国家性蛋糕的“食物之道”（foodways），跟着它们去旅行。我们还将谈到，为了让新颖、出乎想象的原料在家庭烘焙产业中得到接受，各种别出心裁的营销策略（我不想提前剧透，但是必须说，有些是过往云烟，还有一些来自您不一定在烘焙货架上找到的罐子中）。

但是，且让我们从开始处开始。独特的地方性蛋糕之所以被发明出来，最直截了当的理由是因为别无选择：用您得到的最简单形式的东西进行烘焙。如果是本地市场，那么烹饪方法书是很少有的，或者根本就不存在，烘焙方式则取决于燃料来源和当地的烤炉技术，烘焙者别无选择，唯有使用他/她家门口出产的东西。所以，山核桃在南美是通行的蛋糕原料，榛子在俄勒冈以外不太常见。越橘在挪威和瑞典烘焙中可以找到，因为它们是出产丰富的本地农作物——在位于同一海拔高度的加拿大东部也能够找到。蔓越莓、蓝莓、草莓和李子都是美国本地野生的，在从蛋糕、松饼到派的许多美国烘焙产品中占据突出地位。墨西哥蛋糕常常有咖喱或菠萝，牙买加蛋糕有姜，中国的月饼是用本地特产红豆或者莲子泥而不是砂糖来进行甜化，而中东和东欧的蛋糕更多地是使用蜂蜜。与此同时，加拿大人和新英格兰人，使用来自本地枫树的浆液来让他们的烘焙产品有甜味，许多英国和美国关于诸如姜面包之类传统烘焙的烹饪方法，则仍然使用糖浆或者糖蜜。实际上，糖浆是大英帝国内部如此重要的收入来源，以至于英国政府1733年颁布了一个糖浆法案，来保护帝国内部的糖浆进口贸易。他们所得到的比他们所预料的更多，因为糖浆成了美国革命的导火线之一。油脂也各有差异：因为对于奶牛养殖和庄稼种植的关注重点不同，黄油在欧洲北部受偏爱，欧洲南部则更爱植物油（18世纪、19世纪新到澳大利亚的人，即使是在火热的温度中，也固执地坚持使用黄油）。

甜味和油脂并不是地方性味道和获得的可能性所决定的唯一蛋糕组成部分；面粉这种组成蛋糕基本结构材料的东西同样是如此。现在我们习惯了几乎只用小麦粉来做烘焙，因为小麦在西方世界中可谓一种占据统治地位的作物。在过去几百年里可不是这样，即使是在英国也并非这样：我们已经明确，燕麦和大麦，譬如，就是西北部的常见作物，就被用来制作蛋糕和面包（根据她童年时代去坎伯南郡看望祖父的精力看，几乎可以肯定，家政女神毕顿夫人对大麦面包甚至大麦蛋糕是非常熟悉的）。我们还注意到，第一位出版烹饪书的美国妇女，亚美利亚·西蒙斯，在她的许多烹饪方法中都用到了玉米粉，因为新世界的收获是不同于旧世界的。玉米片也是西班牙烘焙中受欢迎的东西，这反映出他们与新世界殖民地拥有共同的历史。即使是小麦粉也不是生而平等的：美国南部各州所种植的庄稼是一种特别的“软”的冬季品种，能够做出更为软和的蛋糕或派；加拿大面粉则更“硬”，有更高的蛋白（谷胶）含量，更像英国的面包粉。用这些面粉做成的蛋糕也许彼此相去甚远，这是这些广袤土地上的不同人群开发出自己特色产品的另外一个理由（这也是为什么一位南方的家政女神或许不能成功地把自己的知识分享给一位加拿大家政女神的原因）。现代美国的蛋糕做法比英国的可能更强调“蛋糕粉”（cake flour），这种特殊产品在英国没怎么听到：它是皮尔斯伯里公司1932年开始生产的。另一种替换性产品是从别无选择以及农民的糊口饮食而来——栗子粉；栗子是野生的，在北美很多地方可以免费采摘（它们是土著美国人烹饪的一大特色，但是，直到19世纪，栗子粉面包在美国东部许多地方也同样吃），在法国南部和意大利，收取栗子也不要钱，与欧洲其他地方相比，那里的栗子更为常见、产量更多。厚实的意大利点心“栗子糕”（castagnaccio）就是一个经典例子（果仁制成的粉不含谷胶，所以不会像小麦粉那样发胀）。在远东，人们用大米来烘焙，方式要么是把它煮熟并做成各种样子，要么是舂碎成粉，就像在日本称之为“米团”（mochi）的那种可以吃的丸子那样。而且，我们不要从度量技术和烤箱温度开始，这是我一位加拿大朋友以一种痛苦的方式学到的教训：当时，她正在按照我送给她的一份烹饪方法努力尝试（她忘记了，英国人是用摄氏度而非华氏度来表示烤箱温度；那个蛋糕是绝对烤不透的）。

我们这里所谈的许多东西——独特的烹饪和饮食方式——可以用“食物之道”来描述。这个词的意思不仅是指食物本身，它还指人们对于食物种种与场景的感受和反应。蛋糕是对这些概念进行思考的最佳进路，因为它述说着把家庭与社群联系在一起的种种纽带：庆典、欢乐、爱以及共有的传承。正如哈希亚·丁内尔（Hasia Diner）在她关于美国的食物之道那本书中所写到的，诸如此类的纽带把拥有共同食物习俗的人联系在一起，尤其是当他们迁徙到一个新的大陆之时。事实上，她说，对于从未去过那里，甚至也许从未品尝过他们现在重新创造的原创性食物的子孙后代来说，它们确实能够维持与发源之地的联系和共同口味。

所以，我们所关注的东西，部分地，是食材、窍门和技术等从一个地方到另一个地方的简单传递。谷物种植的传播就是一个很好的例子，草种通过海上航行来到新世界（其他一些又被带回到旧世界）。砂糖是另一个例子，它从最初种植的新几内亚向外传播，通过亚洲、印度和阿拉伯大陆而来到欧洲，更进一步被带到了新世界，堪称利润滚滚的——对于成千上万的奴隶工人则可谓充满苦难的——开发利用。但是，另一个因素——如果我们在思考蛋糕对于人们意味着神秘的话，一个越说越是有趣的因素——是我们无法摆脱食物之道越来越复杂的含义：感到食物跟人们如影随形，并且被人们当作家和共有文化的提醒物而倍加珍惜。根本上说，这是建立在殖民和移民模式基础之上的，但它也述说着人们之所以迁徙的理由：贫穷、迫害、新机会的承诺，以及并非不重要的，获取食物的可能性。

很难想到比美国更为合适的种族“熔炉”的例子。从美国本土文化的起源看，在美国定居的人群来自众多欧洲国家：英国、西班牙、法国、荷兰、丹麦、瑞典、葡萄牙，这里所举的只是最早的一批罢了（值得注意的是，他们都是白人，而且大部分是清教徒）。渐渐地，欧洲定居者向着新的地区迁移，发现肥沃的土地、艰辛但回报丰厚的工作。他们的家庭和同胞跟随他们的步伐，用共同的食物之道、语言和文化开创出众多的社区。19世纪20年代到20世纪20年代之间，大约三千万欧洲人一波又一波地来到美国：19世纪40年代爱尔兰人逃离大灾荒而来（第二次大潮是20世纪的前后二十年间：这期间来到美国的爱尔兰人超过了一百万，其中大部分是女性）；东欧人的到来开始于19世纪70年代，他们中许多是害怕在俄罗斯、波兰和罗马尼亚等地受到迫害的犹太人；意大利人来到美国的时间，大致和爱尔兰人第二次来美国大潮时间相同；当然，许多非裔美国奴隶在几十年前就最早来到了美国。许多人来到美国是怀着永远留下来这个目的；其他人打算回去（当然，还有其他人是没有选择），但是所有人都带着自己挥之不去的身为爱尔兰人、犹太人或者俄罗斯人的感受，并且通过他们的食物来重新创造身份。我们将看到，他们采取某些方式迅速地调整他们的烹饪方法以便适应不同的原料；因为便利或者不断变化的口味等原因选择采取其他方式，但是，对于几乎所有人来说，蛋糕提醒着人们家庭和社区庆典，它的重要，就像要生存就要有蔬菜、肉食或面包等其他东西一样。而且，所有人都遇上了丰富的食物，这是他们在家之时绝对想象不到的。

成为美国新公民的人中，有许多来自非常讲究家庭烘焙这一传统的国家和地区。17世纪早期，当商人们在新尼德兰定居下来，荷兰人随身带来了他们关于油炸的面团式蛋糕（称之为"油球"［oliebollen］）以及华夫饼和煎饼的欣赏品味。1664年英国人接管了曼哈顿，但它仍然是荷兰人的语言和文化重镇。新英格兰人提倡禁欲克己的清教主义，但并未中断他们的烘焙传统，只是，这意味着他们的蛋糕和派都是简单东西，通常只是正餐的一个部分而非一种单独的吃食——凯瑟琳·比彻肯定会同意这一点。他们的水果蛋糕，尽管今天不再是美国烘焙一个重要特点，还是在诸如"哈特福德选举蛋糕"（Hartford election cakes）之类烘焙产品中留下了遗迹——这种个头大、发酵式的、大量使用水果的蛋糕，是为选举代表们而制作的；在18世纪，他们会从四面八方赶到康涅狄格州的哈特福德镇统计选票。亚美利亚·西蒙斯在她的《美国烹饪》1796年第二版中，收入了人们所知的最早出版的"选举蛋糕"制作方法。我们在第二章里提到过的非常典型英国式的萨利卢恩蛋糕也成功地旅行到了美国，保留着其卷状特征，出现在19世纪的许多美国烹饪书籍中。

然而，就深受现代美国人所喜爱的许多蛋糕传统来说，最应该感谢的却是德国移民。美国的“德国”定居者（他们来自许多不同的地区：1871年之前，“德国”并不存在[①]）是一种意义重大的存在；他们是非英国群体中最大的一支，在整个19世纪，十分之一以上的美国人说德语。德国人定居核心区域以宾夕法尼亚为中心，迅速扩展到阿巴拉契亚山脉区域并继而进入俄亥俄和印第安纳。南达科他甚至把“德式蛋糕”（kuchen）当作自己官方的本州甜点。kuchen这个德语词直接的意思就是“蛋糕”，但是，在南达科他，它一般指的是一种以烤好的甜面团为蛋糕坯（最初是用酵母发胀），使用加有水果的类似蛋奶糊的东西作馅，而且有时顶部还会撒上砂糖“粉末”。

这些群体，尽管经济方面和文化方面彼此之间多种多样，带来的却是整个系列的烘焙产品，种类众多：油炸面团漏斗蛋糕（17世纪的个人物品记录表显示，即使相当贫穷的德国家庭也有专门设备来制作诸如此类的蛋糕，称之为strauben，里边灌

① 现代意义上的德国，指普鲁士通过1866年击败奥地利以及1870年的普法战争，在1871年完成统一并成立的“德意志帝国”，也称“德意志第二帝国”（德意志第一帝国指“神圣罗马帝国”）。——译者注

入滚烫的油），叫作lebkuchen，kugelhopfs和kuchen的各式各样的炸面圈。纽约犹太人家庭钟爱的babka，和上述最后两种蛋糕有着共通特征：它是一种发酵面团，交叉再折叠之后放进煎锅里。babka在几种欧洲语言中都是“祖母”的意思，人们认为，这种蛋糕上的褶子会让人想到祖母的裙子——许许多多的孩子正是在祖母那里了解到做蛋糕、吃到蛋糕。这种蛋糕现在完全美国化了，它是“辛菲尔德小品”（a Seinfeld sketch）[①]中的明星，在该小品里，杰里·辛菲尔德（Jerry Seinfeld）和朋友伊莲（Elaine）关于最佳聚会礼物的争论就是以之作为基础的（这场争论持续之久，以至于所有巧克力夹心的babka都没有了，他们不得不选了次一等的肉桂夹心的babka）。关于宾夕法尼亚烹饪的最早作品之一，一本想象加烹饪方法的书，《农场上的玛丽与她在“宾夕法尼亚州德国人”访问中收集来的烹饪方法汇编本》（*Mary at the Farm and Book of Recipes Compiled During her Visit Among the 'Pennsylvania Germans'*），出版于1901年，用了一整章来写蛋糕。说德语的人还带来了专门技术；像油酥蛋糕

① *Seinfeld*，汉语也有人译作《宋飞正传》，美国NBC电视台推出的情景喜剧，从1989到1998共推出九季，由拉里·大卫（Larry David）和吉瑞·辛菲尔德（Jerry Seinfeld）编剧，后者在其中饰演一个生活在纽约曼哈顿的同名人物，整部戏就围绕在他与其朋友、熟人之间的生活小事展开，由一个一个小品构成整部喜剧。该剧被认为是有史以来最有影响力的情景喜剧之一。——译者注

（strudel）和花卷蛋糕（potica）之类点心，要求把细面团非常薄地摊开，薄到透过它连台布的花纹都能看得见，然后将其裹上坚果或者加了香料的水果，再卷起来进行烤制。（花卷蛋糕是斯洛文尼亚、塞尔维亚、克罗地亚的国字号品牌，在美国的许多移民定居区域中都很流行。）德国蛋糕很快成为这些区域生活的一个难以磨灭、典型特征的组成部分。

也许最重要的是，荷兰人和德国人，就像英国人和斯堪的纳维亚人一样，为以蛋糕为特色的社会场景带来了一种传统——通常是早餐，或者是半上午或半下午的间歇。这些习惯成为这种特别的食物之道的固有组成部分，伴随着一种甜蜜的味道，提供了一个休闲和闲聊的空间。这几乎肯定是一个理由，来说明为什么美国至今仍然有一个强大的德式蛋糕传统。德国风格的“咖啡与蛋糕”（kaffee und kuchen）曾经是艾尔玛·罗姆鲍尔家庭传承的组成部分，正因为如此，在她的《烹饪之乐》中德式蛋糕内容占的比重不小。到1950年《贝蒂·克罗克插图烹饪书》出版之际，这些蛋糕正是主流，足以备受关注（它们中有许多都出现在“面包”一章，因为它们都是以发酵面团作为基础的）：粉末咖啡蛋糕，苹果蛋糕（apfel kuchen），恺撒蛋糕（kaesa kuchen），以及匈牙利咖啡蛋糕，瑞典茶点圆圈蛋糕，瑞典咖啡辫子蛋糕，这里不过几个信手拈来的例子罢了。

德国人、英国人和荷兰人并非为美国蛋糕景观带来生气的唯一群体。在美国，您能找到的最艳丽、最快乐的蛋糕之一，是顶部有绿色、金色，里边有水果或腌肉的狂欢节国王蛋糕（Mardi Gras king cake），它和我们在第二章里谈到过的英国第十二夜蛋糕有关；它最早的名字，用西班牙文来称呼就是rosca de reyes，或者用法文称呼它作gâteau des rois，从这些称呼便可以对其起源有所了解。国王蛋糕是大斋期前的狂欢节必不可少的东西，美国密西西比和海湾地区的许多地方都会庆祝狂欢节，但是在新奥尔良最为激情四射。这个地方是真正的克里奥尔[①]区域：既受到西班牙、法国影响，又受到墨西哥、西印度和意大利影响，这一切更与来自其先辈的潜在天主教传统相互交融。

法国与西班牙在美国的影响非常巨大，不管是直接地从移民人数来说，还是间接地从他们在加勒比、南美、中美和美国之间所建立的贸易联系而论。南面与墨西哥比邻的各州，都富有受西班牙影响的烹饪传统，重辣重甜，而佛罗里达州和新墨西哥州原本就是西班牙殖民地。我们已经说过，法国人在贯穿整个大陆的中心地带具有巨大影响——这种绝对优势一直持续

① 克里奥尔（creole），在美国，这个词最早指路易斯安那州法国移民后裔（这个词本身就是从法文créole演变而来的），后来慢慢扩大，泛指种族混杂以及由此而产生的文化混杂、语言混杂等各种各样的混杂现象。——译者注

到1763年的七年战争结束，当时，他们所占的领地到了西班牙人的手中（在加拿大的领地则被英国人获得）。他们在拿破仑倒台之后回到法国，旋即速度飞快地根据“路易斯安那购买条约”（Louisiana Purchase），以5千万法郎将其卖给美国人，这使得美国的领土扩大了一倍（按照今天的美元计算，包括中止的债务在内，总共付出了2.3亿美元）。当时，在白宫的是一位带着自己私人厨师的前美国驻法大使，他的名字叫作托马斯·杰弗逊（Thomas Jefferson）。文化影响的交接变换，加上非裔美国奴隶以及1791年海地奴隶暴乱的逃亡者涌入美国，造成了该地区独特的种族融合。

但是，我们且回到国王蛋糕上来。这是又一种发酵的、奶油卷式的蛋糕，王冠形状，非常像其他欧洲特色食品，比如德国的咕咕霍夫，以及法国的萨法伦松饼（savarine），这些我们将在后面讲到。也许是因为这个理由，国王蛋糕一般是买来的而不是家里制作。它的名字来自耶稣诞生之后的第十二夜，三位国王来看望这个婴儿（主显节）；这一事件标志着狂欢节庆祝的开始。国王蛋糕与第十二夜蛋糕共同拥有的特点之一，是都有隐藏的小玩意儿——最初是一粒豆子，现在常常是一个代表婴儿耶稣的塑料娃娃——它会给找到的人带来好运，获得好运的人，就是下一年提供蛋糕的人！新奥尔良各支狂欢者队伍之一，是第十二夜设宴者队伍，多年来他们都会在一个巨大的假蛋糕旁边上演蛋糕游行和舞蹈。这个蛋糕有一系列抽屉，每个抽屉里都有一块真蛋糕，这些蛋糕是给单身女士的。拿到里边有金豆那块蛋糕的女士，会被任命为狂欢节皇后（有些质疑者说这项操作并不是完全随机的）。真蛋糕顶上那些亮丽颜色，正是狂欢节所采用的颜色，它们都和天主教教会有关。当然，更普遍地，狂欢节上的欢宴和放纵——虽然规模很大——象征着克己苦行的大斋期即将来临，我们所看到的无视规矩和反转常态则是回溯过往，回应罗马时代的农神节庆祝。主显节在西班牙和墨西哥是像圣诞节一样重要的一种庆祝，孩子们会在这时得到礼物。今天，全世界各地有许多著名狂欢节，诸如里约热内卢的盛大的列队游行、悉尼的LGBT[①]游行，等等。

与此同时，西班牙和墨西哥的影响在从得克萨斯到加利福尼亚的边境各州中非常丰富。海绵蛋糕（最初是从西班牙带来的）常常是巧克力的并有肉桂、辣椒和香草风味。墨西哥和墨裔美国人家庭今天仍然制作和购买加糖的“亡灵面包”（pan de muerto），来纪念他们失去的所爱之人。它们是形状特别的加了糖的面团，上面有甜蛋浆，点缀着骨头、骷髅以及其他代表死亡和怀念的东西。和我们在第二章里谈到过的许多其他灵

① L是lesbian（女同性恋）的缩写，G是gay（男同性恋）的缩写，B是bisexual（双性恋）的缩写，T是transgender（变性人）的缩写。LGBT被用来泛指和统称同性恋。——译者注

魂蛋糕一样，它们的意义在于庆祝而非哀悼，传统上是在万灵节那天吃，这种纪念方式是由西班牙人带到墨西哥来的，同时融入了古老的阿兹特克庆祝死者获取新生的夏季节庆的多种元素。按照一种越来越为人熟悉的样式，一些为死者而制作的面包现在包含有一个幸运的小玩意儿：亡灵面包中，包含的是一个塑料骷髅。

在整个受到西班牙影响的美洲南部和中部（由之进而到美国的许多地方），另一个常见的传统是使用牛奶焦糖为蛋糕做顶子或者作为蛋糕原料。其中最著名的一种是“三奶蛋糕”（tres leches cake）：浓缩牛奶、脱水牛奶和全脂牛奶。表面上看，这种特别的蛋糕是头脑聪明的浓缩牛奶制造商在19世纪后期发明出来的，但是，使用焦糖浆（西班牙语中称之为dulce de leche，葡萄牙语中称之为doce de leite）来制作烘焙的传统要比它早得多。几个故事都将其起源归结到18世纪早期一位将军的女仆身上——将军是阿根廷人还是法国人，取决于讲故事的人——她偷听到似乎有人想谋害将军，于是飞奔去告诉他的手下，连正在加热中的牛奶饮料也不管不顾了。在所有故事中，结尾都是幸福的：她所认为的威胁实际上是一场和平条约谈判，而饮料变浓并燃烧起来，到了焦糖浆的地步。实际上，这种糖浆和法国的牛奶酱（confiture de lait）非常相似，我们知道，这种东西制作于14世纪。它是通过慢慢加热砂糖和牛奶而成（现在的做法是在煎锅中对一听浓缩牛奶进行加热——有发生爆炸的危险），所以和焦糖不同，后者只是将糖融化。“三奶蛋糕”常常出现在重要的“十五庆典”（quinceañera），这是在大多数拉丁美洲都会为15岁的女孩生日而举行的成年庆典。牛奶焦糖还非常浓稠，足以在卷起来的蛋糕中用作夹心馅，或者用作多层蛋糕中的夹心馅。在西班牙、葡萄牙及其前殖民地，鸡蛋糊是另一种蛋糕和蛋挞中常用的夹心馅，如果蛋白被用去澄清雪利酒了，那么也可以使用蛋黄。

到目前为止，我们一直在谈食物之道，它把许多现在深受喜爱的、熟悉的蛋糕带到了全世界。我们已经看到，它们对于原初移民和定居者的后代，仍然意味着非常多的东西，因为它们构成了共同传承的一个组成部分，指向庆典和家庭纽带。且让我们现在转向几个例子，美国这个移民熔炉将它们变成了自己的东西，我们来看看它们对于人们的身份说出了什么。

我们已经看到，美国殖民者所有早期食物习惯都是别处带来的，尽管它们很快适应本地出产的东西，有时还能够适应本土美国习惯和特殊技能。吃蛋糕的场合也很重要，比如富有的种植园主钟爱的让人印象深刻的英国式下午茶，家道殷实的说德语的人带来了“咖啡与蛋糕”的暂时放松时刻，几乎成为所有移民群体特色的甜点和庆祝聚会。所以，或许并不奇怪，要花相当长的时间，才会有自然而典型的美国特色的东西出现。

对于是否有真正美式烹饪的存在，是否它完全建立在更早的传统之上，有着尖锐的争论。说到蛋糕，我们肯定能够辨识出一系列特点，它们慢慢开始作为独具一格的东西出现。还值得注意的是，英国人尽管历史要长得多，但就其民族烹饪而言仍然有一种身份危机；但是，蛋糕实际上被证明是民族饮食中最典型特征之一，也许是因为它是自不同特定历史潮流的结合而来（通往各种食物类型的方式，或者是来自本土，或者是来自帝国），自社交性和风俗习惯的发展而来（品茶时间、阶级划分、遵循家政指导和新趋势的意愿）。在所有这些方面，美国的烘焙者被证明与其他任何地方相比在品味和优势方面都大相径庭：首先，他们喜爱烘焙——最受喜爱的美国蛋糕最初都是家庭制作的，不同于法国面点师们的职业创造，对于后者我们将在第八章里谈到。这和这一事实有关：在大规模移民的早先几十年中，职业烘焙师相当少（这些人中有许多都是来自德国）。同时，许多人住在相当与世隔绝的乡村地区，几乎没有机会获取购买而来的商品，但是黄油和鸡蛋几乎是唾手可得：在18世纪晚期，这个国家四百万定居者中只有大约二十万不居住在农场。同时，燃料也很便宜，这和英国许多地方不同，在那些地方，烧壁炉是一件花费昂贵的事情。其次，美国烘焙者喜欢色彩亮丽和样式新奇，这也许与19世纪后期“镀金时代”

（Gilded Age）中社会上层所体会到的乐观和财富有关。第三，尽管并不害怕拥抱复杂的烘焙项目（可以想想天使蛋糕），美国烘焙者一般来说，比欧洲的能够更快接受新的化学膨胀剂（以及方便的蛋糕组合装）。在欧洲，使用酵母发胀的蛋糕这一传统持续的时间更久；在美国，却是轻盈、湿润的多层蛋糕最受青睐。

当然，美国烘焙者并没有太长时间地坚持英国丰富的水果蛋糕这个传承不变。他们很快就不再使用水果和黄糖，喜欢起磅蛋糕或萨沃里蛋糕口感丰富的白砂糖来（萨沃里蛋糕[Savoy cake]是一种更加轻盈、黄油更少的海绵蛋糕，面粉与砂糖和鸡蛋之间的比重更小一些）。外观开始变得重要，尤其是对于在自助餐餐桌上给人留下深刻印象的蛋糕而言：即使是不事奢华的凯瑟琳·比彻也收录了流行的金银蛋糕组合（一个用蛋白，一个用蛋黄），常常把它们切开，来展示它们的内部结构，而且交替地把它们奉上餐桌。多层蛋糕在19世纪三四十年代出现，有两层或者三层（有时甚至更多层）在顶上重叠起来，每一层之间抹有色彩亮丽的果酱。也是在这个时候，珍珠灰作为一种节约劳力的膨胀剂开始受到关注，尽管人们对于数量使用必须非常小心，这样才能避免没有重重使用香料的蛋糕中那种肥皂味。我们已经看到，在亚美利亚·西蒙斯的《美国烹饪》中，就有各种烹饪方法中使用到珍珠灰，这在之前从未听说过这种东西的英国烘焙者那里引起了轩然大波。这一点上，更是表明美国妇女比欧洲的更早也更乐意接受新东西，后者眼中，化学膨胀剂是不受欢迎的掺假之物。他们带来了一个简单配方的新时代，这些蛋糕原料要求不多，因此花费也就不高，就像内战结束之前所流行的“1、2、3、4，蛋糕”那样（这种蛋糕如此命名，是因为它用了1杯黄油、2杯砂糖、3杯面粉、4个鸡蛋）。今天美国人还把这种蛋糕叫作“黄蛋糕”（yellow cake）。方便和可靠成为关键词，这一点通过密封式烤箱的推广而成为可能。

这是美国蛋糕变得真正让人印象深刻的时代，这尤其是天使蛋糕的时代，它响亮地高歌财富与闲暇。如果我们在思考用您手边所有的什么来做烘焙，那么天使蛋糕要的是丰富的东西（需要那么多的鸡蛋！），而且还要可靠的技术：烤箱、专门的厨具，来支撑这种蛋糕的众多需求。镀金时代华丽的茶桌上，无一例外地会是天使蛋糕，以及许多其他着色的、加糖霜的、多层的蛋糕，既让人眼前一亮又让人垂涎欲滴。对旧世界“堕落”的鄙视，很快被对于富丽堂皇的法式享乐的渴望所取代，蛋糕成为聚会场景的有机组成部分。尽管权威的《美国食品饮料百科全书》（*Encyclopedia of Food and Drink in America*）告诉我们，多层蛋糕的时代与镀金时代一道终结，它们却在美国蛋糕经典中留下了不可磨灭的印记。1950年的第一本贝蒂·克罗克“大红书”表示，没有什么蛋糕比“典型的美国多层蛋糕更加炫目，它口感丰富细腻，顶上装饰着美妙的奶油糖衣”。实际上，“有了这些美味蛋糕的贡献，餐食更令人满意，特殊场合更有庆典氛围。”然而，随着新世纪的到来，一种新的烘焙原料出现了，它将永远地改变蛋糕的口味。当然，它就是巧克力。

如果19世纪中期没有巧克力加入蛋糕糊中，食物之道会是多么地呆板啊，尽管一百多年来它都是作为饮料而为人所知（在拉丁美洲时间就更长了，在那里，它是玛雅和阿兹特克文化的一个重要组成部分）。巧克力的吸引力是毋庸置疑的：林奈[①]把它归入可可属，用Thobroma为其命名，这个字的意思，直译过来就是“神的食物”。咖啡豆以及烘烤、研磨它们的手艺被西班牙人带回旧世界，并且我们知道，16世纪中期在西班牙宫廷里就进行了试制。从那里，它再被带到加利福尼亚、佛罗里达和路易斯安那等西班牙殖民地。到17世纪晚期，欧洲人在许多不同菜肴中，无论甜的还是辣的，都加巧克力；萨德侯爵[②]在狱中时，就让他的妻子为他送来一些巧克力的饼干和蛋糕

① 林奈（Linnaeus，原名Carl von Linné，1707—1778），瑞典生物学家，动植物双名命名法的创立者，由他最先提出的界、门、纲、目、科、属、种的物种分类法，至今仍为人们采用。——译者注

② 萨德侯爵（Marquis de Sade，1740—1814），法国情色作家，因其宣扬性暴力和性虐待哲学违背伦常，一生大部分时间（合计40年）都在监狱度过。——译者注

（他对于蛋糕的类型和糖衣尤其挑剔）。

后来兴起的在蛋糕中加入巧克力的做法，部分是因为它的成本，同时也是因为它带有相当的苦味。1828年，一位名叫卡斯帕拉斯·凡·修顿（Casparus van Houten）的荷兰化学家研究出了分离可可脂和可可粉的方法，由此可以通过碱化操作使得它的味道变得更为柔和（这种更柔和、颜色更深的可可粉今天在美国仍然被叫作“荷兰可可”）。这也使得可可更易于溶解于水，这一点或许可以作为另外一个理由，说明在它进入蛋糕之前，为什么会在许多饮料以及随后的布丁和派中成为焦点。实际上，19世纪上半期开始的那些最早的所谓“巧克力蛋糕”，事实上都是带着一层巧克力糖霜的海绵蛋糕或黄蛋糕（有趣的是，萨德侯爵的确指明，他的蛋糕是要里面有巧克力，但事实上，他不得不做出这种精确的要求，乃是因为他此前大感失望，这说明它还不是一种潮流性做法）。

到1894年，情况完全不同了，当时，著名的食品公司“好时”[①]开始制造大众能够买得起的巧克力。他们很快引入一条烘焙巧克力生产线，从此美国人打心里爱上了巧克力。对这种今天仍然最受喜爱的蛋糕品种而言，想象是发明之母，同时，巧

① 北美最大的巧克力及巧克力类糖果制造商，以创始人弥尔顿·赫尔希（Milton Hershey）的名字为公司命名，中文将公司名称Hershey采用音意结合的方法，译为“好时”。——译者注

克力蛋糕变得越来越丰富、越来越厚、越来越绵软。红色天鹅绒蛋糕（red velvet cakes）和魔鬼蛋糕（devil’s food cakes）都在20世纪转折时期出现——前者特点是可可粉混合使用，后者特点是浓厚的巧克力浇顶。现代时髦的核仁巧克力饼也是源远流长：它的制作方法至少可以追溯到20世纪初。另一方面，极端颓废的密西西比淤泥蛋糕（Mississippi mud cake）则是20世纪60年代晚来的强尼糕。

这种烘焙传统造就了独特的美国蛋糕景观，它是由极端矛盾的多种取向混合而成，譬如甘心付出高强度劳动的同时，却又渴望速度与方便（美国产生出邦特蛋糕绝非偶然，这种蛋糕是发酵型德国/澳大利亚/阿拉斯加咕咕霍夫蛋糕的简便快捷样式，整个新型的不粘锅式烘焙用具也正是由之而来）；又譬如，喜爱色彩和高大的同时，却又对蛋糕在烤箱中变化所得的丰富口感和巧克力味道念念不忘。

这些在美国烘焙故事中当然是常规的趋势，但并非异曲而同工。我们已经看到美国蛋糕中代表各种地方特点的诸多迹象——这一点，除了我们在中世纪和现代早期的英国见到的一大类小型地方蛋糕和集市产品，比其他任何地方都更加鲜明突出。但是，在有些地方，各种蛋糕传统综合在一起，能够讲述一个极为有趣的故事。“深南”[①]就是这样一个地方。

集体意义上说，美国南方各州（大体上指内战之前南方同盟各州）都偏爱甜食。占整个一半的许多南方烹饪书籍都专门描写甜食，尤其是蛋糕，这些书籍常常高度推崇色彩亮丽、锦葵般赏心悦目的甜品。历史上，南方的烘焙者们都是最高水准的革新者，部分是因为他们喜欢招待客人，部分是因为他们的蛋糕需要大量的技巧，还有部分，可能也是最独特的，是因为他们是在一种文化跨越传统中从事烘焙，尽管这个传统具有悠久而激荡的历史：涉及英美与非美之间的种种关系。

对于奴隶劳动的历史依赖，很可能是为什么许多典型的南方蛋糕都是劳动密集性的原因所在：在深南，多层蛋糕的确可谓所有蛋糕中的王者。社会体制是在英国种植园模式上建立起来的，所以，下午茶和茶歇招待很快成为英美社会中一个继承传统的部分，深受非裔美国厨师、奴隶和契约仆人的推崇。天使蛋糕被认为就是从南方起源的；它肯定是南方烹饪书籍中最先要写到的内容，而它同时又是非裔美国人葬礼上的一种流行蛋糕。它有许多轻盈、白皙的同类，譬如，白色山峰蛋糕（the white mountain cake），谜一般地被称为巴尔的摩夫人（Lady

---

① “深南”（the Deep South），在文化和地理意义上指美国南方各州，尤其是佐治亚、阿拉巴马、南卡罗来纳、密西西比和路易斯安那等，在内战前这些州主要依靠种植园和奴隶贸易，又因为主要农作物为棉花而被称为“棉花各州”（cotton states）。——译者注

Baltimore）的蛋糕，后者出自南卡罗来纳州的查尔斯顿，特点是以果仁和水果作馅，有白色的顶子。它常常为婚礼烤制。和萨利卢恩一样，没人知道它名字怎么得来，也不知道这个蛋糕是欧文·威斯特[1]1906年的同名小说出版之前还是出版之后被创造出来的（小说里边大写特写的蛋糕也是这个名字）。不过，想象大胆的烘焙者们为它铺排出一大家子的关系：巴尔的摩先生（Lord Baltimore）是金色（蛋黄丰富），与其银色的夫人是传统伴侣，《贝蒂·克罗克烘焙书》还专门写到“婴儿巴尔的摩蛋糕”（Baby Baltimore Cake），它带有父亲的黄色，母亲的水果、果仁馅。南方还出产了几种其他以地方名人命名的蛋糕：多层的橘子和柠檬的“罗伯特·李蛋糕”（这个名字来自内战中南部联盟的将军Robert E. Lee，尽管或许是为了纪念他而不是为了做给他吃，因为这个名字是1870年他过世之后才出现的）。今天，在弗吉尼亚还为纪念他而制作这种蛋糕。还有“小巷蛋糕”，这个名字来自阿拉巴马一条名叫艾玛·吕兰德的巷子（Emma Rylander Lane），它是分作四层的蛋白海绵蛋糕，有黄油、很多蛋黄，加了威士忌酒的夹心馅，顶部有煮过的白色糖霜。它曾经在佐治亚州的哥伦布县级集市上得过大奖，在小说《杀死一只知更鸟》（*To Kill a Mockingbird*）中有

① 欧文·威斯特（Owen Wister，1860—1938），美国作家、历史学家，被认为是西部小说之父。——译者注

过专门描写，书中，所有加在蛋糕里的威士忌酒让小女孩斯科特“紧张”。这两种蛋糕都是非常耗时的艺术作品，它们的名字让人们为本区域的历史和传统深感自豪。

该区域种植季时间长，土地肥沃，出产各种不同的水果和砂糖、高粱以及柔软的冬季面粉，这些都以各种方式被用在了本地蛋糕中，就像其他众多进口到本区域的外来商品一样。一个经典的例子是蜂鸟蛋糕（the hummingbird cake），它因为糖、香蕉和菠萝而歌唱（据说吃着这种蛋糕会让人发出愉快的哼哼声，尽管其他人说，它的命名来自喜欢花蜜的牙买加国鸟，是这种鸟给了人们制作这种蛋糕的灵感）。听装的浓缩牛奶是另一种流行的蛋糕原料，因为这个地区并不饲养奶牛，所以19世纪70年代烹饪书籍中开始出现深受喜爱的焦糖蛋糕，以及著名的“佛罗里达之钥”（Florida Key）酸橙派。

这些蛋糕中有许多都是持续好几代人，现在也普遍受到欢迎。但是它们都是源自（白人）富有阶层的点心，常常由黑奴或仆人烤制，这给我们带来了值得思考的东西。如此说来，尽管对于被奴役的、贫穷黑人的经济和社会条件点到即止的做法有可能是错误的，但是，值得注意的是，正是这些人掌握着知识，知道如何为社交场上的女士们创造甜蜜心动之物，正是这些人在对烹饪方法进行研究实践，而给他们烹饪方法的女人或许从来就没有亲自动过手。南北战争之前阶段知名度最高的黑人厨师是叫作赫克里斯（Hercules），他是乔治·华盛顿的奴隶厨师（是他烤出了著名的无核葡萄干蛋糕）。我们知道，非裔美国厨师常常将自身的烹饪知识带到种植园厨房中，并且把新味道带回自己的家中。蛋糕在南北战争之前黑人工人的饮食中并不是一大特色，一旦有蛋糕，便是值得细细品味的大餐，但是偶尔他们也会用诸如锡罐之类容易找到的容器来烤，把罐子埋在火灰之中。这些蛋糕常常以不同口味作为特色，成为烤制者本人食物之道的组成部分，譬如姜和糖浆。其他蛋糕状的主食是在各种不同材料上进行加工，比如锄头蛋糕（hoe cakes），要么是真的在锄刃上烤制，要么就是在形状类似锄刃的东西上烤制。这些当然更类似最早时期的蛋糕样式，而非种植园大房子中所吃的精致小吃。不过，种植园主人和老板有时也的确会给他们的工人发点心，包括蛋糕、派和蛋挞。

随着奴隶制的终结，许多非裔美国人回到食品服务，一些妇女开始写作自己的烹饪书籍，专注于分享自己的知识和开创一种关于自己食物之道和文化身份的意识。其中两个人尤其具有影响力：一位是艾比·费舍尔夫人（Mrs Abby Fisher），她于1881年出版了《费舍尔夫人所知的旧式南方烹饪》（*What Mrs Fisher knows about Old Southern Cooking*）（费舍尔夫人本人是南卡罗来纳州的前奴隶）；另一位是马里翁·卡贝尔·泰利（Marion Cabell Tyree），她从弗吉尼亚以及邻近各州的250

位女士那里收集了各种烹饪方法，将其编辑为《老弗吉尼亚的家务管理》（*Housekeeping in Old Virginia*）一书于1877年出版。在泰利的这本书中，蛋糕部分数量众多，说明上面提到过的蛋糕中有许多已经颇为流行（她建议每个烘焙者都要有一个“贴身的蛋糕盒子”来储存她们烤好的蛋糕，这种建议肯定应该是有理由的）。她甚至建议烘焙者购买两个不同的鸡蛋搅拌器，一个用来搅拌蛋黄，一个用来搅拌蛋白。这么做的理由，很快在考虑选择上什么蛋糕的时候就用上了：白蛋糕、白色山脉蛋糕、雪山蛋糕、白色山灰蛋糕、银蛋糕、细蛋糕和女士蛋糕，这些蛋糕都是以大量使用蛋白为特色的，而且要求以金蛋糕相伴作为前提。用到蛋白的，还有许多水果和橘子蛋糕、两种做法的“罗伯特·李蛋糕”、许多大理石蛋糕和果冻蛋糕以及若干巧克力蛋糕——一种要求在蛋糕糊中使用研磨过的巧克力，其他则只要求在糖衣和馅中使用研磨过的巧克力。显然，这是一个喜爱蛋糕的社会，也是一个有原料可用的社会。我们可能想到早期英国关于“大蛋糕”（great cakes）的做法，它就要求使用20个鸡蛋，但是做出来的蛋糕很大。在泰利写她那本书的时代，家庭多层蛋糕中用到多达10个鸡蛋，则似乎根本不算什么事。

但是，我们不应该忽略这样一个事实：黑人厨师和白人奴隶主或老板之间的关系，尤其有可能让黑人妇女形象固化，这对于现代人的感受来说是让人不安的。一方面，像杰密玛大婶之类品牌，1880年第一批方便蛋糕糊就是该品牌制造的，所创造出的黑人妇女形象，是拥有专门知识、在厨房中快活自如的存在。直到20世纪80年代，展现在杰密玛大婶产品上的形象都和最早的差不多，都是一个胖壮的妇女，戴着头巾，手里拿着碗、搅拌片或者其他烘焙辅助设备。另一方面，女性主义学者和其他对于种族感兴趣的人表示，“杰密玛大婶”（又一位并未实际存在过的家政女神，尽管有好几位不同妇女在不同的时间点扮演过她的角色，把她们的面孔借出来打广告）作为面对没有仆人的白人妇女这个市场的黑人家庭主妇，是商标化了的，甚至是女性化了的。即使是杰密玛这个名字，也是自田野里劳动的奴隶所唱的一首歌中而来。从20世纪70年代开始，该品牌发生了改变，制造商明显越来越注意到诸如以上可能存在的含义。杰密玛大婶仍然是一位黑人妇女，但是与奴隶制或者下层阶级之间的关联关系被移除了；她的体型变得苗条了，让她不再是黑人奴隶厨师那种刻板形象，她现在直接被刻画成非裔美国人中成年的上班族女性。我们坐下来享受下午的蛋糕之时，来思考这些东西，可能会感到不舒服，但是，这是值得的。蛋糕现在也许只是一种简单的愉悦，但是它的确提供了历史的一个真实切片——而且这一切片也不只是白人的、盎格鲁-萨克逊的，也并非总是快乐的。

在奴隶制终结之后的几十年中，随着非裔美国家庭开始逐渐在购买力上有所进步，蛋糕像在白人圈子中一样，成为黑人享受的一部分，成为黑人妇女谋求骄傲与竞争的一部分。作者玛雅·安杰洛（Maya Angelou）描述了她的奶奶在焦糖蛋糕上的骄傲，她做的蛋糕在其周遭被公认为最爱，没有其他任何女人敢于对之发起挑战。凯思林·斯多克特（Kathryn Stockett）的小说《拯救》（*The Help*）的背景设置在20世纪60年代密西西比州的杰克逊，描述了多个场景，其中，蛋糕是社交聚会上的值得骄傲的东西——它们都是非裔美国女仆烤制的，小说中的中心角色敏妮（Minny）就以其焦糖蛋糕而出名。（敏妮还用她特别制作的巧克力派，给其中一位白人女士上了尤其难忘的一课。）

烤制蛋糕随工业化的开始而成为一个大生意，妇女们就是目标市场。城镇在兴起，火车在以更快的速度联结这个国家，食品材料的价格在下降，妇女们待在家中，广告正在真正起步。英国和美国的食品制造商们发现，他们需要升级游戏才能在竞争中脱颖而出，于是开始巨资投入品牌广告、包装、赠送和促销。烘焙粉、面粉、浓缩牛奶和巧克力制造商都在出版烹饪书籍，他们的包装上不仅有经过改良的配方，还有无数赠品和妙招。水果种植公司“优先沛”（Ocean Spray）竭力使用诸如此类的促销方式来推广曼越橘松饼（cranberry muffins）；菠萝反转蛋糕（pineapple upside down cake）从夏威夷菠萝公司（Hawaiian Pineapple Company，后来因其创始人名字而被称为多尔公司［Dole's］）举办的1925年菠萝烹饪大赛获得助力。一位名叫哈里·贝克尔（Harry Baker）的烘焙者（名字取得非常到位[①]）（实际上，他的职业是保险销售员），推出了一种革命性的新式蛋糕，这种蛋糕以色拉油为特色，被其拥趸推举为百年来唯一真正新式的蛋糕。他对其做法保密多年，后来在1947年将其卖给通用磨坊公司，并非巧合地，这正是战后烘焙者们急于创新的时候。贝克尔的烘焙被叫作戚风蛋糕（chiffon cake），它湿润而且易于制作，因为原料几乎都一起堆在一个碗里。1948年，通用磨坊在《更美好的家园和花园》（*Better Homes and Gardens*）的一篇文章中公布了它的做法，之后，又让它出现在名为《贝蒂·克罗克戚风蛋糕的做法和秘密》（*Betty Crocker Chiffon Cake Recipes and Secrets*）的一份烹饪小册子中。这一切，自然，都是为了让人们关注它自己的品牌“丝柔蛋糕粉”（Softasilk Cake Flour）。《贝蒂·克罗克烹饪书》用这样的语言总结了戚风蛋糕的魅力：“轻盈如天使蛋

① 作者这里带有双关的俏皮意味。Baker，作为表示姓的专有名词为“贝克尔”，作为普通名词，意义正是“烘焙者”，所以作者评价说这个取名“非常到位”。——译者注

糕，丰富如黄油蛋糕。”我试了一试：他们总结的到位。

20世纪另一个真正重要的烘焙革新由宝洁公司（Protectr & Gamble）1911年发起，和另一种真正来自北美的原料有关：替代黄油的植物酥油Crisco。它比黄油便宜，易于保存，会为烘焙产品带来别样的酥脆，被当作美国家庭主妇不知道自己一直在寻找的产品进行销售。她们相信了这个说法，并且趋之若鹜。Crisco的营销特别受到认可，与蛋白糖在大西洋两岸的接受状况形成截然反差。尽管蛋白糖在第二次世界大战期间处处曝光并得到了一定接受，它却并没有努力摆脱自己非天然合成品的形象，直到20世纪80年代发现黄油中饱和脂肪酸的负面效应，才有所好转。宝洁公司竭力通过一定方式绕过这一点，尽管事实上，他们的产品也是通过氢化过程或者将氢强行加入液体脂肪的方式制造出来的。在推广过程中，他们成功地把Crisco作为一种卫生、安全制造产品来营销，而蛋白糖制造商做了这方面尝试却失败了。这受益于一位名叫马里翁·哈里斯·尼尔（Marion Harris Neil）的人所写的《Crisco的故事》（*The Story of Crisco*）（1913），他是国内经济学家，也是《淑女之家杂志》（*Ladies' Home Journal*）的编辑。起到帮助作用的还有，如我们所说过的，几个知名度颇高的拉比也为之背书，认为它适合犹太烘焙者使用，因为它不仅合乎教规，而且“不含肉或奶”（它不含肉和奶，所以可以用于肉或奶菜肴的制作）。然而，成功的关键似乎还是在于传单、报价、产品和烹饪方法等方面的市场总体渗透。Crisco走进美国人心中，而且从不回头（现在，黄油口味的也买得到了）。美国的蛋糕和饼干做法在今天，仍然比英国更可能使用酥油，而对于许多人来说，酥油仍然是Crisco的同义词。

取消战争时期的食品管制，导致了烘焙中的大量革新。可乐饮料开始在蛋糕中出现，这是从美国南方开始的（可口可乐［Coca-Cola］和胡椒博士［Dr Pepper］①，两大公司的基地都设在南方，一个在佐治亚，一个在得克萨斯）。也许从20世纪20年代开始在烹饪方法中出现的"神秘蛋糕"（mystery cake），它之中的关键原料才更让人惊讶。也许制造商觉得，把他们新推出的这种产品叫作"番茄汤蛋糕"（tomato soup cake）有些过头了，但这种蛋糕中包含的就是这种东西，而且这种蛋糕被证明非常受欢迎。最初它是一个香料多层蛋糕，包含百香果、肉桂、丁香和汤罐、奶油奶酪夹心，并在外边刷有一层糖霜。美国家庭主妇对于浓缩汤作为美味菜肴中一种原料这种做法非常熟悉，所以她们很乐意接受把它用在烘焙产品之中。"金宝汤"（Campbell's Soup）②是又一个很有头脑的市场

① 以生产特殊口味的果汁混合饮料著称的一家美国饮料公司。——译者注
② 美国一家罐头制品公司，有罐头汤、罐头番茄、罐头蔬菜、罐头肉冻、罐头调料等各种罐头产品。——译者注

大师：他们的烹饪书籍在20世纪50年代卖出了一百万册，带动他们的各种汤销售达到每天一百万罐。

今天，作为地方或国家独特产物而起步的许多蛋糕都变得完全国际性的了，这主要应该感谢互联网、食品博客以及它们所促成的对于食物历史越来越大的兴趣。国际咖啡连锁店认为，把一个红色的天鹅绒蛋糕和一个维多利亚三明治放在一起，把一个玫瑰味的海绵蛋糕和一个椰子味的海绵蛋糕放在一起，并不是什么大不了的事情。一有西部风格蛋糕拿来对比，多层蛋糕的奢华就显露无疑，不再仅仅只是南方各州的特色出品。相比其移民父辈，第二代烘焙者总是更喜欢他们新大陆的食物，这带来了进一步的细微改变和融合。然而，有些传家蛋糕的确是继续孤单地被延续下来，原因要么是它们需要付出太多劳动，以至于难以轻易流传，要么是它们过于依赖本地原料，或者简单地是它们没有得到有影响力的美食家青睐。阿巴拉契亚多层蛋糕（Appalachian stack cake）仍然独为该地所有；史密斯岛蛋糕（Smith Island cake）同样如此，说到这里，腾奇蛋糕和迷你巴登堡蛋糕也是不打算走出特产品进口商店，面向外国人。因为，家庭烘焙所创造的东西并不是旅行者随身携带的关于家的记忆中唯一的最爱。所以在下一章中，我们将谈到一些更多属于制造商制造出来的东西，它们能够让蛋糕爱好者的一天都美滋滋的。

【7】

Cake: The Short, Surprising History of Our Favorite Bakes

您的专享蛋糕

使用在线搜索网站品趣志（Pinterest）搜索“生日蛋糕”可得出海量结果，网站依据结果自动将其划分为诸多子类别。从您能猜得到的那些直截了当的（“男人”“女人”“简单的”“巧克力”和“二十一岁”），到富于想象的（“汽车”“非凡的”“DIY”“经典的”）；从时髦的（“小黄人”“冰雪奇缘”“乐高”），到专门得让人吃惊的“狗狗蛋糕，来试试看？”我专门点击进去看看，我可以证实，的确有许多给狗狗的蛋糕；还有若干做成狗狗形状给人吃的，甚至还有形状怪异的给猫咪吃的蛋糕。事实上，几乎是任何场合和任何感兴趣的东西，都有蛋糕与之相配。不论您做了什么、不论您有什么成就、不论您是谁，总有一款蛋糕让您感到自己很不错。在下一章中，我们将考察那些即美观又美味的蛋糕。但现在，我们仅仅探讨蛋糕由您专享的那些场合：生日、纪念日、既内疚又快乐的甜点时间。一路走来，我们已经见识过许多具有特殊纪念意义的蛋糕，从与阿尔弗雷德大帝永远联系在了一起的神秘蛋糕，到维多利亚女王的三明治、巴尔的摩夫人蛋糕，再到整个拉丁美洲表示女子成年而烘焙的三奶蛋糕（quinceañera）。现在我们把它们都纳入一切只为一个特别的人这个荣誉榜单。且让我们从品趣志网站带来的灵感开始，从生日蛋糕说起。

实际上，生日蛋糕并不只是关乎寿星本人。它们也关乎蛋糕提供者。对于每一个享受点燃烛光这一特别待遇的孩子（或成年人）来说，总有购买或是制作蛋糕，以之作为爱意表达的某个人。而且，坦而言之，有时它们也是竞争优势的表达，这种优势是与母亲身份的许多方面相一致的。而蛋糕带来的最大愉悦，是因为它昭示着某人在某一天是特别的。蛋糕本身、燃烧的蜡烛（通常蜡烛数量与寿星年龄相等）、将蛋糕端到桌上的进程，以及齐唱“祝您生日快乐”，这一切都凸显着场合感和仪式感。最后，切好蛋糕，分给宾客，以示慷慨。在这一点上，生日蛋糕与更为正式的、“成人的”婚礼蛋糕，有着惊人的相似。

生日蛋糕的真正流行是在18世纪，它是原料和设备方面发生分水岭式拓展变化的一个组成部分，同样的拓展变化我们已经见到过多次了。用于特定场合的蛋糕，如今，与其说是针对社会精英，不如说是对普通大众的特别犒赏。不过，还值得一提的是，在这之前，年龄记录是不甚准确的，上流社会之外的人甚至不知道自己的准确年岁和出生日期。这一情况在英国的决定性改变，是1836年的《出生与死亡登记法》（*Births and Deaths Registration Act*），首次要求用人们出生年月的记录来取代教会的受礼日登记（教会所登记的日期可能比实际出生日期晚数月甚至数年——若其家庭不信奉英国国教，则根本没有任何登记）。不过，自古以来就有用蜡烛点缀祭献甜品的传统——我们在第一章和第二章中也看到，烟和火，二者在异教徒和罗马传统中具有重大意义，希腊人点亮蜡烛，让祭献甜品像月亮一样熠熠生辉。实际上，人们认为，生日蛋糕之所以是圆形，就源于纪念阿尔忒弥斯（Artemis）这位希腊神话中月亮女神的生日。

早期的基督徒们不会纪念生日；对他们来说，孩子降生是一个危险时刻，因为它标志着带有原罪的新灵魂的到来。不过，渐渐地，对基督降生的庆祝越来越流行（因而有了作为庆祝时刻的圣诞节），这开始越来越普泛化，变成了对生日的庆祝。但是，在中世纪之前，蜡烛和蛋糕在民间传统中并不是配搭出现，直到出现德国人的儿童节（kinderfest）。德国人的儿童节是为小寿星举行庆典的日子，但这也是一个值得警惕的日子，因为人们认为，恶灵会在这一天四处捕食。所以，为了保护孩子，人们会点亮蜡烛（lebenslicht，它的意思是“生命之光”），让它燃上一整天，直到吃过晚饭后，才能将其熄灭，并切开蛋糕分食。这支特别的蜡烛很快就会被当作“幸运蜡烛”或是“长寿蜡烛”被家人跟其他生日纪念物品收藏在一起。人们认为，蜡烛所燃起的烟会把孩子的生日愿望带往天堂。这些传统传遍了欧洲，并被带去了德国人移居的美国部分地区，逐渐扎下根来，成为生日庆典中不可或缺的一部分。

整个19世纪的生日蛋糕还有两个额外的特点。一是专业化，它们是时髦的多层蛋糕，就像正在美国变得流行起来的那些蛋糕，只不过为了表示它们的某种特别之物而更增添了若干装饰。二是它们已成为日趋增长的儿童消费文化的一部分——直截了当地说就是童年生意。儿童研究历史学家提出这一趋势背后的诸多原因，包括：家庭规模的缩小使得家长可以为孩子花更多的钱，婴儿和儿童死亡率的降低也使得家长对子女投入了更多的感情（但这一说法已经过时且争议较大，学者们已不再认为此观点具有说服力）。中产阶级家庭富裕起来，并开始以消费为导向，故而商家纷纷提供各种消费方式，从小床到婴儿车再到玩具、服装以及跟生日、洗礼、犹太坚信礼、犹太成年受戒礼相关的种种货品，不一而足。蛋糕就如同横幅、气球、生日礼服和新玩具一样，成为生日这一重要童年仪式中新的、越来越重要的成员。对维多利亚女王温馨家庭场景的深情描绘（如，孩子们穿戴随意、热热闹闹的家庭圣诞聚会）唯一起到的作用，就是加强了这种消费习惯的转变，使其变得更为时尚。到了19世纪后期，职业烘焙师们开始定制充满个性化味道的生日蛋糕，而后到了20世纪二三十年代，著名的歌曲《祝你生日快乐》也毫不意外地流行起来（该歌改编于1893年希尔姐妹［Patty and Mildred Hill］为肯塔基学校所写的迎新歌曲《大家早上好》［*Good Morning to All*］）。理论上这首歌自1935年开始便受到版权保护，但2015年，加州的一位法官裁定，该版权保护仅适用于某一特定的钢琴编曲，于是无数儿童可以没有压力地自由唱起这首歌。世纪交接之际，生日，尤其是孩子的生日，可是大事/大生意。

现如今，生日蛋糕，尤其是那些装饰奢华且色彩绚烂的蛋糕，仍然特别地与孩子紧密相关。成架成架的书（以及品趣志网站上的无数帖子），都有大量教程帮助你把蛋糕烘焙成公主、动物、足球或是时下孩子们最喜爱的角色，不少妈妈们也会大费周章，熬夜用糖浆给孩子们制作动物形象，竭力将糖果棒粘在偶人蛋糕的裙子上，或是层层折纸来制作适合孩子大小的墨西哥彩罐。我也曾做过这些（也同样叫苦不迭），儿子1岁生日时，我曾买过一本名为《澳洲女性周刊：儿童生日蛋糕》（*Australian Women's Weekly: Children's Birthday Cake Book*）的书，照着上面火车蛋糕的图样费尽心思制作，最终烘焙出了载着爆米花的火车车厢。很快他将过3岁生日，我会再做这样的蛋糕，这次儿子将亲自为我监督、把关。对于家庭烘焙者来说，烘焙生日蛋糕是最让人焦头烂额的任务之一，因为它的成功取决于所爱之人快乐与否（面对现实吧，对于小孩子的生日来说，味道是排在第二位的）。职业烘焙师们在做主题突出、装饰华美的生日蛋糕时会大干一场，使蛋糕在姓名、信息和家庭笑谈等方面极具个性化。我的妹妹爱好音乐，她21岁的生日蛋糕便是钢琴形状，上面还立着个穿着和她聚会时一模一样裙装的音乐家（这个部分需要她妈妈施以妙手、细心筹谋）。我10岁的生日蛋糕形状是一根曲棍球棍棍的样子，这倒并非因为我是运动好手，事实恰恰相反：我小时候骨瘦如柴，因而上学时打曲棍球得为我挑一根极轻的球棍，这早已成为了我们家庭的笑谈。正是因为有这些故事，生日蛋糕才十分特别：因为它们意味着寿星们在这一天真正成为自己聚会的主角。我浏览过的20世纪80年代的初版《澳洲女性周刊》（*Australian Women's Weekly*），有它专门的Facebook主页，上面登载了一些30多岁的人对童年时期生日聚会的回忆（装点着爆米花的小鸭子蛋糕，看着吓人的小丑蛋糕，盛满果冻的泳池蛋糕，都被温馨地记得）。澳洲新闻网站（news.com.au）在2015年3月得意扬扬地称赞它是“本国最优秀的书”，喜剧演员乔希·厄尔（Josh Earle）还据此完成了一整套单口秀演出。

直到19世纪末我们才看到专门为生日蛋糕编写的食谱，但在长达几十年的时间里，烹饪书籍的作者们一直都把为儿童专门制作的蛋糕包括在内。这些食谱按照以下两种侧重而相互区分：要么因为清淡健康而适合儿童，要么因为装饰精美而受儿童喜爱。毕顿夫人著名的1861年版《家政书》中就有属于第一类的几款蛋糕做法："给孩子的一款可爱的清淡蛋糕"，以及"一款适合送给在校孩子的普通蛋糕"（这款蛋糕包括有晶莹的淋面、鲜酵母、干果和香料：或许这就是使之经久不衰的吸引力之一）。英国美食作家艾斯特·休利特·科普利（Esther Hewlett Copley）在1834年出版的《好管家手册》（*The Good Housekeeper's Guide*）中对"不错的家庭蛋糕（另一种以面团为基础的混合蛋糕）"和"漂亮的家庭蛋糕"做了让人莞尔的区分，这两种蛋糕都使用了干果。《好管家》和妇女协会创办的杂志《家与国》都曾在20世纪20年代刊载文章，提出"学校点心盒"这个理念，其中，蛋糕就是不可或缺的一个组成部分，一位作者写道："真正可以填饱肚子的蛋糕是点心盒必不可少的东西。"这些蛋糕清淡而有营养，一部分是因为它们流传已久，同时也因为它们反映出了人们对孩子饮食的看法，即，普遍地倾向于清淡而有营养，而非甜腻和口腹享受。

不过，更接近于现代生日蛋糕的是那些更能带给人欢乐的种种蛋糕。波特夫人（Mrs Porter）1871年的《新型南方烹饪》（*New Southern Cookery Book*）中，就收录有一个名为"小家伙的快乐”（Little Folks' Joys）的配方，想来大概是一些小蛋糕，因为名字中“快乐”一词使用的是复数，其中包括有酸奶油、烘焙苏打和“根据口味自主添加的调料”。据食谱所述，这款蛋糕“新鲜趁热吃味道绝佳”。美国人艾莉莎·莱斯利的《75种糕点、蛋糕及甜品的做法》（1828）中并未提及生日蛋糕烘焙，但是凯瑟琳·比彻明确将其中若干做法标记为儿童适用：和毕顿夫人一样，“乖宝宝蛋糕”（good child's cake）和“儿童羽毛蛋糕”（child's feather cake），这两款蛋糕都是用生面团来做，尽管只有前者指明须使用“经过发酵的面团”。她还收录有包着面包皮的苹果和糖浆制作而成的“小姑娘派”（little girl's pie）、本质实为大米布丁的“小男孩派”（little boy's pie），以及用在牛奶中浸泡过的面包和黄油制作、有多层水果的“生日布丁”（birthday pudding）。截至1911年，范妮·法默那本权威著作《波士顿烹饪学校烹饪教程》的最新修订本中，名为生日蛋糕的食谱仍然只收录有一则——一款橙色水果和坚果黄油制作的蛋糕，让人相当惊讶的是它竟然还加入了雪莉酒——但这种情形很快就会发生改变。

到了20世纪20年代，庆祝语言和童年都在不断发生变化：1928年，英国版《好管家》上刊登了一篇关于“聚会蛋糕”的文章，这类蛋糕被形容为“或许是聚会上最为重要的东西，尤其是在普通老百姓的眼中”。战后，限额配给制取消，中产阶级的郊区生活方式复归，为厨房带来了一股活力，各种特殊样式的蛋糕食谱应接不暇，有的在模具中烘烤，有的则先烘焙出方形大蛋糕坯，再将其切开并加以组合。业余蛋糕装点也开始腾飞，新的装饰产品进入大众市场。人们无须再为战争而辛苦，妻子和母亲们有了更多的时间，可以花在烘焙上，稍微放纵一下子女们为生日提出的要求（我们将在最后一章探讨这对妇女来说是否是件好事）。

到1930年艾尔玛·罗姆鲍尔汇编她的《烹饪之乐》时，这类蛋糕变得越发普遍。在该书的第一版中，由于模具的唾手可得，她可以轻而易举地将蛋糕做成小羊的形状。她建议用白色糖衣和磨碎的椰丝覆在蛋糕上面，然后给小羊挂上蓝色的缎带和小铃铛。这并不是专门作为生日蛋糕来设计的，但她的确说过，这是孩子们的最爱。在她一贯坦率而又诙谐的旁白中，她说“大概会吧”来回答烘焙师对“小羊的头在从锡罐中取出来的时候是否会掉落”这一问题的关心。如果真掉落了，可以用牙签巧妙地来修复。然而，这种样式新奇的蛋糕雕塑并非什么新鲜玩意儿：英国食品历史学家多萝西·哈特利（Dorothy Hartley）就曾记录过椭圆形的“刺猬蛋糕”（hedgehog cakes），浸泡在雪莉酒中，装饰有杏仁做成的刺。她并未明确给出该蛋糕出现的时间，但鉴于其以海绵蛋糕为基底，故而可推测成于18世纪晚期（今天当然也还有19世纪留存下来的食谱）。下一章我们将讲述的亚力克斯·索耶这位社交界名厨则更进一步，制作出了像“羊腰腿肉”（haunch of lamb）这种令人咂舌的菜肴；之所以惊叹，是因为切开所谓的肉，其实它是一个精心装点的蛋糕，里面是醋栗冻和葡萄酒汁。然而，为儿童生日聚会而造型和装饰的蛋糕，对战后的有闲阶级来说，无疑是变化中的童年体验的一个组成部分，而且这很快变得越来越普遍。20世纪80年代的一项调查显示，英格兰北部200个有幼童的家庭中，无论哪个阶级，93%的儿童在过生日的时候都得到过蛋糕。

生日蛋糕传统在全世界比比皆是，但就其传统的形状、装饰和场合而言，则各有不同的习俗。蛋糕历史学家和烘焙师克里斯蒂娜·卡斯特拉（Krystina Castella）指出，在丹麦，生日蛋糕是多层的，用果酱或蛋奶羹夹心，以鲜奶油、水果和小型的丹麦旗帜作为装点。在奥地利，生日上最常见的是蝴蝶蛋糕，而在中国，则以寿桃（蒸熟的发酵面皮，里边裹有莲子或豆沙）来庆祝这个特殊场合。俄罗斯儿童获得的是写有自己名字的水果派，而埃及生日蛋糕会放上水果和鲜花作为特色，以之象征着生命和成长。许多国家都有表示婴儿新生的传统蛋糕，蛋糕的甜蜜预示着对孩子未来的甜蜜期待。中国有红龟粿，这种蛋糕红色，被做成龟甲形状——龟寿命长久，红色则代表勇气和成功。红龟粿在新生儿满月或老人生日时食用，以求长命百岁。在韩国，会给满百日的新生儿们准备甜甜的米豆糕，将其摆满屋子，意在带来幸福和好运。在许多西方国家，还能看到由洗礼蛋糕而来的各种变化，洗礼蛋糕原本是父母结婚蛋糕上留下来的一层，另外还有更新的、永远随顾客要求变化而变化的婴儿沐浴蛋糕。后者有时会在亲友齐聚时被用来揭晓婴儿的性别：第一块蛋糕切出，里边是蓝色还是粉色，表示婴儿是男孩还是女孩。

生日蛋糕是极具仪式感的食物形式，往往象征着家庭关系。既然蛋糕不是日常食物也没有平素的等级意味，故而传统上被认为是一种可以接受的方式，在孩子生日这个特别日子凸显孩子的重要性。所有这一切意味着，蛋糕对于儿童来说往往有着一系列的特殊意义，他们天生便喜欢甜蜜、高卡路里的食物，喜欢有蛋糕享用这类享受款待的场合。仔细想想便能得出原因：这些场合往往是非正式场合，平日里的餐桌礼仪在这种场合通常不再适用，而且，相对于其他饮食聚会来说，孩子通常能享有更多的自由和重视。儿童读物中常常出现蛋糕，象征着幸福美满、不拘礼节和亲密无间，而且这种情形下通常是孩子说了算。当露西·佩文希（Lucy Pevensie）通过旧衣橱进入纳尼亚传奇的世界后，是杜纳先生（Mr Tumnus）这位羊人送上的茶点让她平静下来，其中就有一个顶部撒有糖霜的蛋糕（但熟悉这个故事的人就会知道，这份茶点只是一种让她滞留纳尼亚的手段，杜纳先生趁这当儿联络白女巫［White Witch］呢）[①]。《柳林风声》（*The Wind in the Willows*）中的动物们总是在享用茶点或野餐。另外，在《霍比特人》（*The Hobbit*）一开场，矮人们突然出现在比尔博·巴金斯（Bilbo Baggins）的小屋，全都兴奋地嚷嚷着要吃蛋糕。幸好，那天下午比尔博亲自做了两个蛋糕。里奇马尔·康普顿（Richmal Crompton）在20世纪20年代出版的《淘气小威廉》（*Just William*）系列故事中，活泼的英国小男孩威廉就因为痴迷蛋糕而屡屡陷入麻烦。一次，他不知不觉带来一个小偷（小偷吃掉了半个蛋糕），弄糟了一家人的下午茶，他还弄糟了为其哥哥姐姐们举办的茶会，因为客人还没到，他就把东西吃了一大半。小威廉和他的朋友金杰（Ginger）被邀请去吃茶点时再次闯祸，结果小威廉被停掉了零用钱，他是靠回味来安慰自己的："好在那些蛋糕味道真是不错，对不？"

不过，儿童读物里的蛋糕也并非总能满足期待，作者通常会用这样的方式来展现出一个颠倒的世界。小读者们知道蛋糕应该是什么样子，所以出乎意料的蛋糕便成为昭示冲突、滑稽或是错误的一个符号。爱丽丝（Alice）在奇境中的兔子洞底找到

① 这里引用的是《纳尼亚传奇》中的情节。《纳尼亚传奇》（*The Chronicles of Narnia*）是英国作家C.S.刘易斯创作的一部以儿童游历冒险为主题的系列小说，作品于1950—1956年间出版。——译者注

了一块写着“吃掉我”的蛋糕，上面还嵌有葡萄干，但吃了这块蛋糕，却产生出一个极其超乎寻常的后果，把她变得像巨人一样高大。另一方面，疯帽子（Mad Hatter）举办的茶会则一片混乱——或许这就是为什么这里只提到了黄油面包一种食物[①]。少女安妮费尽心思做蛋糕，就是为给新牧师的妻子留下好印象——然而悲哀的是，本该放进香草，却放成了止痛剂[②]；罗尔德·达尔（Roald Dahl）的作品《玛蒂尔达》（*Matilda*）中，严厉的女校长特拉齐布尔小姐（Miss Trunchbull）想出了一个十分残忍的惩罚方式来惩治贪吃的孩子，她让这个孩子在校门口吃光一整个巧克力蛋糕（但他竟完成了任务，校长并未得逞）。孩子们都能理解这些场景，因为他们知道蛋糕意味着幸福和奖励，而且他们很熟悉有蛋糕出现的场合是什么样的场合。即便是小孩子都知道像戴着帽子的猫那样在浴缸里吃蛋糕不合常理，而且，向那只猫说出了这一点的恰恰就是儿童角色[③]。

生日这天，寿星会获得格外关注，家庭相册里又将新添

---

① 这里引用的是《爱丽丝梦游奇境》中的情节。《爱丽丝梦游奇境》（*Alice's Adventures in Wonderland*）是英国刘易斯·卡罗尔于1865年出版的儿童文学作品。——译者注

② 这里引用的是《绿山墙的安妮》中的情节。《绿山墙的安妮》（*Anne of Green Gables*）是加拿大女作家露西·莫德·蒙格马利创作的一部以成长为主题的长篇小说，创作于1904年。——译者注

③ 这里引用的是《戴帽子的猫》中的情节。《戴帽子的猫》（*The Cat in the Hat*）是被誉为20世纪最卓越的儿童文学家、教育学家苏斯博士的一个教育绘本。——译者注

一张照片——这是给爱热闹的人的福利，但同时也是害羞之人的噩梦。但是对于富贵人家的孩子，这一天带来的东西更加丰富。2014年和2015年，英国王位第三顺位继承人乔治王子的一岁和两岁生日，让英国媒体大张旗鼓，亢奋不已，但由于王室通常将这些事情视为隐私，故而媒体也只能猜测其生日安排（但其母亲凯特王妃一家既然打算要搞一个生日派对，那么蛋糕就显得十分重要了：毕竟小王子的叔叔詹姆斯也为之寄去了纸杯蛋糕）。据伊丽莎白女王从前的私人厨师说，在过去的八十年时间里，女王每年生日都会要同一款巧克力蛋糕，这说明，从9岁起，这款巧克力蛋糕就一直是她的最爱。（这款蛋糕蛋黄颇丰，以奶油和巧克力酱为馅。）而女王的母亲之所以让她未来的丈夫动心，就是因为在一场儿童生日派对上，她将自己蛋糕顶上的那粒樱桃给他（他就是后来的乔治六世国王，当时人们还只是叫他“伯蒂”［Bertie］）。她对蛋糕的喜爱持续了一生；很明显，她的昵称，她本人的最爱，便是一种无面粉巧克力蛋糕①。

如今的小报里总是充斥着最新款的名人生日蛋糕，这种蛋糕往往过分夸张，样式大多有关名人的标志性风格、最新电影或是最为知名的消遣方式。人们可能会好奇，如果没有赞助商和

---

① 英国女王伊丽莎白二世的母亲（1900—2002）逊位后被尊称为The Queen Mother。一种巧克力蛋糕也被称为The Queen Mother。——译者注

粉丝为其送上的话，这些名人多久才能亲自挑选自己想要的蛋糕？查理王子65岁生日时，祝福者们送给了他六个蛋糕。尽管亨利八世或许没留下关于他偏爱什么蛋糕的记录，但在2015年，人们还是制作了一个蛋糕来庆祝他的宫殿之一——汉普顿皇宫——的500岁生日：这个蛋糕有三尺高，多达五层（每层代表一百年），以描述这座宫殿的历史印象为特色，由“巧克力艺术”（Choccywoccydoodah）这家公司的蛋糕专家们创作而成。

而白宫的总统们则用生日蛋糕造就出一道盛大、公开的景观。最难忘的生日应数1962年肯尼迪（JFK）45岁那次，这场生日聚会因为玛丽莲·梦露（Marilyn Monroe）一曲沙哑性感的“生日快乐，总统先生”而名噪一时。若非是她，人们一定会对当时的蛋糕印象深刻，那是一个巨大的多层蛋糕，侧边有可食用的总统徽章作为边饰（该徽章近期正在拍卖，参考价5000美金）。当年，有超过1.5万人参加了肯尼迪的生日派对，是民主党募资派对参加人数的两倍。1961年，肯尼迪收到了一个同样巨型的蛋糕，蛋糕被做成白宫的样子。

肯尼迪并非首位把生日当作筹款契机的总统。罗斯福（Franklin D. Roosevelt）每年都有一个“生日球”，用来为他治疗小儿麻痹后遗症的佐治亚温泉康复水疗中心筹款（后来壮大为著名的慈善机构“出生缺陷基金会”［March of Dimes］）。他最爱的生日蛋糕是一款老式的水果蛋糕，而他的夫人则最爱天使蛋糕。1996年，比尔·克林顿（Bill Clinton）50岁生日蛋糕是一个巨大的美国国旗状的蛋糕，上面还用糖霜写着各个州的名字，这场生日为民主党募集了一千万美元。艾森豪威尔总统的夫人玛米（Mamie Eisenhower）曾将生日庆典推向了新高度，通过电视转播了明星云集的派对和筹款狂欢（玛米与华盛顿女性共和党联盟关系密切），并且，自1955年白宫的主厨为她做了她最爱的康乃馨蛋糕后，这也变成了一个传统，年年如此。这是一款橘味的香草蛋糕，上面撒满了软糖糖霜，并用杏仁酱做成的粉色康乃馨作为装饰。艾森豪威尔夫人不仅关心家人生日，对白宫工作人员的生日也十分重视，她在白宫时，每个工作人员在过生日时都能得到一个生日蛋糕。

在生日庆典方面，早期的美国总统没有留下什么印迹，而且，尽管每年2月第三个星期一被设定为总统日（目的是纪念华盛顿总统的生日，不过林肯和其他一些总统现在也被算在这项纪念中），但是，这个节日是没有专门蛋糕的。的确有以华盛顿、林肯或是杰弗逊来命名的蛋糕，最早记录于19世纪晚期，但这些蛋糕一般都是在总统们去世后才被创造出来的。我们可以兴致勃勃地推测，华盛顿总统曾十分喜爱妻子玛莎的家庭烹饪书中的某款蛋糕；他们因为在特别情形下给宾客们提供了一个水果“大蛋糕”而出名。而另一位第一夫人玛丽·林肯（Mary Lincoln）则通过艾丽莎·莱斯利之流的书自学而成蛋糕烘焙（显然林肯一家是用糖大户）。据说，林肯曾表示妻子做的香草杏仁蛋糕是他吃过最美味的蛋糕，詹姆斯·麦迪逊（James Madison）总统的妻子多莉（Dolly）则因为焦糖分层蛋糕而出名。1801年白宫正式启用时，美国第二任总统约翰·亚当斯（John Adams）请宾客享用了他用壁炉边的新烤箱烤出的蛋糕。

以他们名字命名的蛋糕已经成为宝贵遗产，或许华盛顿和林肯可能会为此感到惊讶，但是其他人则以一生有此荣耀而备感欣慰。有的人甚至会亲自创造以自己名字命名的蛋糕。毕竟，生日蛋糕并非唯一让您觉得自己蛮不错的蛋糕。

我们已经列举过一些以人名来命名的蛋糕，如：萨利卢恩蛋糕（Sally Lunn）、巴尔的摩夫人蛋糕（Lady Baltimore）、罗伯特·李蛋糕（Robert E. Lee）、莱恩蛋糕（Lane），等等。前两种蛋糕最初的灵感来自谁已无从可考，甚至是否真有其人我们也无从得知。罗伯特·李在选择他的纪念蛋糕方面根本没有发言权，因为就像华盛顿蛋糕和林肯蛋糕一样，以他名字命名的蛋糕是在他死后才有的，而莱恩蛋糕则是由制作者自豪地用自己名字来命名的。但像莱恩蛋糕之类蛋糕引发争议颇多。尽管没有其他人自称为该蛋糕的发明者，但究竟它是否是它那类蛋糕中的第一款，对此不乏质疑之声。奥地利的萨赫蛋糕（Sachertorte）甚至也因此而对簿公堂，争议持续了超过三十年。

萨赫蛋糕只有一层，口感干燥，但巧克力风味浓厚，上面装点着杏釉和有光泽的硬巧克力，它是维也纳最负盛名的食物之一。1832年，年轻的弗朗次·萨赫（Franz Sacher）为雇主文泽尔·冯·梅特尼克王子（Prince Wenzel von Metternich）制作了这款蛋糕。至此为止，其历史还很清楚。这款蛋糕十分畅销且其关注度也恰到好处，萨赫因此走上了烘焙师的事业成功生涯。他的儿子艾杜尔德（Eduard）在维也纳的德梅尔面包店（Demel bakery）工作时对此蛋糕的做法做出进一步的改良，然后在他新开张的萨赫酒店推出，由此问题来了。艾杜尔德的儿子也叫作艾杜尔德，后来将萨赫蛋糕的版权卖给了德梅尔面包店，使问题更加复杂。截至20世纪30年代，这两家机构陷入激烈的争执，为"正宗"萨赫蛋糕的归属和样式争执不下。直到20世纪60年代，这个问题才得到解决，当时，萨赫酒店的蛋糕被授权称为"正宗萨赫蛋糕"（the original Sachertorte，中心有一层果酱），而德梅尔面包店的蛋糕被称为"艾杜尔德萨赫蛋糕"（the Eduard-Sacher-Torte，其样式现在是把果酱放在顶上的巧克力涂层下）。萨赫酒店推出了邮购服务，所以现在无论身在何处，都能够品尝到"正宗"萨赫蛋糕，但其做法始终秘而不宣。

欧洲的许多蛋糕都是以创作者的名字来命名的，我们在下一章中将做更多介绍；要想做出这样的成就，糕点师必须技巧娴熟且热衷于在蛋糕的世界里创造历史。匈牙利有一个造型美观且颇耗功夫的例子，那就是多博蛋糕（the Dobos torte），这种蛋糕由许多层薄薄的夹心蛋糕制成，上面刷有巧克力黄油奶酪糖霜，表面撒满坚果碎屑。蛋糕顶端再以楔形的焦糖表面的蛋糕作为装点。

多博蛋糕是欧洲糕点艺术一种魅力呈现，但它还有着一个美丽的传说。它的发明者约瑟夫·多博（József Dobos）是一名顶级的演员，也是一名天才烘焙师。他的店开在匈牙利首都布达佩斯，里面摆满了异域进口食品，在当时（19世纪晚期）是十分罕见的。他四处游览，写出许多关于法国和匈牙利烹饪的书籍，名声远远超过其故乡范围。一次旅途中，他无意中发现了黄油奶酪的做法，当时欧洲人主要使用奶酪和蛋奶羹作为蛋糕馅心，对黄油奶酪还没有真正的了解。正是黄油奶酪真正造就了他的多层蛋糕——带着糕点师特有的骄傲，他将这款蛋糕以自己的名字来命名——这款蛋糕与众不同，口味、成型十分独特，而且易于保存。因为层数众多，黄油奶酪使蛋糕的鲜香能够保存更久，远胜当时多少显得干燥的其他欧洲蛋糕。1885年，他在布达佩斯的全国综合展览（National General Exhibition）上展出了这款新蛋糕，并一举成为国王弗朗次·约瑟夫一世（Emperor Franz Joseph I）及其夫人奥匈帝国伊丽莎白女王（Empress Elisabeth of Austro-Hungary）的最爱。这些都使得这款蛋糕更加声名远播——就像萨赫蛋糕一样，多博拒绝公开这款蛋糕的做法。事实证明，一款时尚且独具一格的蛋糕，其配方的价值胜过与此蛋糕等重的黄金。直到退休后，多博才揭示了他的秘诀，但他通过对当时而言具有开创性的一项成功业务，使人们可以邮购方式获得他的蛋糕（使用特制盒子来保证运输安全），并且还带着它去各地巡游，使其受欢迎程度居高不下。由于这款蛋糕享有盛名，与其诞生之地密不可分，1962年，人们在其布达佩斯举办了一场全城性的庆典来纪念其诞生七十五周年。不幸的是，由于投资失败，多博本人1924年在贫困中死去。

美国特有的日耳曼巧克力蛋糕也是一种多层巧克力蛋糕，虽名中含有日耳曼三字，但它实际却与欧洲文化没有多大联系。这款蛋糕的脆皮和馅心都以焦糖、椰丝和山核桃为特色，命名则来自创造它的山姆·日耳曼（Sam German），一位英国巧克力生产商。他为其雇主，烘焙师巧克力公司（Baker's Chocolate Company）这家美国公司，开发出一款加糖黑色烘焙巧克力，这款巧克力在1852年以“烘焙师公司日耳曼甜巧克力”（Baker's German's Sweet Chocolate）为名推向市场。在美国南部各州，它是很受欢迎的烘焙材料，但它驰名全国，是因为达拉斯一家报纸的《读者食谱》栏目中一款以它名字命名的蛋糕。这已是1957年，距离日耳曼巧克力的推出已超过百年。

这种巧克力风味的蛋糕，其他报纸也争相刊载，越捧越红，该品牌的销售也在此过程中效果显著地节节攀升。它的名字很快便简化为日耳曼巧克力蛋糕，让可怜的老山姆·日耳曼逐步隐没，让人生出好一番历史的慨叹。

澳大利亚和新西兰两种极为著名的蛋糕都与其名字密切相关：一个是帕夫洛娃，来自俄罗斯芭蕾舞演员安娜·帕夫洛娃（Anna Pavlova）；另一个则是拉明顿，为的是纪念19世纪晚期澳大利亚昆士兰总督拉明顿男爵（Baron Lamington）。帕夫洛娃蛋糕声名远播，几乎无须介绍：最核心的是用蛋白、玉米粉和醋制成的柔软、芭蕾舞裙似的蛋白糖，顶部装饰水果和奶油，为的是纪念1926年安娜·帕夫洛娃到澳大利亚和新西兰那次巡演。不过，它的发明者是谁，又是一个吵得不可开交的烘焙故事，这次争吵拖进来的是澳大利亚和新西兰两个国家。两国都宣称是其发明国：澳大利亚人宣称这款蛋糕是1935年在澳大利亚西部佩斯城的艾斯普奈酒店发明的；新西兰人则认为它早在1926年帕夫洛娃巡演时便在惠灵顿酒店被创造出来了，只不过到了30年代才得名罢了。这可能是永远无解的争论之一，但是这款蛋糕却成为了两国的传统甜点，给热烈的圣诞节晚餐增添了雅韵。

另一方面，拉明顿蛋糕的历史虽争议较少，但其诞生却属于通常食物诞生史上的另外一种类型：意外惊喜。按照自我标榜为“澳大利亚拉明顿蛋糕官方网站”的说法，拉明顿总督的女佣不小心将一块海绵蛋糕掉进了融化的巧克力中，于是这款裹着椰丝的方形巧克力蛋糕便诞生了。拉明顿总督本人明确表示裹上椰丝是不想吃起来过于粘手，一款席卷国家的蛋糕就由此诞生。另一种可能更合理的说法是，拉明顿总督是专门创制了这款下午茶新品，也有人认为，这是采取了一种方式，让陈了的蛋糕能够物尽其用。也有一种观点认为，这款蛋糕是昆士兰一位名为艾米·肖尔（Amy Schauer）的著名烘焙师和烹饪书作者发明的。无论起源如何，这款蛋糕的做法，以“拉明顿夫人巧克力椰丝蛋糕”这个名字，很快就发表在《昆士兰女士家庭杂志》（*Queensland Ladies Home Journal*），并迅速扬名天下。如今，澳大利亚人甚至将每年7月21日设为国家拉明顿蛋糕节（National Lamington Day）。

还有许多蛋糕以国家英雄的名字命名，但在该国之外却鲜有人知：例如，顶部涂满果酱的芬兰鲁恩贝格蛋糕（Runeberg cake），它是19世纪诗人约恩·路德维格·鲁恩贝格（Johan Ludwig Runeberg）最爱的早餐蛋糕。这款蛋糕显然是其夫人弗里德丽卡（Fredrika）发明的，人们通常会在每年2月5日鲁恩贝格纪念日时食用。还有肯尼夫人蛋糕（Lady Kenny），这是印度人最爱的一款以葡萄干为馅料的炸糕，以夏洛特·坎宁夫人（Lady Charlotte Canning）命名，她是维多利亚女王的女侍，也是印度总督夫人；还有波比·多尔蛋糕（Bobby Deol），它以一位宝莱坞明星的名字命名，是布朗尼、巧克力慕斯和起司蛋糕三者的混合物，表面涂有一层巧克力甘纳许，顶端以杏仁蛋白糖制作的小狗作为装饰。不必说，这些都是多尔这位明星本人的最爱。巴西人喜欢玛尔塔·罗查蛋糕（Marta Rocha torte），这也是一款材料丰富的蛋糕，有一层又一层的白巧克力蛋糕、蛋奶羹、蛋白糖，顶部是砂糖和蛋黄制成的撒向四方的线条。这款蛋糕也有一个尤其动人的故事：它得名于1954年的巴西小姐，由于臀部过大，她与世界小姐的称号失之交臂。巴西的女烘焙师们制作了这款高卡路里的蛋糕来回应这种对女性美的荒谬指责。

这样的例子还有许多，但现在我们将以巴登堡蛋糕作结；这是英国人最喜爱的蛋糕之一，它或许得名于一次纪念活动——到底是不是呢？这款蛋糕最大的特点便是棋盘式的外观，它以四小块金色和粉色的方块组成，每块之外都裹有一层薄薄的杏仁蛋白糖。通常人们认为这款蛋糕得名，是为了纪念1884年黑森-达姆斯塔特的维多利亚公主（Princess Victoria of Hesse-Darmstadt）（维多利亚女王的一个孙女）与巴登堡王子路易（Prince Louis of Battenberg）的婚礼。蛋糕的四个小方格通常被认为代表着巴登堡的四位王子，而交替的色彩则是向德国大理石蛋糕（German marble cakes）致敬。

食品历史学家伊凡·戴伊（Ivan Day）对他认为可以正确称为巴登堡蛋糕（以前写作Battenburg，现在写作Battenberg）的那种蛋糕做过更深入的调查，发现了一些非常有趣的事情。首先，四位王子的说法毫无根据；事实上，早期的做法都是九格而非四格。第二，他发现，同一时期——19世纪90年代——其他几种蛋糕有着类似的结构，但叫作另外的名字，比如那不勒斯卷（Neapolitan roll）和多米诺蛋糕（domino cake）。前者看起来很像巴登堡蛋糕，但裹有一层粉色椰丝——这一点很像拉明顿蛋糕。第三，这种棋盘式或长条式的外观是19世纪晚期蛋糕做法中一种常见手法，以色彩和新颖样式引人注目，和19世纪的美国如出一辙。戴伊强烈怀疑，最初的巴登堡蛋糕是一位叫作马歇尔夫人（Mrs Marshall）的美食作家在皇室婚礼已经过去十二年后才编造出来的。因为她称之为多米诺蛋糕，所以，维多利亚与路易的结合这整件事——由此巴登堡蛋糕——可能是虚构的。不过，这对喜爱这种蛋糕的那些英国人来说并无影响，只视之为一种最难以忍受的诱惑。

“难以忍受的诱惑”是结束“让您感到棒极了的蛋糕”这项考察的一个贴切的主题。这里，我们正在讨论的是商店里买来的蛋糕，它们在一周的忙碌工作之后带给我们抚慰，或者特别犒赏；是全国都深受喜爱的品牌蛋糕——它们在其他国家或地区却常常未曾听说。其中，英国人最喜爱的便是一块巴登堡蛋糕。这款蛋糕在二战前就批量生产了，而大多数人今天认准吉卜林先生（Mr. Kipling）这款标志性巴登堡蛋糕，比此晚了很多。

吉卜林先生，信条是制作“好到极致的蛋糕”，从以蛋糕寄寓怀旧和传统而言，是一个绝佳范本。电视广告中，它的商标平凡朴素，旁白亲切成熟，刻画的是一家老字号烘焙坊，一切都指向一家深谙传统的家族企业。实际上，就像其他营销活动一样，这也几乎全是虚构：吉卜林先生其人是杜撰出来的，而这家以此命名的公司1967年才起步。这一商标品牌则为几家大企业所有，最初由面粉制造商兰客·霍维斯·麦克道尔（Rank Hovis McDougall）创建，后于2007年被英国第一食品公司（Premier Foods）购买。但消费者仍然喜欢这种传承感。2001年，其包装换了牌子；2004年，不仅改用一个更现代的徽标，而且盒子变成一种更简洁的样子，结果销量下滑。第二年，蛋糕的图片又重新放回到前面，销量下滑于是止步。

吉卜林先生（我们姑且骗骗自己，当其确实存在吧）宣传册页中有各类蛋糕，但其中最受人们喜爱的有两种：一种是迷你巴登堡（Mini Battenbergs）（大约1吋宽，2.5吋长）；另一种是法国幻想（French Fancies），方形，上有黄油奶酪，色彩柔和，像是——可以这么说吧？——更为简洁更为优雅的拉明顿蛋糕。这两款蛋糕之所以受人喜爱，至少部分是由于其尺寸大小；有享受之乐，无耽溺之虞。不过，或许对于许多消费者来说，最重要的是，它们与童年的点心紧密相连——买它们的成年人在该品牌创立之时还是孩子。

我曾通过社交媒体询问（英国的）朋友们，什么是他们最喜爱的蛋糕，巴登堡蛋糕在答案中高居第一。不过，紧随其后的第二名则是另一款超市最爱：麦维他公司的牙买加姜蛋糕。麦维他公司是一个苏格兰烘焙公司，始创于1830年。与吉卜林先生不同，麦维他公司确实是一个家族企业，最早在英国爱丁堡的玫瑰大街开了家小门店。渐渐地，生意虽然还是掌握在家族之手，但产业已经扩大，并开始专门注重烘焙类产品。1892年，它的一位生意伙伴推出了消化饼干，这成了这家企业最受喜爱也最具特色的产品之一。1893年，它成了今天人们所知的英国麦维他公司（McVitie & Price），当他们受邀为未来的乔治五世的结婚制作婚礼蛋糕，其烘焙师资格受到肯定。20世纪20年代，又推出了两项主要产品：1925年的巧克力消化饼干（当时称作家常小麦巧克力消化饼干［Homewheat Chocolate Digestive］），1927年的嘉法蛋糕。1947年，英国麦维他公司为伊丽莎白公主（Princess Elizabeth）及其配偶菲利普·蒙巴顿上尉（Lieutenant Philip Mountbatten）制作了一个高2.5米的婚礼蛋糕；它由巴登堡蛋糕衍生而出。这家家族企业的名字现在彻底英国化了。

当时，英国麦维他公司可以宣称自己具备吉卜林先生所蕴含的所有英国风范和传承的特色，却难以名副其实。它不再是一个严格意义上的家族企业；1948年它被并入庞大的联合饼干公司（United Biscuits Group）。2013年，它被评为英国最受欢迎的品牌之一，每五个英国家庭中就有四个购买它的产品。尽管公司生产最受欢迎的系列是巧克力消化饼干、霍布诺布（Hobnobs）小麦巧克力和嘉法蛋糕，但其生产的牙买加姜蛋糕则因为酥脆的外皮、家庭自制品很难做得出来的那种特殊而浓郁的味道而备受喜爱。

生产这些产品的公司不得不在留住老客户和吸引新客户之间小心翼翼地寻求平衡。幸运的是，怀念童年便意味着，那些在童年时期喜爱过这些蛋糕的成年人，也愿意把这些东西给他们自己的孩子；不光是牙买加姜蛋糕和巴登堡蛋糕，还有塔诺克公司出品的圆顶、裹有巧克力的配茶蛋糕（1956年推出，以“至今仍是家族产业”的旗号角逐市场，包装上有一面苏格兰旗帜）、迷你瑞士卷，以及之前我们说到过的惹上官司的雪球。尽管这些公司大多开辟了海外市场，但仍然还主要是英国本土点心。吉卜林先生目前在澳大利亚的科尔斯超市（Coles supermarket）已经上架，但是想要真正占有市场据说十分困难——除非，可以想象得到，是在英国侨民圈子。

美国的快餐蛋糕市场全然不同——举目皆为新颖品牌，

对英国品牌所大事强调的“健康、家庭烘焙”少有关注。实际上，当提及快餐蛋糕时，往往是越炫目和博采众长的越好。所以，当看到许多美国人最喜欢的品牌实际上历史比吉卜林先生还要悠久，既让人觉得有趣，又让人觉得不乏讽刺意味：标志性的，腾奇蛋糕可以追溯到1930年。然而，不变的是，这些蛋糕同样与怀旧和童年密切相关。2014年2月，“正儿八经吃”（Serious Eats）这个食品网站的作家莱昂德拉·帕勒莫（Leandra Palermo）征询读者最爱的快餐食品，收到了71份回复，全都热衷于某一特定品牌。后来，帕勒莫将它们编成“非正式快餐蛋糕指南”（Very Unofficial Snack Cake Field Guide），看起来就像是推销给儿童的未来派特色的食物替代品列表，排名不分先后，计有：腾奇（必须的）、呵呵（hohos）、叮咚（ding dongs）、苏西Q（suzy Qs）、妙趣巧克力（chocolate xingers）、脆皮卷（krimpets）等。关于她的系列文章以及文章后所附评论，真正值得注意的，是人们对自己喜爱的蛋糕那种眷恋之情——这主要源于它们是其童年甜点这一事实。一位评论者感谢作者带领他“漫步记忆之巷”，其他人则大书特书自己吃着最喜爱蛋糕那些场景（午餐盒中的、夏令营里的、家里闲暇时吃的），以及如何吃蛋糕的种种方式（用各种各样的方式把蛋糕卷打开、压扁，取出夹层，一层层分开来吃）。很多人还说，自己很多年都没再吃过蛋糕了，他们那个时代，父母们还不用过于担心添加剂和合成材料之类东西。

这一在命名方面具有创造性的系列中，最为知名的当数腾奇蛋糕——该产品早已名声远逾海外，但在有些地方只能在特殊进口商店才能找到。这是一种黄色的长方形海绵蛋糕（海绵特色十分突出），以甜合成奶油夹心，装在两个装的盒子里。为了让母公司用于夏季草莓酥饼制作的模具得以全年使用，腾奇蛋糕便诞生了，夹心使用的是香蕉味奶油（二战时期香蕉短缺便换成了香草）。因为保质期长、含糖量高，因为承载着童年回忆，这款点心进入大众文化范畴。关于腾奇蛋糕，其中一个最流行的都市传说是，它能够抵抗核灾（官方保质期为四十五天）。精彩四溢、受人欢迎的情景喜剧《居家男人》（*Family Guy*）中有这样一幕，千年虫核爆后，格里芬（Griffin）一家在腾奇工厂附近建起了一个新的社区；当然了，蛋糕还能吃。腾奇蛋糕出名，还和一场官司有关，20世纪70年代，一名旧金山男子卷入一桩谋杀案，为其辩护的律师提出的说法是，被告过多食用含糖食物使其无法实施恰当判断。这个说法很让人信服，于是被判定为过失杀人而非谋杀（由此有了“腾奇辩护”［Twinkie defence］这个用语）。1997年，美国拟对高脂肪食物和饮品征税，很快就被叫作“腾奇税”（Twinkie Tax）。另外，据说，1976年俄亥俄动物园中逃跑的狒狒是用腾奇蛋糕引诱回来的，而吉米·卡特被看到在白宫装了一台腾奇蛋糕售卖机（这个逗人的故事被官方否认了）。不过，克林顿总统的确在1999千禧年时光胶囊里放进了一个腾奇蛋糕，以其代表当时的美国。后来这个蛋糕被拿走了，因为怕它引来老鼠——尽管能打通钢和钛制成的时间胶囊那种暴强的老鼠并不好找。但无论如何，我们已经知道，腾奇蛋糕经得起一切考验。

腾奇蛋糕的拥有者是主妇（Hostess）这个品牌，该品牌还制作出了另一个美国人喜爱的点心：主妇杯子蛋糕（Hostess cup cake）。这是一款备受烘焙师和其他蛋糕品牌模仿的巧克力杯子蛋糕，上有一层光滑硬实的巧克力糖霜，以及同样硬实的白色糖霜制成的独特“波纹”（squiggle）。这款蛋糕1919年由印第安纳波尼斯的塔格特烘焙公司（Taggart Baking Company of Indianapolis）推出（它也是美国另一方便主食——奇迹面包［Wonder Bread］——的制作商），但馅料和花边是1950年才有的，而且最初就简单地称作巧克力纸杯蛋糕（chocolate cup cake）。不用说，该公司关于自己是首个商业生产杯子蛋糕的这一说法，至少有一家公司是不同意的。不过，主妇品牌公司是第一家（或许也是唯一一家）创造出杯子蛋糕中的超级明星的公司：譬如，1973年推出的舰长杯子蛋糕（captain cup cake）。同时，腾奇力捧的是“腾奇宝宝”（Twinkie the kid），这是以小女孩形象加以表现的腾奇蛋糕，它赞助20世纪50年代黄金时段播出的家庭剧《胡迪杜迪秀》（*Howdy Doody Show*）——另外一个理由，无疑，是当时正在成长起来的那些人实在喜爱这款产品。

主妇杯子蛋糕和腾奇蛋糕在大众文化中如此根深蒂固，以至于2012年主妇品牌公司申请破产时引发了一场舆论风潮，公司列出了难以维系的人力成本到结构僵化等一系列商务因素。不过，尽管没有提到这一点，但销售，已经是连续多年轻度下滑。这实际是主妇品牌第二次和破产法庭打交道了，那是早在2004年，当时它的名字叫作洲际烘焙公司（Interstate Bakeries）。但这一次，腾奇蛋糕在美国的超级市场上消失了，虽然在加拿大地区还有销售，因为在那里它们是另一家公司所有。这对喜爱这款蛋糕的人来说是个噩耗，他们要么一直在吃它，要么知道它还存在就觉得安心。因此，当其于2013年带着巨大声势和新的融资重新推出（改头换面成了“金童小吃蛋糕”［Snack Cake Golden Child］），全美的点心爱好者都大大松了一口气，它所瞄准的是18到35岁这个市场群体（最初的香蕉夹心现在又可以吃到了）。值得注意的是，18到35岁这个年龄段的买家们大多拥有一定的可支配收入、家庭负担并不大、最容易接受高卡路里合成的、带童趣的点心。重启香蕉夹心款也是呼应怀旧情怀的一个明智选择。尽管针对产品的重新定位是“老伙计食品”（dude-food），但是最新的典范款腾奇蛋糕仍保持着破产前的细长形状。品牌代表们说，生产线上还有更小的款式，面向的是——不可避免地——女性顾客。

莱昂德拉·帕勒莫的指南里，还标明了美国另外三大点心巨头：德雷克（Drake's）、美味蛋糕（tasty cake）和小黛比（little debbie），都是值得关注的老字号。德雷克由纽曼·E.德雷克（Newman E. Drake）创立，他以售卖一片一片的磅蛋糕于1888年起步。后来搬到布鲁克林一家烘焙店，开始出售整个的蛋糕，他的儿子们则以单人份蛋糕作为主打。1923年热销品“恶魔之狗”（the devil's dog）投入市场（这大体上是一款手指形状的巧克力三明治，与第九章将介绍到的乌比派有些类似），而其他人喜爱的蛋糕，比如“圆环”（ring ding）等（公司网站上说，这是一款圆形的魔鬼蛋糕，常见的奶油夹心），直到20世纪60年代才陆续问世。德雷克的产品不如主妇牌那样世界闻名（它们主要基于美国东海岸地区），但是它们仍然可谓一个文化参照点：“辛菲尔德系列剧”的一幕中，主人公辛菲尔德用来贿赂纽曼的，就是一个独立包装的德雷克咖啡蛋糕——这清楚说明，美国大众很懂得肥美多汁的蛋糕对一个饥饿的甜食爱好者有多大的杀伤力。美味糕饼的所有人是美味烘焙公司，该品牌以一个小型家族企业起家。他们最有名的系列产品是“脆皮卷”（Krimpet），1927年问世，因其顶端的卷边（crimping）而得名，这一做法是为了让糖霜稳定在蛋糕上。该公司曾将脆皮卷和坦迪蛋糕（Tandy Kake）用船运送给参与二战的军队，公司旗下最受欢迎的花生酱口味康迪蛋糕（Kandy cake）因在2004年被认定为犹太洁食而得到额外的销售助力（腾奇蛋糕因含有牛油而不符合认证）。

而小黛比的特殊之处，在于它得名于一个真实人物——创始人的孙女。小黛比旗下产品繁多，譬如条状的斑马蛋糕（zebra cakes）、瑞士卷（Swiss rolls）等丰富的口味，均以廉价折扣市场作为目标。

最后，还有另一个标志性的点心值得关注，那就是甜甜圈（doughnut），尤其是加拿大的甜甜圈。甜甜圈并非传统意义上的蛋糕，因为它们是油炸制品，但是它们有着同样的基础制作原料并且来自同一家族，尽管它更偏向于面包这一分支。但让它们在如今语境中变得有趣的是，甜甜圈已然成为加拿大文化的一个标志性的部分，远远高出腾奇蛋糕和巴登堡蛋糕在其母国的地位。事实上，它们的地位就像美国的苹果派或者英国的炸鱼薯条地位一般，这在糕点中十分罕见。这让我们不禁发问：为什么这种高糖多脂点心会成为国家认同——或者首屈一指的甜甜圈研究者史蒂夫·彭弗（Steve Penfold）所谓的“点心民族特征”（snackfood nationalism）——的一种标志呢？

彭弗的回答是，甜甜圈最初由美国传入加拿大，它之所以大众化是因为加拿大人民感到缺乏独特的文化身份。甜甜圈象征着体力劳动者们的自豪感、民主价值观、平凡，以及（到20世纪70年代晚期为止）将加拿大这个国家与其嗜饮咖啡的南方邻居区分开来的某种东西。在加拿大出名的寒冷冬日里，一边看冰上曲棍球比赛一边吃着甜甜圈，让甜甜圈成了其国家认同不可或缺的一个组成部分，尤其是在冰上曲棍球运动员蒂姆·霍顿（Tim Horton）进入甜甜圈市场并取得领导地位之后。蒂姆·霍顿牌（写作Tim Hortons而不是Tim Horton's，不用撇号：因为怕违反魁北克语言法而去掉撇号，表示所有格的撇号是英语语法规则，这在法语中被认为是多余的）产品在加拿大随处可见，已成为点心的通用标签。在加拿大，它的销售店面比麦当劳还要多。1976年，天才产品"小洞"（Timbits）推出，这是一种小而圆、一口可以吞下的甜甜圈；它并非市场新品，但是就像"胡弗"（Hoover）、"赛托泰普"（Sellotape）或者"克里奈科斯"（Kleenex）一样，业已成为一种语汇[①]。停下来喝杯咖啡，吃几个"小洞"，已经成了加拿大人路途上一个不可或缺的组成部分。如今，甜甜圈在全世界

---

① 这里，"胡弗"指"电动吸尘器"，"赛托泰普"指"透明胶带"，"克里奈科斯"指"纸巾"，通过如此类比，作者表示Timbits在甜甜圈中首屈一指的地位。当某种产品成为该类产品代表，人们会以之代称该类产品。语言学中称之为专有名词的普通化现象，正是基于此点，作者称其业已成为一种语汇。——译者注

随处可见，但它却取得了点心所难以企及的荣誉，成为彭弗所谓的国民性的“可食用象征”（edible symbol）。很少有其他蛋糕能如此自矜。

因此，蒂姆·霍顿牌甜甜圈可以说是使加拿大人觉得自己挺不错；无论如何，连锁店广告的目的当然就正在于此。而且，腾奇蛋糕、主妇杯子蛋糕、美味蛋糕、叮咚蛋糕和呵呵蛋糕似乎都能令美国人涌起怀旧爱国之情，无论他们是否真的喜欢这些东西。吉卜林蛋糕和拉明顿椰丝蛋糕对英国人和澳洲人来说也是同理，您还可以想象一番，像约瑟夫·多博、弗朗茨·萨赫、莱恩蛋糕发明者艾玛·吕兰德·莱恩之流，知道过世之后数十年还有自己同名的蛋糕存在，肯定有着一份自豪。生日蛋糕则能让我们每个人都可以在自己的生日那天感到与众不同，无论这蛋糕是做成足球形状、小丑形状或是狗狗形状（甚至专为狗狗烘焙的蛋糕）；无论上面装点的是粉色的糖浆康乃馨、总统徽章，还是乔治王子的叔叔詹姆斯·米德尔顿（James Middleton）制作。

这一切又是因为什么呢？看上去像是内啡肽、民族自豪感和怀旧之心的一种混合物。蛋糕天生就能让人感到愉悦；我们已经看到，它经常被纳入所谓的慰藉食品范畴。但是蛋糕有一特殊之处，那便是它突显出某个人，值得为之庆祝，无论您是忐忑不安地用一个腾奇蛋糕来犒劳自己，还是收到了一个家庭自制的烛光蛋糕。而这，渐次地，都深深扎根在构成您童年时光一个部分的那些食物里。这就是为什么，刚成年的仍然偏爱20世纪七八十年代那些蛋糕，即便它们所用的原料让许多现代父母们感到不可思议。这也是为什么，人们谈论小点心的时候，会同时谈起午餐盒、家庭茶会和拜会祖父母。社会学家皮埃尔·布尔迪厄（Pierre Bourdieu）在他1979年出版的关于味道和文化的著名研究中称：食物比其他任何东西更能反映我们作为幼儿所学到的内容。简言之，我们孩提时代所吃过的食物，因为带有我们关于早期生活的诸多记忆而受到重视，同时，因为它味道甜美且专门为您而做，故而使之很可能成为温馨幸福的回忆：如果您愿意，它就是您自己食物之道的缘起。

【8】

Cake: The Short, Surprising History of Our Favorite Bakes

最早的惊艳登场

1891年9月，星期一的早上6点15分，巴黎已经被狂欢点亮。据报纸《小日报》（Le Petit Journal）报道，街上全是黑压压的观众。他们都想看从巴黎到布列斯特1200公里自行车比赛开幕式。骑行是法国那时流行的运动，前轮大后轮小的那种古老、大型、不易掌控的大小轮自行车（penny-farthing bicycles）逐渐被淘汰，让位于前后两个轮子一样大的钻石形结构的新样式。之所以规划出这场新比赛，目的是让法国赛车手们展示他们的能力。天刚蒙蒙亮，206名男性赛车手，有业余的，也有专业的，已经在老佛爷大街排好了队伍，其中还有几位三轮车、双人自行车死忠分子，甚至还有一位与时代格格不入的大小轮自行车选手。选手们在观众的呼喊声中出发，来到波瓦德布罗尼大街，正式的比赛开始信号在此发出。几分钟后，他们就分开身形，消失在了树林之中。接下来的几天，《小日报》——这场比赛的幕后策划——对比赛中每个阶段让人振奋和扣人心弦的细节进行报道，关于穿过城镇或者乡村的领骑者成功领骑的次数，关于选手因为道路上的尖锐物差点掉下车（几个专业选手使用的是邓禄普［Dunlop］和米其林［Michelin］生产的充气轮胎；最终获胜者几乎是骑在车轱辘上完成了几个阶段的比赛，因为他的轮胎上被扎了个孔），而更常见的是关于庞大观众群、喧嚣和兴奋方面的内容。

比赛很快成为专业赛车手查尔斯·泰隆（Charles Terront）和业余赛车手皮埃尔-约瑟夫·吉勒-拉瓦尔（Pierre-Joseph Jiel-Laval）之间势均力敌的争夺，后者是今年早些时候举办的第一场波尔多—巴黎比赛中排名最高的法国人。布列斯特是布列顿海边一个小镇，这个镇让人充满各种期待。在9月8日16点7分，聚集的人群发出尖叫，因为他们看到吉勒-拉瓦尔以“饱满的状态”冲在第一。令他们极其惊讶而又无疑极为失望的是，他只停下来吃了几个梨子、喝了一碗肉汤，就立刻动身投入回程了。第二名泰隆也是如此。第三名，布列顿的主力选手，到达时已经体力透支，留下来休息了几个小时。

到了9月9日，该报纸报道了比赛开头时一个令人激动的逆转：吉勒-拉瓦尔抓紧时间睡了三个小时，泰隆整夜继续骑行（为了避免被吉勒-拉瓦尔的团队发现，他关掉了车灯），靠着耳边的铃声和同伴的拍打保持清醒。他在人群的欢呼中进入最后的赛道，他左手高举，做出胜利的手势，发出了一声胜利的呐喊。他以令人惊讶的71小时22分完成了整个赛程（此前最好的纪录一直是90小时）。出发的选手中只有106名到达了半路的布列斯特，其他人因为距离、速度以及极度缺乏睡眠而没能完成比赛；99名选手到达终点。

尽管巴黎—布列斯特回环赛仍然是每四年举行一次，尽管去往布列斯特和返回的路线不同，规则也不太一样；今天这项赛事严格限制在仅由业余选手参加，20世纪30年代起，女性也完成了比赛。有人会想，这到底和我们讨论的主题有什么关系？那是因为，法国人很快就将他们对骑行的喜爱和另外一个国际性爱好——糕点制作——结合在一起。据说，胜利蛋糕在该项赛事举行的第一年就有了，但是后世除此之外就没有其他信息了。然而，1810年，一名技艺精湛的蛋糕师路易·杜朗（Louis Durand）——他的蛋糕店就在主赛道边上——受组织者委托，为此项盛会制作一款新的甜点。他的蛋糕由蓬松的鸡蛋面糊制成，形状像一个充气轮胎的车轮，水平分开，中间夹上果仁糖味的奶油，上面撒有银色的杏仁。它的名字简单而贴切，就叫巴黎—布列斯特（Paris–Brest）。原始配方今天仍是秘密，从那之后在杜朗烘焙坊中已经流传了几代人。

巴黎–布列斯特今天在法国仍然是十分受欢迎的蛋糕。大多数烘焙坊都有巴黎–布列斯特，是人们最喜欢的家庭甜点。在每年一度的“法国最佳糕点师锦标赛”（Trophé de la Meillerue

Pâtisserie Francilienne）中，它是一道必考项目（此外，还有指头饼［éclaire］、柠檬蛋挞和歌剧院蛋糕）。近年来，几位雄心勃勃的糕点师对它进行了改良，最著名的例子被称为2010年巴黎最佳巴黎—布列斯特，它是由来自备受称道的巴黎梦幻烘焙坊（Parisian Pâtisserie des Rêves）的菲利普·康蒂西尼（Philippe Conticini）制作的。它的中心是有所争议但广为赞赏的液体果仁糖。其他一些烘焙者做得非常大，带有像自行车那样从中心向外散开的辐条；最近的“大英烘焙大赛”中，一位闯进决赛的选手，甚至把巴黎—布列斯特做成了一辆完整的自行车的样子（为此赢得了当周明星烘焙师称号）。

除了新颖，巴黎—布列斯特还汇集了欧洲大陆烘焙若干最为典型的特点。首先，它看上去很漂亮；其次，制作起来很费功夫。烘焙者必须达到其蛋糊所要求的膨胀和蓬松度（众所周知，鸡蛋蛋糊是好耍性子的野兽，是法国烘焙坊中各式经典的基础，它的制作方式是，把水、黄油和盐加热，加入面粉，像俗话说的着魔一般进行搅拌，直至形成面糊，然后加入鸡蛋搅拌，直至达到裱花和烘焙所需要的那种恰如其分的光洁而韧性的结构——可惜，这种技巧常常是我做不到的）。不仅是这些：他们还需要制作榛子奶油，这意味着首先将烘焙奶油搅好（烘焙奶油是由鸡蛋、糖、面粉和热牛奶制成的黏稠的面糊奶油），然后加入黄油和碾碎的杏仁。最后，把细柔的鸡蛋蛋糊圈分成两半，加入混合奶油，再整个地裹上银色的坚果和糖霜。非常可以肯定，这种做法不适合缺乏耐心的人，所以我们难以走到第三步和第四步：通常它都是从烘焙坊中买来的，而不是在家里做出来的，而正因如此，通常它都出自手艺高明者之手。

注重优雅和讲求技术，这些特点使得大多数欧陆烘焙不同于英美传统。在英国、北美或者澳大利亚，收到一份家庭制作的蛋糕作为礼物是一件极其令人开心的事。在法国或比利时，这根本不是什么理所当然的事。相反，从商店里买来的、包装精美的蛋糕，才显示出对主人或者客人的重视；家庭烘焙是一件严格限制在家庭范围内的事情。即使是在家庭烘焙更为常见的德国，从咖啡馆里购买蛋糕的历史也很久，两者并行不悖；实际上，在许多欧洲中部和东部国家中，出门购买咖啡和蛋糕，在文化方面有着象征性的意义。

巴黎—布列斯特只是这类蛋糕中的一个例子：仅仅在法国，就有许许多多其他类型的蛋糕，包括蛋糊圈；烘焙奶油夹心，顶部有泡芙和焦糖的圣奥诺雷蛋糕（St Honoré），它的名字来自那位庇护烘焙者的圣哲；高高的、圆锥形的焦糖奶油松饼塔（croquembouche），由一堆泡芙制作而成；海绵与黄油奶酪制成的草莓蛋糕（fraisier），切开的草莓外边一溜地朝上排列整齐；海绵歌剧院蛋糕（opéra）有层层仔细排列、在咖啡中浸润过的杏仁，它的侧边有意敞开，以便让我们看到烘焙者的技术是多么高超。还有一排被称为“小烤箱”（petits fours）的小美人，它们的名字，一部分来自它们的尺寸，一部分来自它们在最后的冷却阶段要被放进烤箱中（意大利中与之类似者，被称为“小可爱”［pasticcena mignon］）。这里的每一种都需要劳心费力的工艺，让茶饮变得更为优雅。在奥地利和德国，您会发现食橱中有琳琅满目的冷冻蛋糕和德国大蛋糕，以巧克力、水果和坚果为特色。在意大利，样式炫目的蛋糕含有如此丰富的奶油、水果和牛轧糖，以至于制作出来的当天就必须把它们吃掉。

这里的许多蛋糕，可以分别用精蛋糕（gâteaux）和大蛋糕（torten）来总称。前者来源于古法语词guastrel，古英语词wastrel就来源于此，指用于烘焙的最好的面粉。在英格兰，gâteaux这个词被用来表示经过烘焙和样式加工的布丁和开胃菜肴，直到19世纪的后半期，它才和时髦的蛋糕联系在一起，当时的蛋糕通常都以夸张过分的方式进行冷冻和装饰。在法国，这个词也可以用于美味的蛋挞或者蛋糕，但是很像德国的大蛋糕，它更为常见的意思是多层海绵蛋糕，以打发过的奶油或烘焙奶油作为夹心，用唧出的巧克力、奶油和水果来装裱。一些人将蛋糕与面糊或者蛋白糖配搭在一起；其他人不那么沿用传统蛋糕材料，但正是它们一道，构成了烘焙和糕点工作这个美丽的集体。

在整个欧洲中部，样式漂亮的蛋糕制作都被当作一门艺术，工艺传统的一个组成部分，任何一个有抱负的糕点师都必须通过学习该项技艺，创造自己的“杰作”，才能获取加入正式行会的资格（不包括女性）。而这些行会的形成也并非一帆风顺。在中世纪和现代早期，面包是如此重要的商品，以至于它的生产和交易都受到严格控制；我们已经谈道，英国的面包行会（English Assize of Bread）对于面包的尺寸和价格制定了精确的标准。在法国，面包的质量和获取直到18世纪，都一直是社会秩序方面的关键问题（18世纪70年代，对基本生活物资绝望的法国人见证了若干场的面粉战争［Flour Wars］），因此，把珍贵的面粉变成华而不实的蛋糕是一个真正让政府为难的问题。如果没有市政当局的允许，加糖加料的面包统统禁止出售，1740年，因为面粉短缺，法国面包师被禁止在主显节使用面粉制作国王蛋糕。但是，截至1440年，对于甜的、营养丰富的面粉制品的需求就已经发展到一定程度，于是巴黎政府批准成立糕点师行会，这是一项重要发展，它赋予糕点制作者一种职业身份和独特性。1566年，查理九世颁布一项新的法令，授予他们在谷物市场称量和选择自己小麦的特权。这是一次意义重大的让步，可能与这一事实相关：正是这些糕点制作者制作了圣餐的圣饼。

蛋糊饼、唧出的蛋白糖和黄油奶油还要过一段时间才会问世。当时，欧洲真正的糕点明星是意大利；实际上，鸡蛋蛋糊被认为是16世纪中由梅迪奇家族的凯瑟琳的厨师发明的，凯瑟琳是意大利贵妇，嫁给了法国国王亨利二世。然而，直到17世纪，蛋糕制作和糕点制作才真正在法国开始腾飞。其中一个原因是国王路易十四名下奢华的享乐十分昌盛，路易十四被称为凡尔赛的“太阳王”，在位时间从1643年直到1715年。宫廷的奢华和排场刺激了厨师及其贵族雇主，驱使他们去创造既满足视觉又满足味觉的新颖之物。1789年的法国大革命使许多著名厨师失去了厨房，使他们的贵族庇护人逃离、流亡甚至更加倒霉，而另一方面，它也促进了旧行会的废除，促进了饭店和糕点铺的兴起。当然，它也造就了有史以来最为著名的蛋糕逸事之一：王后玛丽·安特瓦内特（Queen Marie Antoninette）提议她饥饿的巴黎臣民们吃蛋糕（事实上这个故事大大地往前挪动了王后的出生日期）[①]。1815年，拿破仑下台之后，贵族和王权得以复辟，一个新的、光彩夺目的烹饪庇护世界也得以恢复。

有一位贵族就是这样的享乐者，他的名字名叫查理·莫里斯·德·塔里昂·佩利高尔（Charles Maurice de Tallyrand Perigord），他在国王路易十六时期，在大革命和随后的拿破仑执政期间，除了17世纪90年代遭受短暂的流放之外，在君主制复辟阶段，他一直身居要职，是一名老练的官员和外交官。他的餐桌几乎和他的外交才能一样出名：拿破仑·波拿巴是出了

① 这则轶事据说最早出自法国作家卢梭的《忏悔录》，意在讽刺贵族不知民间疾苦，同中国历史上晋惠帝的“何不食肉糜”典故有异曲同工的意味。——译者注

名地厌恶美食，显然凡是有持续20分钟以上的就餐就会让他觉得无聊，于是经常派塔里昂代他出面款待国外重要人物。1798年，一位糕点师吸引到塔里昂的注意，这位糕点师在一家本地糕点铺的橱窗中展示出他在点心方面真正令人佩服的创造。他派遣管家去雇请这位年轻的糕点大师来包工，于是名声鹊起：塔里昂成了真正传说中餐桌的主人，这位糕点师则成为了法国烹饪界冉冉升起的新星——一些人甚至说他是法国烹饪的开创者。糕点师叫什么？安东尼·卡勒姆（Antonin Carême）。

卡勒姆的名字今天依旧在法国烹饪荣誉殿堂中声如洪钟。他是第一位为各种各样脍炙人口的法国酱订立规则的人，是第一位在厨房中戴硬质高帽、穿双排扣白色外套的人——这是他对自己团队所要求规矩的一种体现。他发明了打发蛋白糖的技术，这对于许多法式经典蛋糕至关重要。他出色的蛋糕砂糖餐桌摆件（pièce montées）让欧洲为之叫绝。1833年，他因为一生暴露于炉子上的一氧化碳火苗所产生的累积效应而过世，在此之前，卡勒姆为欧洲许多极具影响的领袖人物工作过：拿破仑、俄罗斯沙皇亚历山大一世、英国的摄政王（后来成为乔治二世），以及贝蒂·罗斯柴尔德和詹姆斯·罗斯柴尔德夫妇（Betty and James Rothschild）。本质上，正如他的许多传记作者都敏锐地强调的那样，他是第一位名流厨师。不过，他并不是生来就要进入这个圈子；他是一个可能有25个孩子的家庭中的第16个，出生在巴黎左岸一个贫民窟里，12岁就被家庭抛弃，自己谋生——传记家们认为大致就是这个年龄；他的生平材料很少，卡勒姆自己的著述，关于他不幸的个人史又不一定可靠。对于其后的法国烹饪历史来说，幸运的是他在厨房中找到了一份工作，16岁毕业后去了巴黎的糕点铺，也就是在这里他得到了塔里昂的关注。在这里，他利用空闲时间学习建筑绘图，并且将它们再现在糕点制作和杏仁蛋白糖中。他有一句很有名的话说，点心是建筑艺术的主要分支。看过他制作的各式佛塔、金字塔、装饰建筑和喷泉之后，人们对此话深信不疑。

卡勒姆制作的一切都和景观有关。摆件设计出来是为了观赏，以其美丽和高度吸引人们的注意，可以有几尺之高。卡勒姆职业生涯的大部分，仍然是传统的、要同时端上餐桌的几乎所有菜肴，宾客们最靠近什么就吃什么。外观和对称于是成为食品呈现中一个至关重要的部分。卡勒姆很高兴以让人叹为观止的方式展现自己的才华——一只手浸入冰凉的水中，然后直接放入一锅沸腾的糖浆，拉出糖丝并进行造型，制成糖佛塔和廊柱，然后将其再次放入冷水中。对于喜爱砂糖、美丽和展示的人来说，他本人巴黎糕点铺的橱窗就像一块磁石。实际上，他所制作的杰作很少是真正拿来吃的：整个框架是由变硬的蛋糕糊甚至塑糖和树脂制作的，上面涂油，可以反复多次使用。一些可以保存很久，而且，如果不是毁于1871年普鲁士人包围巴黎，它们无疑可以保存得更为长久。

卡勒姆的糕点并不完全算一种创新；记得我们在第一章提到过砂糖作品的餐桌摆件或者精美制作吧？但是他的确将它们带到了一个新的创新和技术高度。他的创造包括对各种著名建筑致敬的一系列想象性的作品，比如俄国的冬宫、稀奇古怪的装饰建筑以及经典遗迹。1821年，他为他当时的贵族庇护人的儿子提供了四道洗礼宴会大餐，这个儿子的名字叫作乔治·亨利·赫伯特·查尔斯·威廉·韦恩–腾皮斯特–斯图亚特（George Henry Robert Charles William Vane–Tempest–Stewart）。他制作的是坐落在岩石之上的一栋罗马别墅和一座波斯阁楼，还有一座威尼斯喷泉和一座爱尔兰阁楼。1829年，在罗斯柴尔德家的宴会上，他用手工着色的杏仁酱制作了一座矗立在岩石上的寺庙，并用蛋白糖和鸡蛋糊对其进行装饰。他还被招去为若干重大社会活动制作蛋糕，尽管当时他已经是一位著名的全能主厨：譬如，拿破仑与第二位妻子玛丽·路易·汉普斯堡（Marie Louise Hapsburg）1810年的婚礼蛋糕，以及之后一年这对夫妇的儿子的洗礼蛋糕。他没有对婚礼蛋糕进行描述，但是他制作的洗礼蛋糕，是刚朵拉小船为造型，行驶在砂糖制作成的波浪之上，旁边还有一个用蛋白糖和松露装饰的阁楼。他还为年幼的乔治·韦恩–腾皮斯特–斯图亚特的洗礼制作了一系列多层蛋糕（有清蛋糕的，有蛋白糖的，有牛轧糖的，还有听上去诱人遐想的冷冻过的教皇三重冠）；为喜欢美食、贪吃的摄政王制作了多款蛋糕，包括黑樱桃酒这种乔治最喜欢的烈酒风味的小型蛋糕。又一次，他为巴黎军队制作了100个蛋糕，把它们装饰得像军鼓一样。此外，他写有若干法国糕点和烹饪方面的权威著作，以及若干关于建筑的著作。他的名声极大，以至于他可以谈出让人瞠目结舌的薪水（摄政王一年给他2000英镑，这个数字在今天远远超过10万英镑），而且他还可以留出时间去写作。

卡勒姆对法国美食影响巨大，原因在于他的技艺和专注奉献。他的弟子之一（本身也是著名糕点师），儒勒·古菲（Jules Gouffé），巴黎赛马俱乐部（Paris Jockey Club）的主厨，在自己1873年的著作《糕点生涯》（*Le Livre de Pâtisserie*）中写道，优秀的糕点师需要敏捷和聪慧，在绘画、雕塑和建筑中具有“鲜活而创新的炫目”技能，良好的品味，八到十年的糕点实际操作经验（在16岁成为卡勒姆的学生之前，古菲就已经在他父亲的巴黎人糕点铺中得到了一些经验；实际上，传说正是在这家店铺的橱窗中，卡勒姆第一次发现了小儒勒的潜力）。充满理想的糕点师还必须能够掌控既不精确又不稳定的砖砌炉灶，这一点在制作精细的蛋糕糊时至关重要，因为它需要特定程度的蓬松、颜色和酥脆。跟我们之前遇到的相比，古菲测试炉火的方法更具操作性：用一张纸进行测试。如果这张纸很快着火，说明炉温太高；如果它烧焦，温度仍然太高；如果它烧成深棕色但没有点燃，那么炉温对于小型糕点就是合适的；变成浅棕色，则适合空心蛋糕（vol–au–vents）、蛋糊饼和馅饼酥皮；变成深黄色，适合大块蛋糕糊；变成浅黄色，则适合蛋糕和蛋白糖。最后，糕点师需要监督砂糖、坚果和果干等常规的研磨和过筛工作；需要指导用菠菜和豆苗等原料对摆件搭配品进行配色的工作；需要对展示最终成品的架子和装饰发出指令。在书中，古菲列举了许多这些方面的例子，其中包括用蛋白糖制成的蜂窝蛋糕，这个蛋糕的特点是，蜜蜂是用开心果精心制作的，辅之以无核葡萄干为脑袋，杏仁条为翅膀。

显然，卡勒姆的展现能力、对于精准的要求以及犀利的眼光标志着某种新事物的开端。这些特质被另外一位法国糕点师亚力克斯·索耶（Alexis Soyer）带到了一个华丽的高度，卡勒姆去世时，索耶只是一个23岁的年轻人。像他的前辈一样，索耶出身底层，这是他一生中都为之痛苦的事实。他迷恋剧院，这一点在他的个人生活、食物和厨房等方面都显而易见；他在新伦敦改革俱乐部（London Reform Club）的顾客定制厨房工作了十三年之久——这家厨房是最早使用煤气炉灶的厨房之一——厨房对游客开放，穿着厨师白色衣服的他工作起来精益求精（厨房外的他以炫目的套装而闻名）。与卡勒姆另外一个相同点是，索耶也写过许多烹饪书，他的书籍针对不同社会阶层，从上流社会到近乎赤贫者都涉及（他对帮助穷人有着持久的兴趣，带着他专属的流动厨房游历了爱尔兰）。他是一个充满激情的人，一方面，他不怕死亡，斗志昂扬地去往克里米亚战场，在那里监管和改进战地厨房；另一方面，他在新建的水晶宫（Crystal Palace）[①]对面建了一个奇特的景观饭店，称之为“世界之宴”（Universal Symposium），但最终命运多舛。也许可以提到的是，饭店的构想，发生在他没能赢得1851年博览会（1851 Great Exhibition）[②]的官方饮食服务合同之后（他还为博览会提交过一份建筑设计）。他挣了钱又失去了，萨克雷（Thackeray）[③]和弗洛伦丝·南丁格尔（Florence Nightingale）[④]都是他的朋友，他拥有系列取得专利的饮料、酱和小型用具并在自己的畅销书中为之大书特书。和在英国从来都不快乐的卡勒姆不同，索耶定居英国，并且将自己的名字变成豪华宴会的代名词，虽然他无法用英语书写，需要借用文书之手来写出自己的烹饪书。

和卡勒姆一样，就其所受训练而言索耶并非一名糕点师，

---

① 水晶宫位于伦敦市中心的海德公园内，建于1851年，被誉为19世纪英国建筑奇观，是1851年万国工业博览会场地。——译者注

② 1851年在英国伦敦举办的博览会以世界文化与工业科技为主要内容，被认为是最早的现代博览会和“世博会”的起源。——译者注

③ 英国著名小说《名利场》的作者。——译者注

④ 被誉为“世界上第一个护士”，她的名字已经成为护士精神的代名词，她的生日，5月12日，被定为“国际护士节”。——译者注

但他的宴席同样是因为蛋糕和点心而非常有名（记得他用蛋糕制成的羊腰腿肉吗？）。1846年，他用蛋白糖制作了一个2.5英尺高、金字塔形状的蛋糕，用奶油和水果装饰，来取悦埃及统治者的儿子兼军队司令伊布拉辛·帕萨（Ibrahim Pasha）。在蛋糕的顶部，是用可食用材料制作的帕萨父亲的肖像。在他最受欢迎的烹饪书之一，1849年出版的《现代家庭主妇》（*The Modern Housewife*）中，他甚至用蛋糕讲述了一个典型的自我炒作故事。这本书采用书信体，是霍尔腾丝（Hortens）与伊勒瓦丝（Elois）两位生活舒适悠闲女性之间的系列书信。在信中，两位女士就烹饪方法和家政管理交换了一系列具有启发性和指导性的看法。在其中一封信中，霍尔腾丝详细描述了一个特别的梦，在梦中，要求她为一个有维多利亚女王和她家中孩子们参加的午餐聚会制作一款“怪物蛋糕”：4英尺高，3英尺宽，上面有亮晶晶的装饰品。这个蛋糕被放在装饰精美、奢华的茶会中央，包括年幼的皇室成员在内有几百位儿童客人在观看。霍尔腾丝这位烘焙者起身来切第一刀。她刚举起刀时，却被儿子叫她吃晚饭的喊声突然吵醒了。幸运的是，霍尔腾丝的梦细节十分清楚，所以她能够回想起蛋糕的做法并把它写进信中（一个庞大的、用了10个鸡蛋的东西，里边有开心果、当归、烈酒和奶油，在商用烤箱中烘焙1.5小时）。这个梦中的蛋糕做法如此详细，因此在家庭的洗礼庆祝中被重新制作出来，而负责监督的正是亚力克斯·索耶这位著名的社工厨师、发明者、慈善家。当然这个故事（包括霍尔腾丝和伊洛瓦丝）都是虚构的。我们也不知道，维多利亚女王是否尝试过他收入同一本书中的维多利亚女王蛋糕。

卡勒姆和索耶都是天才糕点师，是他们推动了朝向高级烹饪的转变。就像另外一位对法国烹饪产生影响的著名人物乔治·奥古斯特·埃斯柯菲尔（George Auguste Escoffier，1846—1935）——卡尔顿酒店（Carlton Hotel）和巴黎丽兹酒店（Paris Ritz）的联合创始人，伦敦萨沃里酒店（London Savory）的革新者，著名的《烹饪指南》（*Guide Culinaire*）一书的作者——他们都坚决主张在厨房中和在个人生活中都要整饬有序：干净和细心体现的是思想有条理，工作处所有条理。卡勒姆把法国烹饪分成四种“核心酱汁”（mother sauces），后来埃斯柯菲尔将其改进为五种，正是这种喜爱整饬有序的表现。自那以后，很多糕点师都尝试过要为糕点的“核心制作方法”（mother recipes）做同样的事。我们且来看看他们所带来的东西。

阅读任何一位糕点师的著作，很明显的第一件事就是，在所有糕点工作中具有根本地位的是清蛋糕。就其材料而言，这是可以想象的最为简单的蛋糕：经典的真正的海绵蛋糕，含有鸡蛋、面粉、砂糖和很少或没有脂肪，除了精心搅拌好的鸡蛋之外不用任何膨胀剂。因为不含化学发酵剂，使得其制作方法比维多利亚三明治要麻烦一些，鸡蛋充分搅拌并加入融化的砂糖，目的在于让空气最大化地透入蛋糕糊。因此，温度的精确、称量中的精确、烘焙，三者都至关重要；现代著名糕点师皮埃尔·赫尔默（Pierre Hermé）在他的《甜点》（*Desserts*）一书中花了很大篇幅表示，混合面糊有可能“爱耍性子”。尽管如此，清蛋糕口味易于把控，也容易吸收糖浆，因此可塑性非常大：瑞士卷饼（Swiss rolls）（包括圣诞节的圣诞蛋糕［bûche de Noël］）、草莓蛋糕、勾起无数回忆的玛德琳蛋糕以及列日咖啡馆（café Liégeois）（以咖啡冰激凌和奶油交替间隔的多层清蛋糕），都是以它作为基础的。

法国糕点类型广泛，意味着烘焙师需要知晓其他几种基础做法，才能完善经典品种：蛋糕类，有圆的和甜的，有塔形的和蓬松的；蛋白糖类，有加工过的和没有加工过的；发酵面团类，有酒浸的和皇冠形的；还有一大类的夹心馅：烘焙奶油、加糖的打发奶油、加黄油的烘焙奶油、加双倍奶油的烘焙奶油以及英式奶油——一种经典的英国蛋奶糊。进一步细分的慕斯（mousses）是大多数法国蛋糕和糕点的基础。

到目前为止，正如他们所说的那样，一切都很好，但是，且让我们从行动中来看看法国糕点中的一款经典，看看为什么它们经常是从商店里购买而来，而不是家中制作而成（尽管出版烹饪书籍的糕点师是意在后者）：它就是焦糖松饼

（croquembouche）。非常干脆地说，这款蛋糕就是拿来卖弄的，明显就是为了突出视觉冲击而设计的。因此，不出意料，它被认为是安东尼·卡勒姆搞出来的。它由一个由夹有奶油的蛋糊饼所组成的金字塔，有几英尺高，用焦糖粘在一起，外边罩有棉花糖。它被制成圆锥形，有些像高高的交通锥形标，在制作各个组成部分的时候，在达成必需的结构和重量并且使之在拿去模具之后保持直立不倒方面，都要求具有相当高的技术。它也可称得上是好耍性子的野兽，并且必须在制作当天吃掉；在冰箱中多放上半天，就变味了。croquembouche的意思是“嘴里嚼着嘎嘣脆”（crunch in the mouth），这是因为用到了酥脆的焦糖，它是婚礼、洗礼以及其他特殊场合中一道常见的风景。

今天，圆锥形是焦糖松饼最典型特征之一，但在卡勒姆手中，它是一种更具可变性的载体。我们已经提到过，他在自己的许多创作中放手使用鸡蛋糊，整个的焦糖松饼在他那里组合成廊柱、花篮和灌木丛等不同形状，并且使用不同颜色、不同馅料和覆盖物对其加以修饰。实际上，卡勒姆的弟子古菲在其1873年的《糕点生涯》一书种描述过许多款焦糖松饼，其中一些根本不含鸡蛋糊，相反，是用一圈一圈经过造型的水果面糊、实实在在糖浸水果或者蛋白糖制作而成。

卡勒姆的炫技中有种非常带有大男子主义味道的东西：把手放入沸腾的糖浆中，工作若干个小时之久。这让他最终被炉子上的煤气送了命，他的生活圈子中都是男性庇护人——尽管贝蒂·罗斯柴尔德算是他一个非常有影响力的女性朋友。虽然糕点制作今天在美国烹饪学校（Culinary Institute of America）中是为数不多男女均有参与的课程之一，其中道理后边会论及，但是，在卡勒姆和索耶的时代，情况完全不一样。当然，部分原因在于那个时代女性很难进入培训和实习圈子的内部。但是，还有另外一个今天只是正在慢慢得到扭转的原因，那就是，人们认为高水平的专业烹饪是属于男人的工作：女人是煮妇；男人是厨师。或者换句话说，家庭海绵蛋糕是女人制作；焦糖松饼是男人制作。甚至在法语中，“厨师”（chef）是专门的阳性词语；女性则用“cuisiniere”，意思是厨房工作人员，而不是管事的头儿。和英国与美国相比，法国的不同之处在于，烹饪领域中这种“闭门开店”（closed shop）作风还波及专业的蛋糕制作者。美食著作的传统阐明的就是这一点：英国和美国所出版的烹饪书籍中，这一产业的大部分都是基于女性作者的工作（对制作蛋糕有着特别强调），然而在法国，却通常以男性为主导，经常出版的是权威性百科全书式多卷本——包括关于糕点艺术的几种——而不是关于“如何制作”那类指南性著作。自然，这部分是因为写作和出版方面的不同传统所造成的结果（法国在18世纪后期出版狄德罗［Diderot］主编的著名的综合性百科全书，并不是没有道理的），但是，它也证实并固化了这样一种认识，即，专业的厨师，包括糕点师在内，都是男性。即使是在今天，大多数最为著名的糕点师都是男性；《卫报》（*Guardian*）2011年的法国顶级糕点师榜单中，只有一位女性（巴黎蛋糕和面包店［Des Gâteaux et du Pain in Paris］的克莱尔·达蒙［Claire Damon］），并专门表示，她在一个男性主导的领域中堪称异数。同时，尽管今天地位与卡勒姆相仿的古菲在自己那本糕点著作的前言中，有趣地发现糕点是女性培训中一个重要的部分，甚至说自己的书不仅是为男人而写，也是为女人而写，但是接下去，他谈到的却是专业男性糕点师需要接受的培训中一些相关的细节。

在法国，烹饪书籍都是专业男士撰写，这一事实意味着我们眼中的法国烹饪和烘焙是一个专业世界。相比之下，在英国和美国，诸如毕顿夫人、艾丽莎·阿克顿、凯瑟琳·比彻和艾丽莎·莱斯利——甚至包括试图在烹饪方法写作的同时跨入营养学领域的伊丽莎白·大卫和简·格里格森——所描述的都是关于家政烹饪和饮食的一个更为私人的世界。即使是在巴黎蓝带烹饪学校受过培训的茱莉亚·柴尔德，也总是称自己为烹饪者而非厨师。同时，尽管索耶所出版的烹饪方法很多是从他的一个女性雇主那里收集而来，但她并没有受到认可，因为她的性别让她相对而言显得并不那么重要。尽管如此，这种国与国之间的不同，因为法国糕点是与英美糕点不同的一种艺术这一事实而更为凸显。这并不是说英国和美国的烘焙者技术不好（或者法国女人不做烘焙）；而更应该强调的是，法国糕点对于展示、精确和一系列需要长期实习或专门训练的经典技巧，有着一种非常独特的要求。

有趣的是，糕点师（与烹饪的其他分支相比）必须具备的技术范围广博，不管算是好事还是坏事，都包括了许多通常被认为自然而然属于女性的特色。糕点师必定是在高压力情形下工作的冒险家，但他们又必须具有艺术天分和对细节的高度关注。后面一项中的这些特质通常是用来形容女性的，贝弗利·鲁塞尔（Beverly Russell）1997年对现代美国具有影响力的女性厨师进行研究时，把它们以及凭本能从事烹饪和凭“喜爱”从事烹饪都纳入考量（当然，“喜爱”也是业余爱好者烘焙蛋糕的关键理由之一）。但是，这些所谓“女性特色的”技能，许多都无法恰如其分地融入传统的餐厅厨房，这种传统是在卡勒姆和埃斯柯菲尔奠定的法国模式基础之上建立起来的。美国厨师安东尼·波尔丹（Anthony Bourdain）在其2000年的自传《秘密厨房》（*Kitchen Confidential*）中，带着几分喜悦描述了弥漫着辛烷气味的厨房，而且满嘴粗鄙言辞，把自己的成功和他本人的大男子主义特质联系在一起。他大言不惭地承认，在他眼中，权力和威望是在自己领域中表现出色而取得的重要的（刺激睾丸激素分泌的）回报，是早期职业生涯中的耻辱激励自己走向成功。与此相伴，是他对自己厨房中女性员工明显地表示出厌恶的态度，这些女性员工在压力之下被弄得以泪洗面、腰酸背痛。充其量她们是对男性的一种“使之开明的影响”（civilising’ influence）而已。对他而言，糕点近乎艺术而非手艺，非人力可求；他对自己的女性糕点师的技术也不是没有夸奖，但仍然透露出他潜在的认识，即，与厨房中其他领域的工作相比，在身体上和感情上，糕点工作的要求要低得多。无论如何，糕点师是在服务前就做完了大部分的工作，对于这门讲求不间断服务的业务而言，这使得他们的工作时间有可能变得更短、更少忙碌。

但是，即使是在行业顶峰，情况也在发生改变：2014年10月，白宫宣布将雇用其第一位女性糕点师苏珊·E. 莫里森（Susan E. Morrison）（她会与白宫第一位女性执行主厨克里斯特塔·考莫福德［Cristeta Comerford］一道工作，后者于2005年得到这份工作）。莫里森的首批任务之一，是制作一年一度的白宫节庆姜面包；她也是出色的养蜂人，负责照顾总统的蜂巢。不过，1996年被命为“年度詹姆斯·比尔德糕点师”（James Beard Pastry Chef of the Year）[①]的萨拉贝斯·莱

① 詹姆斯·比尔德（James Beard，1903—1985），是美国烹饪界的旗手人物。以他名字命名的詹姆斯·比尔德基金会为表彰在美国烹饪、烹饪写作和烹饪教育方面取得杰出成就者而设立了一系列烹饪类奖项，被誉为食品界的奥斯卡奖。——译者注

文（Sarabeth Levine）坦率地说，通往顶峰的道路充满艰辛，十年中，她每天的工作时间加起来都长达18个小时，早晨4：30就起床——简直像男人一样。女性现在有自己的烹饪行会和姐妹会，比如黛安娜·卢卡斯（Diane Lucas）和洛斯玛丽·休姆（Rosemary Hume）1942年在纽约城创建的“小蓝带”（Le Petit Cordon Bleu），以及由食品餐饮业工作的职业女性创立、受邀才可加入的国际性组织“埃斯柯菲尔女士”（Les Dames d’Escoffier）。它于1977年创设了“杰出女性”（Grande Dame）大奖，第一位获奖者是茱莉亚·柴尔兹。

卡勒姆和索耶宣称，他们想要和公众分享他们的专业知识，但是他们那些制作方法吹毛求疵般的要求，让人怀疑人们是否真的想要去模仿他们。新的现代糕点师们带来一种对该行业多少更为放松的态度，同时关于该行业基本内容方面的“如何操作”类指南现在多如牛毛。加斯顿·勒诺特（Gaston Lenôtre）、皮埃尔·赫尔默（Pierre Hermé）、理查德·伯尔蒂涅（Richard Bertinet）和埃里克·朗纳尔（Eric Lanlard）等人都出版过烹饪书籍，书中既有耳熟能详的系列基本制作方法，也有自己的创新。伯尔蒂涅甚至将他的书命名为《家庭糕点》（*Pâtisserie maison*），明确表示其中做法都可以在家制作（虽然大多数做法仍然需要一系列专门的东西，譬如专门的锡罐、砂糖温度计、唧筒梢头等）。不过，值得一提的是，他们——

还有写糕点的那些女性作者——都受过传统的法国培训，与大多数家政女神都不同。

尝试法国经典款式的家庭烘焙师正在进入一个卡姆勒会辨认得出的世界。外观、结构和让人惊叹的呈现，即使是在法国、比利时、瑞士每个小镇的糕点橱窗中那些拿来展示的缩小了尺寸的蛋糕和点心中，都是可以看得出来的重要属性。毫无疑问，它们带来了一种场合感：许多家庭把去蛋糕店当作周末的礼拜，在那里挑选午餐点心，用雅致的纸板盒小心翼翼地把它们带回家。

如果法国人是因其糕点而闻名世界，那么德国人和奥地利人可以宣称自己建立了咖啡与蛋糕（kaffee und kuchen）这种咖啡馆的高贵传统——一块样式漂亮的蛋糕搭配一杯咖啡。最典型的是在维也纳，传统上咖啡馆就是政治运动成形、艺术生根、热烈讨论哲学的地方。2011年，“咖啡馆文化”（coffee house culture）甚至被列为维也纳的“非物质文化遗产”（intangible cultural heritage）的一个组成部分。特洛茨基（Trotsky）[①]，克里姆特（Klimt）[②]和赫茨尔（Herzl）[③]都是咖

① 列夫·达维多维奇·托洛茨基（1879—1940），俄国革命家，俄国“十月革命”的直接领导人，第四国际的主要缔造者。——译者注

② 古斯塔夫·克里姆（1862—1918），维也纳出生的奥地利著名画家，维也纳文化圈代表人物。——译者注

③ 西奥多·赫尔茨（1860—1904），奥匈帝国的犹太裔记者，锡安主义创建人，现代以色列的国父。——译者注

啡馆的常客。西格蒙德·弗洛依德喜欢坐落在维也纳环城大道上的朗特马恩咖啡馆（Café Landtmann），莫扎特在坐落于维也纳西梅尔弗加斯的弗伦胡柏咖啡馆（Café Frauenhuber）进行过演奏，希特勒爱在美术学院（Academy of Fine Arts）附近的斯珀耳咖啡馆（Café Sperl）逗留。我们已经听说过了另一家著名的维也纳咖啡馆：萨赫酒店（Hotel Sacher）的咖啡馆。

维也纳第一间咖啡店开张于1685年，但是，它们从19世纪开始才真正繁荣，这正是糕点在巴黎开始腾飞的时期。不过，它们被严格限制为男性空间：1856年之前一直禁止女性进入。但是，这些常客们会用什么蛋糕来配他们的咖啡呢？总的来说，德国和奥地利的蛋糕比英国或者美国的蛋糕黄油更多，比法国的蛋糕含糖更少，高度更低，更少炫目的装饰。相反，他们的蛋糕一般是单层的圆形或方形烘焙品，通常以水果、坚果、巧克力为特色，顶上常常撒上砂糖、香料和坚果碎屑。馅料通常是蛋奶糊或者像奶酪蛋糕那样，有时是基于味道浓烈的夸克奶酪（quark soft cheese）。这些蛋糕都是用餐叉来吃，仅凭其纯粹的软糯就让人胃口大开，尽管有许多也很养眼。

蛋糕家族中更加引人注目的是德国大蛋糕，这种蛋糕和法式蛋糕大体相似。它们可以是单层，也可以是多层，经常以打发奶油、果酱或黄油奶酪馅心为特色，可以将酒注入，常常使用巧克力甘那许、水果和巧克力裱花等进行漂亮装饰。最初，德国大蛋糕一般是在面包箱里面烤制，可能甜，可能可口，就像诞生在17世纪的奥地利林茨大蛋糕（Austrian Linzer torte），后者是今天仍然流行的最古老的一款甜蛋糕。它以坚果面糊为坯，以果酱（传统上是用山莓制作）为馅，上面有面糊细条做的格子栏。

到19世纪早期为止，大蛋糕样式各种各样，只有烘焙者想不到：一本关于德国点心的书，从19世纪20年代开始，描绘了101种不同款式。面糊基坯让位给了海绵蛋糕，通常带有果酱夹心或者简单的糖霜。这就是著名的萨赫大蛋糕的基础形态，而巧克力海绵和巧克力甘那许则让它更新换代了；多博大蛋糕（Dobos torte）同样如此，它是由薄薄的面糊层层叠加构成的。更为经典的一款是黑森林蛋糕（Schwarzwälder Kirschtorte），亚伦·戴维森（Alan Davidson）在《牛津美食指南》（*Oxford Companion to Food*）中，将它描述成“一款巴洛克式点心，由多层巧克力蛋糕构成，以打发奶油和去核、烹制、糖浸的酸樱桃作为点缀”。它在20世纪80年代的英国非常流行，原因也许在于它那十足的世纪末气质以及对于豪华晚宴聚会的适应性（它也成为冷冻方便食品市场不断发展的标志——似乎没人实实在在地记得用东拼西凑的方式制作蛋糕的事情了），但不管怎样，它的制作方法追溯起来，不会早于20世纪30年代。正如它的名字所表明的，它是为了庆祝德国黑森林区的土特产而诞生的，该地区生长着酸樱桃，樱桃白兰地（kirschwasser）就产自该地区。

德语地区并不是没有自己式样的法国花式小蛋糕；这些小巧美丽的点心是为茶桌制作的。它们通常是个人份的块状，与英国人最爱的巴登堡蛋糕块并无不同，或者说像是小型的经典大蛋糕。它们的构成就像它们的名字那样丰富多样：一些是基于蛋糕的，例如奥地利的冲压蛋糕（punschkrapfen），它看起来像时髦的软糖，经过酒浸，顶上有一颗樱桃；一些是基于发酵面团的，例如蜂蜇蛋糕（bienenstich）（名字可能来自其坚果上顶中含有蜂蜜）；一些是基于面糊的，例如德国的布拉塞尔蛋糕（brasselkuchen），它由蓬松的面糊构成，顶部撒有黄油碎屑；或者是拿破仑蛋糕（Napoleonschnitten），它非常像法国的油酥千层糕（millefeuille）。卡勒姆将其工作生涯中一部分花在维也纳不是没有道理的，关于时尚点心的新闻，在这个大旅行（Grand Tour）[①]、出版和写信的世界中，传播起来是非常迅速的。

在德国蛋糕的万神殿中，有两款值得专门提及，因为它们十分独特：一种是年轮蛋糕（baumkuchen），一种是鹿背蛋糕

① 原文中的the Grand Tour有意大写，代表着双关的意思。它既泛指现今这个世界中人们频繁流动这种大旅行，又特指由亚马逊视频（Amazon Video）制作的一档环游世界的汽车类电视节目，该节目第一季已经于2016年11月18日开始播出。——译者注

（rehrucken）。前者，它名字的字面含义是“树木蛋糕”（tree cake），制作起来非常耗费精力，肯定不是适合家中制作的东西。它有多层蛋糕糊，蛋糕糊沿着一根长长的不断旋转的烤叉倒入，烤叉置于一套电动或煤气设备前端。烤叉一边转动，烘焙者一边对烹制中的蛋糕糊塑形，这样制作出一系列宽度不等、其间有逐步缩小的圆圈的带状蛋糊。完工的蛋糕有好几英尺高，常常会覆盖有巧克力或者装饰，在这些带子中竖切出一块，可以看到被烘焙成一个特别圆轮的蛋糕糊的每一层——就像树上的那些年轮。这种做法明显起源于15世纪的德国修道院厨房，并于1581年被记载在了一本烹饪书中。虽然它似乎没有在英国烘焙传统中得以留存，但英国也有一份14世纪的一款类似蛋糕的做法。

同样传统的是鹿背蛋糕，也与之类似地，它被做成了某种其他东西的样子：这一次是鹿的背脊。这种对于蛋糕而言显然匪夷所思的形状之所以做到，是因为使用了特殊的平底锅，这种锅有像肉关节的肋骨一般的凹槽。蛋糕本身是巧克力加杏仁的蛋糕，上面有巧克力糖衣，糖衣上到处嵌有整粒的杏仁，代表用来熏制真正鹿里脊肉的培根。至于为什么奥地利人觉得有必要在蛋糕中来重新创造一道荤菜——好吧，我们只能猜测，这是一个有关烹饪的玩笑，就像索耶把蛋糕制成羊腰腿肉的模样。

德国蛋糕一个非常突出的特征就是他们使用发酵面团。

我们知道，酵素是欧洲蛋糕的起点，而且在我们已经谈论过的蛋糕中，有些至今仍然在使用酵素，包括从狂欢节国王蛋糕和古老的美国选举蛋糕。然而，在德国烘焙中，这一传统才是最具生命力的，这既指使用发酵面糊制作看起来像传统蛋糕一样的烘焙产品，也指更清楚表明与面包有着共同起源的众多蛋糕——譬如我们在第二章中谈论到的圣诞史多伦。介于二者之间的都是非常轻而高的蛋糕，譬如咕咕霍夫及其类似蛋糕，意大利的潘娜托妮蛋糕（panettone）用加料加糖的面包面团制成（用它来作世纪末气质的圣诞屈来服蛋糕［Christmas trifle］的基坯简直棒极了）。

来自北欧的犹太人，以及美国的德裔居民区的居住者，最熟悉不过的是第一款发酵蛋糕：小蛋糕（kuchen）。当我还是个孩子的时候，我爷爷奶奶居住在伦敦北部，如果没有去犹太人的烘焙店逛一趟，没有流着口水看一看软糯的、常常预先切成大方块的蛋糕，我是不会满意的。我的姑奶奶有一份独特的李子蛋糕（pflaumenkuchen）做法，但我奶奶最喜欢的是店里面买来的盒装核桃巧克力酥卷（rugelach）——小巧的交缠式月牙形面团，里边有巧克力馅。小蛋糕是传统的咖啡蛋糕，在家庭烘焙中历史悠久，在地方性食品之道中根深蒂固。无论人们在哪里制作面包，要想存下些面团并且用这些不是太甜的蛋糕点心就着早晨的咖啡一起吃都不算难，而馅心则本地水果和坚果有什么就用什么。每个家庭主妇都有自己的做法，这是她们如此受到看重的另一个原因。

咕咕霍夫是我们所做像面包的蛋糕这一分类中的第二款，它有更为命运多舛的过往。它的名字拼法多样，拼作kugelhopf、kougloff和kougelhopf的都有，它在德国、奥地利、阿尔萨斯和波兰深受喜爱，每个地方都为其归属而吵个不停。它是最受欢迎的早餐蛋糕，由面粉和温牛奶构成的发酵海绵蛋糕制作而来，因为鸡蛋、砂糖和软化的奶油而营养丰富，还在中间加入有柠檬和果干。咕咕霍夫是在特别的无檐帽形状带凹槽的环状模具烘焙，这种东西最后在美国被叫作邦特罐（Bundt tin）。一个传说表示，它是为了纪念看望刚出生的耶稣那些智者而创造出来的，因为他们辗转回到了家（这有点神奇），经过了法国东北部（他们这次怪异的绕行留下了另一个痕迹，那就是国王蛋糕）。另外一个传说，奥地利版的传说，则认为，这一形状是为了纪念1683年在维也纳国境上击败土耳其人（据说，咖啡第一次为维也纳人所知也是在这个时间）。kugel这个词的意思是“圆的”，这也许是这个名字一个更无趣的渊源。阿尔萨斯人城镇，诸如斯特拉斯堡和南锡之类，其博物馆里今天还有巨大的、装饰性的模具，并且，根据伊丽莎白·大卫的说法，阿尔萨斯地区的利伯维尔镇每年都会举办咕咕霍夫节，会为本地家庭主妇制作的最佳范例颁发奖金。令人遗憾的是，这几年该镇停止了举办这样的活动，不过该地区的其他镇仍然举行一年一度的庆典，来庆祝他们本地的蛋糕。意大利的潘娜托尼与之相似，尽管被烘焙成圆顶形而非圆环形，而且传统上是为圣诞节而制作的。在复活节，它们会被烘焙成鸽子的样子，被称为“复活节鸽子”（colomba di Pasqua）。

法国人也有自己发酵类的最爱，这再次表明，欧洲大陆烘焙这棵谱系大树筋脉息息相通。他们喜欢羊角面包之类面包类面糊，布里欧（brioche）这种加料的面包代表了他们烹饪中一个专门性特征，但是不那么出名的萨伐伦饼和松软糕更像是蛋糕。萨法伦饼和松软糕都用类似面团制成，但是它们的形状和吃法不同。萨伐伦饼是圆环形，通常和水果、烘焙酱以及尚蒂伊奶油（Chantilly cream）一道上桌。松软糕是在小巧的圆筒模具中烘焙，和打发奶油一道上桌。后者中还包括有果干，和杏仁酱一道端上来。在加了酒的糖浆中烘焙之后——传统上是使用朗姆酒——二者都浸有酒味。

关于两种蛋糕何以问世的故事，相比许多其他的，算是得到了普遍认可，不过也不乏奇妙色彩。似乎很清楚，先出现的是松软蛋糕，又是一个如何拯救烤坏了的面包的故事，这次是一个类似海绵蛋糕的蛋糕，为被废黜的波兰国王斯坦尼斯洛斯（Stanislaus）而制作的，他后来作为一个贵族生活在法国。干透了的蛋糕加入朗姆酒之后就生机勃发，一款新点心就此诞生。萨伐伦饼出现时间稍晚一点，它的名字来源于著名的哲学家和美食作家让–安特尔默·布里拉–萨伐伦（Jean–Anthelme Brillat–Savarin，1755—1826）。正是他说出了那句被人们反复提及的名言："告诉我您吃的是什么，我就会告诉您您是谁。"（Dis–moi ce que tu manges，je te dirai ce que tu es）这件事情上，我们知道，布里拉–萨伐伦并没有吃过萨伐伦：他过世之后它才被创造出来。

本章中，我们谈论了欧洲大陆几种最具特色的蛋糕，以及它们所体现的文化：法国糕点的技艺与景观；德国咖啡馆的社交和奢华。我们也看到它们起源于非常具有男性特色的创造和消费文化，其中，蛋糕荣耀了它们的创造者和庇护人，糕点炫耀着培训和创造。另一方面，尤其是在德语地区，女性热情欢迎一种家庭社交传统。咖啡时间（Kaffeeklatsch），或者咖啡间隙（coffee break），对于暂停手中工作享受蛋糕和闲聊仍然重要，无论是和朋友一道还是只在家人之间，很多的小蛋糕和发酵类蛋糕仍然是在家庭中制作而成。您有可能被邀请到朋友家里去享受"咖啡与蛋糕"（zum Kaffeetrinken），就像您可能被邀请去参加午宴或者晚宴一般。

欧洲大陆的许多蛋糕之间都存在着明显的联系和相似，这反映出有一个非常庞大的谱系。维也纳的蛋糕和更东部地区的传统有着相同特征，也暗示着东部和西部之间的历史地位。

毕竟，奥斯曼帝国一直打到了他们家门口（请记住“维也纳之围”，它有可能启发了无檐帽形状的咕咕霍夫蛋糕），这一点也可以从奥地利、波兰、乌克兰和许多其他东欧国家中的罂粟种子、杏仁蛋白糖和多层蛋糕中看出来。阿拉伯人被认为是第一批尝试多层蛋糕的，他们制作的生面千层酥（filo baklava）在今天仍然很受欢迎。今天不难看出，说德语的人，因为丰富的家庭烘焙传统和与蛋糕紧密相关的社交，特别在意在他们流布到世界各地之时将其烹饪方法随身携带。在美国有些地方，咖啡时间仍然被称为kaffeeklatsch，问题只在于是吃大蛋糕还是小蛋糕。当然，正是德国人为我们引入了最受重视的社交性蛋糕传统：生日蛋糕。

不过，如果不提到欧洲大陆的烘焙店业和厨房中正在开始发生的变化，我们是无法结束这一章的。一方面，糕点大师们得到前所未有的尊敬：为了品尝赫尔默制作的最新口味的马卡龙蛋糕，为了梦幻糕点铺的新款式，人们排着长队。但是，一些女性也正在这个传统上属于男性的世界中崭露头角。另一方面，家庭烘焙者正在摆弄糕点工作中的核心技巧。一份新近的民意调查显示，71%的法国人在家制作蛋糕的次数从每周一次到每月一次不等；84%的人说他们想要在糕点工作方面表现更佳。“卓越糕点师”（Le meilleur pâtissier），法国版的“大英烘焙大赛”，看重的是复杂、讲求技术的糕点挑战（主持人福斯汀·博里尔［Faustine Bollaert］说过一句有名的话，英国秀上所烤制的蛋糕让她觉得糖太多、精致太少）。第一次系列赛的获胜者用一款圣奥诺雷蛋糕（gâteau St–Honoré）捧走了锦标，虽然我们也许会注意到，在各地的烘焙竞赛中都越来越具有偶然性；同一年，在澳大利亚版的竞赛中获胜者在决赛中制作的是花式小蛋糕和巧克力泡芙，英国的参赛者一如既往地琢磨复杂的欧洲烘焙。此外，几位男性烹饪书籍作者在宣布说，自己的证书是家庭式的，自己是家庭烘焙者而非高水平的专业人士。即使是受过专业训练的埃里克·朗纳尔，他近来的电视节目中表明他在对几款卡勒姆专属的蛋糕进行重新创造，他在“蛋糕小子”（cake boy）这个绰号下变得不那么嚣张了。非常突然地，糕点师，法国人称之为“pâtissier”，德国人称之为“konditer”，他们那种被神化了的艺术，正在变得民主起来，世界各处的烘焙者都在准备尝试通常只有糕点铺橱窗中看得到的那些负责烘焙品。如果布里拉–萨伐伦是正确的，那么，这表示我们正在变成什么样子呢？是扎根在我们集体的烹饪遗产之中的充满信心的娱乐者吗？抑或是对于新挑战有着敏锐嗅觉的时尚追逐者？我们将在最后一章中对后一个问题进行考察。

【9】

Cake: The Short, Surprising History of Our Favorite Bakes

女性主义者的
杯子蛋糕

操作台上四个系着围裙的参赛者彼此虎视眈眈。三个评委出场落座。主持人开始倒着读秒……让杯子蛋糕之战开始启动吧！各地的美食频道中，杯子蛋糕烘焙已经变得越来越竞争激烈。将一些香草味的面粉放在一个纸托里，然后待其烘焙完成之时撒上一层糖霜，这是远远不够的。现在，要让（顶部覆有糖霜的）杯子蛋糕受人瞩目，它必须有与你的拳头差不多大小，上面堆砌有塑造成山峰状的黄油奶酪，用伯爵茶（Earl Grey tea）、甜菜根、姜或者香蕉太妃调味，用大块奥利奥饼干、一块迷你薄饼或是一个手工制作的动物形状的糖膏固定在蛋糕顶部。

但是杯子蛋糕并非总是按照上述方式制作而成。它们的英式前身是仙女蛋糕（the fairy cake），之所以如此命名，显著原因在于，它们小到仙女都能吃。那么，它们又经历了什么，变得大而蓬松，又花哨，又时髦呢？它们其他那些小而别致的同类，譬如色泽靓丽的马卡龙蛋糕，样子漂亮的乌比派

（whoopies），或者可爱的、顶着小棒子的棒棒糖蛋糕，又是怎么样了呢？为何我们现在会被（大都是）小而可爱的蛋糕所打动呢？对于我们的文化及品味，我们可以说出什么呢？

在我们着手回答这些问题之前，首先需要注意的是，尽管杯子蛋糕现在无比盛行，我们对于小蛋糕的偏好事实上却并不是那么新。在锡模、杯子或平底锅中烘焙小“女王蛋糕”，这些做法并未随18世纪过去而湮没。我们已经了解，法国的四种小蛋糕，马卡龙蛋糕就是其中之一，有着悠久灿烂、无比出众的历史。渐次地，它们又衍生出众多国际性的亲戚来：英国有花式糖霜蛋糕，澳大利亚拉明顿蛋糕，以及奥地利甜甜圈（punschkrapfen）。正如上述例子所表明的，娇小并不代表简单。西班牙人有自己的松饼（madalenas），松饼与仙女蛋糕相似，但却是用橄榄油制作而成。它们非常干脆，常常浸泡在咖啡里，充当早餐或者下午的快餐。瑞典人喜欢一种小巧型的杏仁饼（prinsesstarta），它们味道新鲜、圆顶、略带绿色（它们的名字来自三位尤其喜欢它们的公主：玛格丽特［Margaretha］、玛莎［Martha］以及阿斯特丽德［Astrid］，她们均出生于19世纪与20世纪之交）。这种杏仁饼有时经过修饰，像是一只等待亲吻的青蛙。而在澳大利亚，一种形状相似、带有绿色光泽的小蛋糕则被叫作青蛙蛋糕（frog cake），张大嘴巴就能够一口吞下。青蛙蛋糕是阿德莱德的经典食品，因此被命名为南澳大利亚遗产标识。或许我们不应该从法国扇形的玛德琳蛋糕开始，这种蛋糕因为普鲁斯特将其当作时间之门而举世闻名。

所有这些小蛋糕与现在的乌比派和棒棒糖蛋糕有着许多共同特征：它们引人注目，它们可爱无比，它们都以便携式、单一尺寸的大小出现。或许正因如此，样式老旧、名声不显的英式仙女蛋糕在儿童生日派对上大受欢迎——对于不太愿意与人分享的小孩子来说，仙女蛋糕实在是一个理想选择！并不是所有的小蛋糕都让人联想到马卡龙蛋糕那种独具风格的美：想想吧，譬如外表凹凸不平的岩石蛋糕，所谓美滋滋那种油腻腻的长方形甜甜圈（yum yum）（它或许是在荷兰开始其食品之道的），还有加拿大的海狸尾蛋糕（beavertail）。但是在这个拥挤的个人甜品市场中，杯子蛋糕才是王道，尽管有来自评论家的攻讦，有烘焙新秀的围攻，它的至高地位仍然不可动摇。

杯子蛋糕的由来似乎是带有一丝神秘色彩，部分原因在于它取决于您何时开始把任何一个小蛋糕都叫作杯子蛋糕。做法中有两个极为明显的表述，它们要求糕点师要么用杯子量原料（这一量法是范尼·法默［Fannie Farmer］在其1896的《波斯顿烹饪学校教科书》中设计出来的），要么在杯子中烘焙蛋糕——后者，当然，更加接近我们现在的用法。根据伊万·代（Ivan

Day）这位食物历史学家和“食物历史点滴”（Food History Jottings）博主的看法，“杯子蛋糕”这个名字直到1828年才现身在烹饪书中；之前，小蛋糕是以“女王蛋糕”的名字而为人所知。他发现，关于这样一种女王蛋糕的最早做法，出现在1724年一位叫作史密斯（R. Smith）的人所著的《宫廷烹饪》（*Court Cookery*）一书中。它大约是以磅蛋糕作为基础的，但是只用了蛋白5个配搭蛋黄10个，就制作出一个营养更为丰富的蛋糕。它还包含了当时流行的无核葡萄干、肉豆蔻皮以及橙花水。家政女神玛利亚·伦德尔1806年的女王蛋糕做法，让我们进一步接近了我们的杯子蛋糕，因为她指导说，杯子蛋糕应当在茶杯中进行烘焙，也可以换成茶碟、锡罐或馅饼盘，这些东西当时都是能够找到的，它们做成的模具从心形到梅花形，类型众多。伊丽莎白·拉费尔德在其1806年所著的《家庭烹饪新体系》一书中，也提及了小巧的“梅子蛋糕”，这种蛋糕与之基本同出一脉。专门根据历史食谱研究实用烹饪的伊万·代汇报说：大多数早期女王蛋糕的做法都会把蛋糕做成圆形拱顶，非常像传统的杯子蛋糕（今天，平顶更受欢迎，因为这样的表面人们感觉会更好，因为许多人觉得这样糖霜就真正地多）。不过，最初在小锡罐模具中制作出来的是肉末派；另一个回到过去的事情，是英国人从前喜好的是个头大、加水果那些烘焙产品，这之后才开始迈向更轻盈、像海绵一样的各式蛋糕。

伊万·代对杯子蛋糕历史的研究，对其真实起源，在美国，在恰如其分的近代历史中，做出了定位。亚美尼亚·西蒙斯这位出版了美国历史上第一部烹饪书的人，1796年，其书中就包括了“在小型杯子中烘焙的轻盈蛋糕”的一种做法。这是一种发酵的蛋糕糊（使用在第四章中我们见过的典型美国术语“酵子”的其中之一），所以不完全是我们现在所认为的那种杯子蛋糕，尽管在书中她还收录有一则做法，制作小型、加香料的女王蛋糕。但是，到当费城传奇人物艾丽莎·莱斯利在1828年出版《75种糕点、蛋糕及甜品的做法》一书之时，一种确实称为杯子蛋糕的东西问世了。这里，它的命名不再根据容纳它的烘焙器皿，而是因为它采取了原料用杯子来量取这种方式。这甚至可能开启了美国以杯子量取这一传统，尽管当时还没有定量标准，“1、2、3、4，蛋糕”也是这么来的（黄油1杯、砂糖2杯、面粉3杯、鸡蛋4个）。莱斯利的做法不太让人记得住：砂糖、糖浆以及黄油各2杯，牛奶1杯，面粉5杯，多香果、丁香以及姜各1/2杯。它的味道让其不大可能出自现代的面包房，因为在现代的面包房里，各种类型的蛋糕都将体积缩减到杯子蛋糕的大小。很难说，到底是杯子蛋糕当时被出口回到英国，还是它在英国同步地发展，但是，可以确定的是，到19世纪中叶，杯子蛋糕在英国风光无限。到这一时期，就伊万·代所关心的而言，最为显著的特征便是，百褶纸托，对于所有类型的小蛋糕和饼干，也是常常使用的。

将小蛋糕放在它们自身的纸托中呈现出来，或许让我们思考，为何杯子蛋糕越来越受到大众的喜爱：它们时尚而且被证明反响相当不错。在这一时期，茶饮时间作为一种社交场合嵌入我们的生活，这些小零食，整整齐齐地将自身包装起来，让我们不管吃起来还是吃完后收拾起来都非常容易。它们与此同时也迎合了一种新的女性气质，这种气质越来越多地强调外形、扮相以及形体美感——包括了，从19世纪40年代开始，穿上剪裁得体的紧身胸衣、让身材像沙漏一般这一愿望。小巧而精致的杯子蛋糕在英国流行的同时，胸衣也开始大规模生产，或许绝非巧合。

尽管或许十分吸引人，但是我们或许不该把太多东西纳入该理论之中。几十年前小巧的女王蛋糕和肉末饼模具表明，小蛋糕已经深受喜爱多年，并且杯子蛋糕在诸如亚美利亚·布卢默（Amelia Bloomer）及其阔腿裤之类人物事件所推动的“理性着装”（rational dress）浪潮中保留了下来。但是，精致这一点仍然是杯子蛋糕在今天之所以普及的一个因素，因为它与女性气质相互关联——关于这个观点，后文我们会拓展讨论。杯子蛋糕预先设定了大小，保证您不被贴上过度沉迷蛋糕的标签（假定您吃一个就停下来，那就是了）。杯子蛋糕之所以普及，还有一个更为实际的原因：在烤箱里烘焙小蛋糕要比烘焙大蛋糕更能得心应手，这一事实从法国点心的命名中可见一斑：花式小蛋糕，或者“小烤箱”。

艾尔玛·罗姆鲍尔在写作其畅销书《烹饪之乐》（该书初版于1931年）时，就充分认识到杯子蛋糕的吸引力。她注意到，首先，杯子蛋糕易于烘焙，易于上桌；这种好处一直延续到了今天，并且成为它们宜于款待客人的又一理由。她甚至预见到今天非常流行的百褶外形，因为她建议烘焙者使用新的带褶皱的纸杯，而杯中所装只可以到三分之一的位置。也许这不是偶然的，因为这保证了蛋糕烘焙完成后刚刚升到杯子顶端之下，留出一个干净、漂亮的地带，有一个完美无比的空间用于装饰，装饰可以是黄油糖衣或者糖霜，或者坚果、浆果或者果干之类。还有一个替代的方式，就是从蛋糕顶部移走“盖子”，将这个空间用巧克力或者黄油填满，取代盖子，再在顶部撒上糖霜——这种别具风格的手法今天都还在使用。她的大多数蛋糕做法都可以用来制作杯子蛋糕，包括我们在第四章中谈到过的玛丽女王海绵蛋糕（这种蛋糕是国王乔治五世的最爱），这是一种金色的杯子蛋糕，使用的是蛋黄，而天使杯子蛋糕则是使用蛋白——这里再一次表现了美国人对反差与均衡的喜爱。她还提出了整套关于其他口味杯子蛋糕的建议，从姜面包到菠萝或是花生酱的，不一而足。颇具吸引力的组合风格包括有水仙花杯子蛋糕在内，这种蛋糕白色或是黄色，橘子或者柠檬夹心，橘子或者柠檬糖霜。另一种英国的杯子蛋糕变种，蝴蝶蛋糕，与之颇有异曲同工之处，在蝴蝶蛋糕中，切下的盖子被一分为二做成两只“翅膀”，重新放回到黄油奶酪的顶上。

因此，杯子蛋糕易于烘焙，易于掌握烤箱的余热，大小适中，外表好看。这些都可以说是杯子蛋糕取得经久不衰影响力的重要原因，尤其是当我们考虑到，我们这里所讨论的食物，本质上是用于一个特殊场合的甜点，并非一道主要菜肴。相反，它们的特色体现在这样的场合：食物是感受该场合独特性与幸福感的重要部分。

在这个重要属性列表中，我们还可以加上另一个词：怀旧。杯子蛋糕现象之所以在近几十年间、在众多西方国家中获得重生，这是关键理由之一。简单地说，杯子蛋糕让我们想起我们的童年时光，尤其是生日派对和家庭小吃。杯子蛋糕常常是孩童时期与长辈一起烘焙蛋糕的首选，奠定个人关于家庭纽带关联、分享成就等个人记忆。并且，由此推而广之，它们让我们想起生命中一段更为单纯的时光，想起像人们希望的父母和祖父母爱自己孩子那种直白的爱，想起当小小的撒有糖霜的仙女蛋糕，它们就装在白色纸托中，表面覆有一层薄薄的冰糖霜和一些糖屑，满满地都是幸福。蛋糕虽小，作用却大，但是，当杯子蛋糕的拥趸者、烘焙者以及市场分析员之流试图对小蛋糕经久不息的魅力作出解释时，这种东西就会不时地再次浮现在我们的脑海。

无论是怀旧还是新颖，可以确定的是，我们正在吃下越来越多的小蛋糕。敏特尔公司（Mintel）2013年的一份调查发现，小蛋糕在英国的销售让大蛋糕相形见绌，小蛋糕占据市场份额的44%，大蛋糕是37%，这代表着，在2011年到2012年间，小蛋糕取得了19%的增长。并且，在这次关于吃蛋糕的调查中，有四分之一的英国人说，自己更喜欢市场上一人份的蛋糕。分析人员指出，对快餐食品的偏好是一种解释，这导致了杯子蛋糕、松饼以及蛋糕吧的增长。总数上说，敏特尔公司估计，在过去的六个月中，仅有6%的英国人没有吃蛋糕或者光顾过蛋糕吧。

可是，我们今天所得到的杯子蛋糕，并不是记忆中那种小小的、受孩子们喜爱的那种杯子蛋糕。相反，潮流所做出的选择是时髦一时的美味杯子蛋糕。它们在大街上、在流行文化中成为爆发的热点，是因为《欲望都市》（*Sex and the City*）这部美剧中的一幕，该剧首播于2000年。在这部剧中，主角凯莉（Carrie）以及她最好的朋友之一米兰达（Miranda）——两人都是40岁左右，时常单身，消费大手大脚——在纽约城的木兰烘焙坊（Magnolia Bakery）外面吃有粉红糖霜的香草杯子蛋糕。这一幕持续不到一分钟，却成为消费文化中一个决定性时刻。观众或许没有能力指望有凯莉的衣服，生活方式，更不要说——极有可能——她的鞋子，但是，他们的的确确，能够买得起一个出自木兰烘焙坊的杯子蛋糕，并且事实上，他们真的蜂拥而至。十五年来，这家店仍然列在《欲望都市》纽约之旅的官方指南上。

《欲望都市》真正为木兰烘焙坊所做的，是极度地普及了一种现有的狂热。这家烘焙坊由艾丽莎·托瑞（Allysa Torey）和詹尼弗·阿佩尔（Jennifer Appel）两人于1996年合作创办（阿佩尔随后离开这家连锁店，创办了自己的店铺）。2003年，有报道称，这家连锁店仅仅杯子蛋糕的销售就达到了每周40000美元，并且来买蛋糕的排队者有一个街区那么长。当2014年6月木兰的最新分店在东京开设之时，等候进店的时间长达6个小时，而且，在莫斯科、迪拜、阿布达比、贝鲁特、科威特城以及多哈也有分店（后文中我们会讲到这些中东国家对杯子蛋糕的迷恋之情）。木兰烘焙坊的成功，引来了一波专业美味“杯子蛋糕店”的风潮，其中，贝弗利山庄的斯布林克（Sprinkles Cupcakes）据说是第一家。这家烘焙坊2005年开张，为坎迪斯·纳尔逊（Candace Nelson）所拥有，此人也是《杯子蛋糕之战》（*Cupcake Wars*）这个节目的长期评委之一。它也是第一家全天24小时为客户提供烘焙产品的杯子蛋糕连锁店，它在2012年在选出的商店中安装了“杯子蛋糕自助提货机”（Cupcake ATM）。还有四处送货的“斯布林克送货车”（Sprinklemobile），可以把杯子蛋糕运往更为偏远的地方。

木兰、斯布林克，以及更简单好记的科朗布斯（Crumbs）[①]，就开店数量来说，都是一时的霸主，却在2014年遭遇了金融泥沼，3家公司在杯子蛋糕行业中大名鼎鼎，但是也有成群结队的竞争对手。时常更新的博客“杯子蛋糕最棒”（Cupcakes Take the Cake）中，撰写博文时，单就纽约城就列出了61家杯子蛋糕烘焙店，然而，这不仅仅只是一个纽约才有的现象。譬如，华盛顿的乔治城杯子蛋糕（Georgetown Cupcake）因为真人秀《DC杯子蛋糕》（*DC Cupcakes*）而拥有众多的追随者；这个节目通过一家杯子蛋糕烘焙坊经营过程中的种种挑战和喜剧，记录了作为店主的两姐妹的生活。这个节目甚至包括为两姐妹之一的婚礼所做的种种准备，她婚礼上穿着的衣服（用她本人的话来说）让她看上去就像是一个杯子蛋糕，在举行婚礼的这个特别的日子——毫不意外地——专门提供了一个由乔治城杯子蛋糕组成的巨塔。这家烘焙店也是目前世界最大杯子蛋糕的纪录保持者，该纪录是2011年11月创造出来的，创

① 全称Crumbs Bake Shop，2003年在纽约开业的一家有名的点心店。crumbs做实义词，表示“碎屑”“点心渣”等，但也可以用作拟声词，表示惊叹的意思，如“天呐”之类，音义都指向这里的蛋糕主题，所以作者说这个表达“更简单好记”。作为表示店铺名称的专有名词处理，则只能译音，倒不容易看出这一点来——译者注

造纪录的那个杯子蛋糕重达2594磅，高36英寸。那个杯子蛋糕也是此节目中的一大亮点。

美味的杯子蛋糕最终成功地传到大西洋彼岸，即使英国传统的杯子蛋糕与这种新的美味产品蛋糕不大相像，尽管欧洲的其他地区根本就没有自己本土的传承。我们可以从许多英国巨头自我销售的方式中看到这一点。分店遍布整个伦敦的市场两大领头羊，蜂鸟烘焙（Hummingbird Bakery）和樱草烘焙（Primrose Bakery），清楚表明，它们是在把美国的杯子蛋糕带到英国。蜂鸟烘焙首先是2004年在伦敦西区的诺丁山开张，把自己的杯子蛋糕描述成“美国风格”，并且其最为知名的是红色天鹅绒杯子蛋糕（red velvet cupcake），而据我们所知，这种蛋糕正是典型美国风味的。樱草烘焙开张在伦敦北区的樱草山，时间也是2004年，它的目标是把美国以及其他地方的知名美食带到英国来。起初，樱草烘焙开始其烘焙事业，为的是拿下儿童这个杯子蛋糕的传统市场，但是，就像诸多其他烘焙店一样，樱草烘焙也意识到，杯子蛋糕实际上非常有潜力成为一种面向成人的产品。蛋糕顶部有巧克力或者香草海绵，撒有糖屑（也就是经典的英国仙女蛋糕），儿童就会满心欢喜；另一方面，成年人更为成熟，要求更为丰富的口味，成年人愿意在其所痴迷的点心上花的钱，比其愿意为一个儿童派对花的钱，要多得多。很聪明的是，樱草烘焙仍然把他们的“迷你”

杯子蛋糕当作儿童生日理想选择进行市场推广，该蛋糕的卖点是“大致三口吃掉”（是儿童吃三口还是成年人吃三口并未具体说明）。另一方面，常规的每日特选则提供了以美国主题为基础的非常有英国特色的麻花形蛋糕，主打三角巧克力（Toblerone）和麦提莎巧克力（Maltesers）等深受人们喜爱的甜品，以及玫瑰和伯爵口味（还提供诸如花生酱、香蕉太妃、枫叶以及山核桃等号称源于北美的其他诸多类型）。

杯子蛋糕在欧洲大陆也变得流行起来，但是在那里，杯子蛋糕更像是来自美国或者英国的趣味进口商品。布鲁塞尔的“百合杯”（Lilicup）烘焙店将其杯子蛋糕描述为“英国风格”，并且称两位创始人兼烘焙师不得不在模具方面向美国和英国看齐，因为比利时没有烘焙小蛋糕的传统，而他们已经开始为孩子们制作的正是这类小蛋糕。在许多烘焙店的英文命名方面，盎格鲁—撒克逊的影响是十分明显的：米兰的“那就是烘焙店”（That's Bakery），鹿特丹的“爱丽丝漫游蛋糕王国”（Alice in Cakeland）以及克拉科夫的“转角遇见杯子蛋糕”（Cupcake Corner Bakery），它们都以“地道美国的”蛋糕作为卖点，口味包括花生酱、果冻以及红色天鹅绒等。因为在这些国家没有童年杯子蛋糕这种传统，因此我们可以保守地总结说，这些小蛋糕自有其吸引力，超越了怀旧和熟稔。可爱时髦的外观，与诸如美国之类主导文化之间的关联，这些赋予它们一种此前不为人们所知的吸引力。尽管，这并不是说，它们还没有适应本国的口味：法国和比利时烘焙坊中，由备受人们喜爱的香料饼干命名而来的斯比克鲁（Speculoos）杯子蛋糕，就是一个上佳的例子。

与此同时，对杯子蛋糕的赏识走得更远。木兰烘焙坊在中东地区有极强的影响力，伦敦的蜂鸟烘焙店也在迪拜开有分店。文化的西化和美英两国商品的美誉，给了杯子蛋糕及其同类一封漂亮的推荐书。它们正在进军中国市场，在中国市场上，外观、新颖、“可爱”是重要特点，此外，注重单个包装（被认为更加卫生）是更有特色的本地偏好。诸如星巴克（Starbucks）之类的西方连锁店甚至让远东有着悠久传统的月饼之类蛋糕也开始变成迷你化了的点心，有着东方、西方的各种口味。

美食纸杯蛋糕热潮方兴未艾、一浪高过一浪（如果您感兴趣的话，现在美国有一个全国性的杯子蛋糕节——12月5日），但是乍一看，似乎没有道理解释为什么美食蛋糕如此成功。一方面，正如我们前面所提及的，杯子蛋糕烘焙起来并不是一件难事。那么，为什么人们会高兴地花上3美元去买一个来呢（或者，通过木兰烘焙坊的订单，花费21美元买6个；拿到手时已经冷硬了）？有些人提到了纽约效应（New York effect），在这里，厨房狭小、都市生活密集、又是世界上最具大都市特征的食物景观之一，这几个因素相互结合，使得在家烘焙比在外就餐麻烦太多。但是这并不能解释，为什么在美国其他地区，事实上，乃至全世界，杯子蛋糕都十分流行——甚至在有些地方，并没有童年时期就烘焙它们这样的传统可以探寻。

其次，杯子蛋糕不容易保持形状，至少在烘焙店不打算使用大量保鲜剂的条件下是不容易做到的。并且这就是杯子蛋糕之所以火热的一大特征：虽然最为知名的品牌隶属高度公司化了的连锁店，它们遍布许多个州，甚至许多国家，但是，几乎无一例外地，它们都会强调自己的家庭渊源，强调自己使用的是老传统的方法以及新鲜的原料，当然，也有许多的确是从单一型出口业务开始的。木兰烘焙坊的网站使用“老传统”（old-fashioned）一词来描绘其烘焙加工过程；乔治城杯子蛋糕的拥有者凯瑟琳·卡林尼斯·伯曼（Katherine Kallinis Berman）和索菲·卡林尼斯·拉蒙田（Sophie Kallinis LaMontagne）曾写到一个事实：她们开创自己事业的灵感，来自关于与“贝比奶奶”（grandma Babee）一道进行烘焙的种种记忆，对于她们而言，杯子蛋糕是指向童年和幸福的直接线索。苏珊·萨里奇（Susan Sarich）是加利福尼亚连锁店“苏西蛋糕”（Susie Cakes）的创始人，她的起步，是从祖母们传承下来的、写在小卡片上的那些食谱开始的（是她们给了她“苏西”这个昵称）。事实上，大多数烘焙店都强调其原料新鲜，并且事实上它们都是使用传统的（也就是非工业化的）方法从每日的主食中制作而来。因此，尽管杯子蛋糕或许易于制作、易于上规模，但是它们可以是一种为爱而付出的劳动。2008年，在凯瑟琳与索菲创办乔治城烘焙坊时，她们早上四点就要起床，烘焙500个杯子蛋糕，并且在两小时之内卖光。因为客人仍在门外苦等，于是她们贴上一张告示，宣布她们会带回来更多，接着便以疯狂的速度再完成300个——两小时之内又卖光了。现在，她们的烘焙店每天产出5000多个，或许节奏相对清闲，但是，每天手工操作好几条不同的生产线，可不是什么轻松的工作。

在这个超级拥挤的市场中，万物都要竞争，或许并不令人惊讶。《杯子蛋糕之战》于2010年的6月在美食网（Food Network）上推出（《大英烘焙》也于同年创刊），每一周，获胜团队将会获得10000美金的奖励。比赛故意设计得气氛紧张并且充满戏剧性：四个团队必须经历三轮比赛，创造并且烘焙多种样式的杯子蛋糕，从中反映出他们的天赋、想象和技能。决赛轮中，要求他们在两小时内制作1000个某特定主题的杯子蛋糕，包括所有已经呈现过的口味，并且所有的都按照他们所设计的展台上进行展览（展台由比赛所约请的木匠实时制作完成）。这样的设计着重强调独特而富有想象的混合口味，同时也强调呈现方式；不过，味道是绝对不可忽视的。两个常驻评委在这方面极具资历：斯布林克杯子蛋糕的坎迪斯·纳尔逊，之前被评为美国最佳糕点师之一的弗洛里安·贝朗热（Florian Bellanger）。

《杯子蛋糕之战》以及《DC杯子蛋糕》，两个表演秀展现了这个黄油、奶酪唯尚的世界中市场的两个方面。前者是一切都与证明实力和各种证书有关：比赛中的获胜者打开大门，名声鹊起。另一方面，《DC杯子蛋糕》则尽是关于经营家族企业的笑料与疯癫，核心支撑其设定背景的，是杯子蛋糕这种最不具备威胁、女性特色鲜明的产品。然而，在英国，杯子蛋糕烘焙似乎无法激起这类竞争。诚然，每个月一些英国城市都有成功的“永远的杯子蛋糕”（iron cupcake）比赛，该项比赛以最初在密尔沃基所举办的作为榜样（现在已经没有了），但是，它们固定地吸引到越来越多的人买票进场，这些人是来做评判者而不是烘焙者的，必须说，这表明人们对于烘焙产品——或许还有烘焙这件事，有着浓厚的兴趣。

不过，《杯子蛋糕之战》在收视率下滑之后，于2013年终止。2014年，美国杯子蛋糕连锁店科朗布斯关闭了其所有的48个分店，并且申请了清算，当时，其股票价格比其一个迷你杯子蛋糕的价格还低。许多人把这些事件当作警示，美食杯子蛋糕已经穷途末路——正如许多作者迅速指出的那样，杯子蛋糕泡沫已经破裂。

记者兼金融专家丹尼尔·格罗斯（Daniel Gross）在2009年出现在“写字板”网站（Slate.com）上的一篇文章中预言过这一剧变。他说，杯子蛋糕市场已经人口过剩，并且，对于依靠如此多的砂糖、挂着如此高的价格标签的产品，消费者的喜爱不会持久。杯子蛋糕店铺所瞄准的市场过于专门：毕竟，人们并不是每天都购买昂贵的杯子蛋糕。正如约书亚·布朗（Joshua M. Brown），又名“改头换面的经纪人”（The Reformed Broker），在他的博文中写道，“当您把美国人一个突发的奇想放在一个完全成熟的新领域中来推导，就会发生这样的事——您相信，4美元买一个杯子蛋糕这种乱花钱会以某种方式变成一个长期习惯，一个庞大的公司足以由此而建立起来。”“财富”网站（Forbes.com）把杯子蛋糕称为“一种异想天开的奢侈品”（a fanciful luxury）。格罗斯本人确实从未使用过“泡沫”（bubble）这个词，这个词暗示某物膨胀之后爆裂；但他的确在“砂糖热”（sugar rush）之后预言会有一次崩盘。

格罗斯的原创文章对美食蛋糕起初一炮而红的原因提出一些有趣的观点。正如“裙长理论”（hemline theory）表明，裙子的长度与经济周期息息相关（裙子越短，市场越活跃），杯子蛋糕也是一样，它与我们近期的经济阵痛和复苏是相互同步的。格罗斯说，在肇始于2008年的经济衰退中，人们渴望小点心，小点心让他们既感觉良好又不会破产。类似地，杯子蛋糕对于那些想要开创事业的人来说是一个不错的选择，因为他们不需要大笔的起步资金，大规模制作相对容易，而且迎合了许多人以糖果作为慰藉的需要，还能让人们吃到它的时候生出对孩童时代和经济繁荣的怀旧之情。但是，当仿冒企业蹦了出来，市场于是变得过于饱和，催生出特定产品的“杯子蛋糕小繁荣”：有机的、素食的、无胶原蛋白的，如此种种都来了。最后，市场充斥着资金不足的项目，产品也必然越来越缺乏特色。

当格罗斯2009年写下他这篇个性鲜明、广为引用的文章之时，大规模经济复苏的迹象尚不明了。事后看来，其他人已经就他关于杯子蛋糕和困难时期的论述做了进一步深化。随着经济的不断改善，人们或许认为，对美味蛋糕的喜爱只会加深。并非如此，“改头换面的经纪人”说，“如果您已经收回您的骄傲自大，谁需要糖果呢？”卡卡甜甜圈（Krispy Kreme Doughnuts）这位博主也如此看，他说：紧随“9・11”事件之后的网络经济衰退，杯子蛋糕变得大受欢迎起来，但是情形一旦好转，需求于是马上就降了下来。现在，世界第一经济体中新近充满信心的消费者正在寻找诸如冷冻酸奶以及增进健康的奶昔之类健康小吃，在慰藉性食物之外的其他领域跃跃欲试。

事实上，所有宣扬杯子蛋糕消亡的报道似乎都过于轻率。

近年来的销量逐步放缓，但是市场仍在上扬。科朗布斯烘焙坊的失败，对之有所反思的分析家说，不应归于消费者抛弃了杯子蛋糕，而是来自非持续性增长和差强人意的商业模式。每个季节我们都听到有关于“新杯子蛋糕”的预言，但是，越来越多的观察者们表示，所谓新的杯子蛋糕，事实上，仍然无非是杯子蛋糕而已。其他潮流来了又走，但是没有哪一种潮流被证明是恒久不变的。从谷歌关键词搜索基础上得到的数据显示：对“乌比派”的搜索，首先是从2009年开始的逐步攀升，并在2011年直线上涨，而“马卡龙”，到2013年12月之前，它一直保持稳定的持续攀升，尤其是在2012年的12月，感兴趣的尤其多。这之后是“棒棒糖蛋糕”，在2011年、2012年以及2013年的年末都有例行上涨（也许是和家庭手工圣诞礼物有关？）。但是，在整个2012年到2014年之间，“杯子蛋糕”一直比它们中的任何一个都更受欢迎，并且一直维持着高的兴趣度。也许我们应该再等一段时间，才能够确定那之后的任何衰退；杯子蛋糕似乎的确是最具生命力的甜蜜怪兽。

2011年中吸引网友关注的是乌比派，是一个出人意料的新杯子蛋糕地位竞争者，尤其是当您想到，就杯子蛋糕的吸引力而言，外表有多么重要。相比之下，粗率地说，乌比派就是两块蛋糕片，中间夹上黄油奶酪或者棉花糖。拥戴者们会说，它可远不只是这样，它是一种应该双手捧着来吃的黏糊糊的点心，随后蛋糕边上满溢出来的奶油便可从脸上舔掉。它也不是什么新发明，就像杯子蛋糕，它的其中一个卖点就是怀旧和童趣。据说它是一种阿米什人的传统小吃，但是其他人认为，它起源于欧洲，是宾夕法尼亚州的荷兰人将其带到了美国。缅因州也强势主张自己是乌比派的诞生之地，缅因州和宾夕法尼亚州都会举行一年一度的乌比派节。2011年，缅因州的立法机构先声夺人，将乌比派选为缅因州的州小吃（在州派竞争中则输给了蓝莓派）。有一种与之相似的三明治蛋糕在南部各州深受喜爱，当地称之为月亮派（moon pies）。

无论是使用哪种方式，乌比派或者月亮派最基本的开端，可能是用简单甚至剩下的蛋糕糊制作而成的快捷式蛋糕或饼干。关于食物历史方面知识最全面的网站之一是“食物发展史”网站（Foodtimeline.org），它报道有维多利亚时代人的生日庆典，却无法在早期宾夕法尼亚州烹饪书籍中找到任何有关乌比派的证据。它们在主流中的出现是一个渐进的过程，或许是2003年《奥普拉脱口秀》（*Oprah*）[①]里的一个专题片为它拉高了人气，这个专题片拍摄的是一家叫作“邪恶乌比派”（Wicked Whoopies）的新企业制作和销售乌比派的事。很快

① 奥普拉脱口秀，英文全称The Oprah Winfrey Show，该节目以主持人名字命名，从1986年12月8日到2011年9月9日，播映长达25年之久，是美国历史上播映时间最长、收视率最高的脱口秀节目。——译者注

它们就出现在该地的所有咖啡馆里，然而一两年之后也沉寂下去（在木兰烘焙坊的菜单上现在仍然能够找到几种代表性的口味）。然而，似乎极有可能，乌比派之所以兴起，是基于同一种对于新颖烘焙产品的敞开怀抱心理，是这种接纳激发和维系着杯子蛋糕。这一点，再加上它们那种传承和童年感受，于是您就能够拥有一种稳操胜券的结合。关于乌比派这一名字由来的故事，让我们对后面这一点有了更深的理解：孩子们在自己的午餐盒中找到它时所发出的那声快乐的尖叫[①]。

下一个觊觎杯子蛋糕之王宝座的是马卡龙蛋糕（不要与个头较大、椰子口味、相对而言不那么精致的蛋白糖搞混淆了[②]），马卡龙蛋糕与乌比派有一定的相似。二者都是三明治式蛋糕，中心夹有黄油奶酪或者果酱。然而两者的相似之处也仅限于此。如果说乌比派代表纯粹的乐趣——胡乱咬上几口中那种童年的欢乐——那么，马卡龙蛋糕就是成年人优雅地小口享用。它是极致成熟的缩影，无论是它细腻的着色，还是它一口就可吃掉的精致大小（相比之下，乌比派是庞然大物，直径有四英寸）。它对烘焙者的要求也更高：马卡龙蛋糕是由蛋白

① 乌比派（whoopie pie），其中的 whoopie一词是从英语单词whoop变形而来，而whoop本身是一个象声词，指因为高兴或激动而发出的高声喊叫。——译者注

② 马卡龙蛋糕拼作macaron，蛋白糖拼作macaroon，二者只有一个字母之差，所以作者有此提醒。——译者注

和磨碎的杏仁混合制作而成，混合物必须用管子输进必须具备的洁净碟子中，并在完美条件下进行烘焙，这样才会创造出有着闪亮外表、样式轻盈的碟形马卡龙蛋糕来。尽管表皮略脆，但是里面却既有嚼劲又柔和，含在嘴里几乎就化了。每个糕坯与馅心接触的地方，应该是精心制作的马卡龙蛋糕的标志性特色：一个具有质感的底层，即所谓的“裙边”（foot）。

乌比派一直以来都是家庭烘焙的点心，它的吸引力主要在于其让人见之心喜的朴实外观，而马卡龙蛋糕则是在商店里出售的、巴黎高雅风尚的杰作。正如我们已经了解的那样，马卡龙是一种花式小蛋糕，包括所谓“无水的”或者“干燥的”在内有多个类别。就像我们在本书的蛋糕之旅中碰到过的其他诸多备受钟爱的蛋糕一样，有许多人都声称自己才是马卡龙蛋糕的发明者。有好几个故事和修女有关，法国大革命期间，宗教遭受压迫之后，修女们在修道院里面或者外面开起烘焙坊来，而有一个故事则说，它们是16世纪随意大利梅迪奇家族的凯瑟琳（Catherine de' Medici）一道来到法国——就像泡芙（profiteroles）一样（“马卡龙”这个名字可能出自意大利语中的macaron［糕饼］一词，一种先前的样式似乎肯定是来自意大利）。如今，好几个法国城市都声称自己的马卡龙蛋糕独具特色，亚眠的马卡龙蛋糕硬实、谷粒感强、单层，巴黎的马卡龙蛋糕更加有名，它们是色彩素淡的三明治，中间夹有与之色彩相配的巧克力或奶油，曾经风靡一时。瑞士也有一种样式与之相似的马卡龙蛋糕，（根据其创造者的名字）被叫作“小卢森堡”（Luxemburgerli）。

倘若杯子蛋糕在流行文化中是与纽约和木兰烘焙坊息息相关，那么马卡龙蛋糕就是永远地与拉杜丽（Ladurée）密不可分了，拉杜丽的旗舰店地处巴黎的香榭丽舍大道，并且拉杜丽似乎是第一个用馅把两个马卡龙结为一体的，而不是直截了当把两个的底部粘在一起就完事。杜拉丽家族也开设了最早之一的茶楼（salons de thé），名门望族的女性可以在那里品茶、聊天、吃花式小蛋糕，而无须担心受到非议。拉杜丽的马卡龙蛋糕作为晚餐聚会礼品备受追捧，有不断变化的各种特色口味（尽管它们似乎抗住了不可避免的臆想诱惑：美国美食作家、现居巴黎的大卫·雷柏维茨［David Leibowitz］报告说，自己碰到但拒绝品尝的唯一一种蛋糕，就是拉杜丽的竞争对手皮埃尔·赫尔默［Pierre Hermé］所制作的鹅肝加巧克力马卡龙蛋糕）。2011年，拉杜丽的一家新店在纽约市麦迪逊大街开张，引来的长队排了一个街区——这是新颖烘焙产品流行于当下确切无误的标志。在繁荣景象的另一端，现在您可以在法国、德国或者澳大利亚的麦当劳里买到马卡龙蛋糕。但是请注意——2015年度烘焙流行趋势榜单把马卡龙蛋糕列入了“下降”榜单。您也许认为，手边有了极度精致的马卡龙蛋糕，法国人或许就不会在意不那么优雅的乌比派了。事实上，法国人对其充满热情，这再次证明，论起蛋糕来，对新颖的追求是无止境的。

其他近年来出现的小蛋糕，更多属于专业人士类型，是为吸引短暂注意或者满足对新颖性的渴求而专门创造出来的。首先，是蛋糕与棒棒糖相遇而来的棒棒糖蛋糕。把它们从新颖推向狂热的人是安吉·杜德利（Angie Dudley）（尽管她并非刻意为之——她不知道自己的发明竟然会受到关注）——她是现今美国大热的博客“烘焙灰姑娘”（Bakerella.com）的博主。在2008年1月那一篇让棒棒糖蛋糕一炮走红的博文中，她说，自己在一次聚会中已经见证过某种类似的东西，并且决定挑战自我，将其重新创造出来。到2014年11月，这篇博文得到了384个评论。现在她已经写了几千篇博文，出版了好几本烹饪书，并且在全国性的电视节目中频频露面，其中就有2008年杯子蛋糕周的《玛莎·斯图亚特秀》（*The Martha Stewart Show*）。

棒棒糖蛋糕的吸引力，全在其让人见之心喜的可爱外表，它站在小棒的顶端，俯视所有其他地平线上的烘焙产品。然而，在那让人心动的表面之下，是长达几个小时专注的工作，这些时间几乎全部都花在了装饰上。事实上，杜德利提议用蛋糕组合装来制作蛋糕，再用现成的糖霜来将碎屑凝结成必需的圆球。但是，装饰（包括花几个小时用融化的糖衣盖住圆球，并且“修修补补”以确保有均匀的外观）才是技术的关键，最终，也是消费者的关注焦点。它们可爱至极，对儿童充满诱惑，而且很容易针对各种特定目的设定主题，无论是电影发布会还是关注癌症活动都能得心应手。但是，继续探讨我们发现悄然出现在所有这些时髦小蛋糕中的主题，它们似乎对女性和儿童的吸引力要比对男性的吸引力更大。当我买了杜德利的第一本书，我受其鼓舞很想对棒棒糖蛋糕有更多的发现，而我两岁的儿子把书中的图片愉快地看了半个小时，并作出决定，告诉我们他想让我们去制作什么。我的同事，则对为了外观而牺牲蛋糕大小这个想法不以为然。我们马上会顺着这条思路继续探讨，但这里我们满足于点到为止：尽管杜德利并未在任何一处表示她的书是以女性为目标的，但是，的确，是女性首先发现这类细致而精致的可爱蛋糕充满吸引力，不仅如此，她们还准备花上一些时间来为朋友和家人制作这类蛋糕。

杜德利并未发明棒棒糖蛋糕，但是将其普及开去的是她。“食物发展史”网站的研究人员在20世纪60年代的烹饪书籍中就发现了类似的棒棒糖饼干（两根饼干之间夹着一根棒棒糖），但直到20世纪早期都没有一种叫作“棒棒糖”的东西，而且在2007年那篇著名的“烘焙灰姑娘”的博文之前也没有什么规模化的产品。它们因为星巴克而更为普及，2011年，作为其“小巧”系列的一个组成部分（这之中也包括迷你杯子蛋糕），星巴克推出了一系列棒棒糖蛋糕。“烘焙灰姑娘”所做的，就是打通两种潮流，仅仅是在她的原创蛋糕博文发布的几天之后，就创造出了棒棒糖杯子蛋糕。棒棒糖杯子蛋糕之所以一炮而红，是因为它结合了三大流行风尚：小巧、无比可爱、新颖。对于一个烘焙新手而言，棒棒糖杯子蛋糕比棒棒糖蛋糕要费事得多，因为它们必须在蘸上糖衣之前被放进杯子蛋糕模具，而且要在两种不同颜色的融化了的糖浆里穿衣，这样才能获得"蛋糕"和"纸托"效果。"可以一口吃下的杯子蛋糕"（cupcake bite）要求要稍微低一些，因为它不要求一次成型，不是爬上小木棍的（于是，蛋糕就可以在糖浆中穿衣，而不是在小木棍上来"修修补补"）。棒棒糖蛋糕和棒棒糖杯子蛋糕可能是新奇完美的极致；也正是这个理由，它们在众多家政女神比赛上也倍加受青睐。对于小型企业或者个人来说，家庭制作的棒棒糖蛋糕的确不是一个理性选择；就其所耗时间而言，价格必须到高得离谱的程度不可。或许，这就是烘焙者们愿意坚持做杯子蛋糕的原因吧。

各种最新烘焙狂热中的最后一种，标志着追求时尚的烘焙世界中一个新的风潮：杂合式烘焙（the portmanteau bake），一种点心与另一种点心相遇并且碰出火花。这种风潮也是个体烘焙者和个体糕点店为了创造个性化新东西的一种更具自觉意识的尝试。所有这一切，肇始于知名法裔美国厨师多米尼克·安塞尔（Dominique Ansel）——2013年"美国最佳糕点师"称号得主——2013年5月10日推出“可颂”（cronut）（也是它的注册商标）。它之风靡，在今天这个一切都连在一起的世界中，唯有来自时尚烘焙店的新颖烘焙产品才能做到，这种杂合式羊角圈仅仅15分钟就宣布售罄。安塞尔的官方可颂网站报告，历经两个月的试验和十个不同做法，才得到这种完美的一层叠一层的羊角状蛋糕，它可以做成甜甜圈的样子，油炸之后再进行特别口味奶油夹心、用砂糖裹过、表面抛光等流程。整个加工要花上三天，再加上质量保证措施，这意味着每天供应的批量非常小：烘焙坊刚刚开张，几小时内第一批200个就接连不断地卖光了。

围绕可颂的疯狂和独钟，使之受到认真对待，尤其是生产出它的烘焙坊。安塞尔建议（如果您足够幸运，抢到了一个的话）立刻吃掉您的可颂，用一把呈锯齿状的小刀将其切开，要保证其精致的各层完好无损，千万不要冷藏（冷藏会导致受潮），在室温情况下端出来，千万不要加热。烘焙坊售出的可颂每个5美元，但是每个顾客仅限购买2个（提前预订的话，最多可以买到6个）。8点烘焙坊开门，而在那之前的一个小时，门口就已经排起长龙，并且烘焙坊不得不警惕那些“黄牛”，他们会大肆加价之后卖出。后来，安塞尔分享了“居家烘焙”样式，但即使这种样式也需要三天的准备时间，并且人们将其难度评价为“极高”。2014年10月，“厨房”博客（Kitchn blog）的艾莉儿·纳特逊（Ariel Knutson）报告了自己关于可颂制作的尝试，竭尽全力在可颂推出的当日排在了队伍中第一的位置。她获得了成功，但是贴出了烘焙者在开始之前应该知道的十件事情，其中之一是需要参观专业烘焙坊，搞清楚所有的原料和装备，装备中包括一个专用的唧筒头。其他博主汇报了他们自己的简化样式，但是，在家中尝试原创做法的时候，似乎世界各地的业余烘焙者竟然没有失败的。

可颂并不是安塞尔在杂合式烘焙世界中的首次冒险：人们知道他还因为蛋奶酥与圆蛋糕的组合（soufflé–brioche combination），尽管后者并未达到可颂那种知名度。自从可颂推出之日起，安塞尔就要为名副其实的、不可避免的（未予授权的）仿冒产品和衍生产品泛滥负责。自从“可颂”这个名字被商标注册，众多类似名字在无数迷人名头下被卖掉，比如cronot、zonut、dosant等（甚至，有一些宣称自己比可颂还更早问世）。芝加哥的华夫咖啡店（Waffles Café）随后推出了“华颂”（wonut）——华夫饼干与圆面包的组合（本质上，它是一种深度油炸、蘸有砂糖的华夫饼干）。英国烘焙连锁店格里戈斯（Greggs），其香肠卷和馅饼最为知名，也于2013年9月推出“格颂”（Greggsnut），零售价每个只要1.25英镑。它被描述成多层馅饼制作而成的甜甜圈，与其他英国人特别喜爱的百胜餐饮（the yum yum）并无不同。从那之后，坦率地说，情况发展到相当疯狂的地步。现在我们有了饼干甜甜圈（crookies）、布朗尼甜甜圈（brookies）、甜甜圈松饼（duffins）和羊角松饼（cruffins），这些都是我们熟悉的各种点心做成的混搭（分开来，就是饼干、蛋挞、布朗尼、甜甜圈、羊角面包和松饼）。似乎每种都是在高温油锅里快炸，但是它们再次表明，单人份的烘焙（或者油炸）小吃是如何被纳入我们对于新颖和激动兴奋的寻求之中——即使吃一个要花5美金，即使吃一个就抵得上一周的卡路里摄入量。

可颂以及由它派生而出的其他后来深度油炸类小吃，似乎对男性与女性有着同等吸引力。事实上，对这些新品的纯粹沉迷，加上这些蛋糕实际上并不小巧这一事实，让其被带出“女性点心”（femine treats）这个圈子，走入“男性零食”（mansize snaks）领域；甚至“型男争霸”（mancho challenge）。这里，我们真的需要正视生产商和顾客等所推动、所带来的看法：可爱又小巧的蛋糕的目标对象、消费者、制作者都是女性。对于与女性气质不可分割的杯子蛋糕及其同类来说，这说明什么？而这，最终，是一件好事还是一件坏事呢？

美国作家凯特琳·弗莱纳根（Caitlin Flanagan）在其2006年的著作——《让一切见鬼去吧：对我们心中家庭主妇角色的爱与憎》（*To Hell With All That: Loving and Loathing Our Inner Housewife*）——写到了许多女性对于美妙事物发自内心的喜

爱。她以此来解释了玛莎·斯图亚特帝国的权力；她的许多著作和杂志所塑造的项目和形象都漂亮到不切实际的地步——花瓶，而非那些你真正需要的事物。其最本质的东西，弗莱纳根说，是这一被极度忽视的事实：女性与家庭建设和家庭管理息息相关，即使是在今天这个时代，对于已经获得解放而且有能力从事自身事业的女性而言，这些事情既并不时髦，也并非人们所期待发生。

对于杯子蛋糕持续不断的狂热，与这一观点十分契合。杯子蛋糕漂亮，并且在一定程度上被认为是传统女性的：洁净而且妆容精致。男性通常认为它们过分讲究、过于小巧，过于强调霜而对蛋糕本身不够看重。它们也是一个相对易于掌握的居家烘焙项目，本身靠的是强调和展现母性特色的那种修饰（且想想孩子们的生日聚会吧）。它们的尺寸大小是一口就能吃掉的那种，使其成为对身材敏感者的理想选择，而这正是多年来经久不衰的女性特色的一个方面。最后，商店里买到的美食杯子蛋糕，正是现代良好品味和可支配收入的明确体现；这是它们尤其对于女性充满吸引力的又一属性特征，因为就家务而言，尤其是就厨房而言，做出大多数消费方面决定的是女性。

然而，对希望让女性特色与外在之美、苗条、克制等分开而论的那些人来说，同样的这些特征让其觉得失望：女性特色是与粉红色和可爱、闪亮的东西相伴随这种认识，将女性与消费文化绑缚在一起，是这一消费文化把烘焙和提供甜蜜的点心抬升到一个高层次上。20世纪60年代的女权主义第二次浪潮竭力摒弃作为女性命运的家务劳动和家政属性；现代女性可能会问，倘若我们现在是正在回到家庭属性备受推崇的状况，根本不能想出除此之外还有什么能够表明女性的地位，那么，杯子蛋糕、棒棒糖蛋糕以及她们，在这之中起到作用了吗？

要回答上述问题，第一种方式是说明白，今天的女性之所以选择去烘焙（或者购买）糕点，最大的不同在于：她们这样做是选择的结果，正如她们是否衷心认可家政女神形象是选择的结果。可能的确有这样的圈子，其中，出于压力，须为孩子生日聚会提供家庭制作的杯子蛋糕（大名鼎鼎的CEO卡迪娅·安德森［Katya Andreson］承认，她曾在商店买来一套杯子蛋糕，刮掉糖霜，换上像是家里做出来的什么东西，然后将其送到学校，为女儿过生日，现在想来自己当时真称得上是疯了），但整体而言，如果是女性不想去做，人们是不会像从前那样了，一心希望她们把时间花在厨房、花在为家人朋友制作漂亮的烘焙品上。如果她们不喜欢烘焙蛋糕，她们可以去买；如果她们不喜欢粉红色、裹着糖霜的杯子蛋糕，她们可以提供别的。这种说法是有道理的：选择去做烘焙这一行为，或许就是一种新型后女性主义女性特色的组成部分，在此之中，女性在塑造自己身份方面是有着巨大自由的。

这正是第一位家政女神奈杰拉·劳森在谈到烘焙作为一种女性主义行为时所表达的观点——这也是她招致批评的原因。她对喜欢把时间花在厨房里为别人做点心这种女性形象的肯定，使得那些认为女性不应该一心回归家庭劳作的人感到不舒服。之所以不舒服，是因为这似乎接近于女性由其家政角色所定义这种前女性主义观点。然而，对于许多女性而言，这一理念是确乎其实的。烘焙、编织以及其他家务手艺不再像从前，仅仅与前辈们联系在一起；在“秘密蛋糕俱乐部”（Clandestine Cake Clubs）中，在“妇女协会”（Women's Institute，简称WI）这个组织更新的城市形态的“新妇女协会”（WI–lite）中，发挥着积极作用的，以及加入各种缝纫和编织俱乐部的，都是年轻女性。对于她们而言，这些手工活，部分地是找到一种方式，来表现创造力与女性的友情。这些女性对于“家政女神”这个词是喜欢而且心向往之，却不一定非常认真地将其作为要务。批评这样的结果是自作多情或者呆萌，未免有点不够“姐们儿义气”。

目前为止，都是积极正面的。虽然我们在本章中谈到的杯子蛋糕和其他小型蛋糕稍有不同。它们的大小、形状和外观无不彰显出一种女性特色的观点，这种观点与之相似，注重的也是大小、形状和外观。诚然，比例上说，买杯子蛋糕的女性要比男性数量多得多；即便是由美国的巴奇烘焙店（Butch

Bakery）烘焙的所谓“男性杯子蛋糕”，其产品线上的产品被叫作“电锯手”（Driller）和“轰炸机”（B–52）之类，它的特色原料包括加了啤酒的黄油奶酪、培根碎粒、脆饼碎屑等，但顾客也还是女性更多（店主大卫·阿里克［David Arrick］相信，90%的女性顾客是把这些蛋糕当作给男性的礼物来购买；有多少是真的买给女性的，这样一个调查也许会很有趣）。有“男性杯子蛋糕”这种东西存在，这个事实说明，这些蛋糕是以一种更普遍的方式在销售——尽管，这也是一种标志，实实在在地表明男性也喜欢杯子蛋糕。

女性并非不可救药地需要甚至渴望小巧、可爱、漂亮或含糖的食物，这是一个简单的事实；她们之所以经常如此，是可以追溯到几百年前的文化控制的结果。“女性食物”要么是譬如沙拉之类低热量、精致的食物，要么就是被当作情感寄托之物的点心，譬如杯子蛋糕。它们与男性的形成鲜明对比，男性要的是大分量的肉类食物，这样才能填饱肚子，维持其消费狩猎所得而非植物采集所得这种大丈夫地位。然而，在过去的几十年间，这似乎已然固化成为无不讲求男女平等对待的一种性别模式（标题中有“杯子蛋糕”这个词的海量儿童书籍，几乎都以女孩角色和粉红封面为特色，这难道是偶然的吗？）。针对杯子蛋糕产业的批评（男性和女性）经常把焦点放在小蛋糕的过分卖萌和华而不实，认为其所体现的是一种拜金主义的女性生活方式。2007年，希拉里·克林顿（Hillary Clinton）宣布，其民主党总统提名申请中自己有十大竞选承诺，其中的第九条就是，每个人都能在她过生日那天得到一个杯子蛋糕，她还说道，自己作为一名女性候选人，具有将心比心的素质（尽管不是家庭烘焙者：1992年，报道称她曾有意避免留在家中做烤饼干的事情，一心要开创事业）。到了她2015年的申请，她却在甜品这个话题上缄默不语，相反，对于性别平等则做出了一个更为强硬的声明。所有这一切，听起来似乎是针对小蛋糕的一场大申讨，但这就是我们需要解决的问题。简单地说，是这些点心把身为其主要市场对象的女性变得幼稚吗?

一大群的女性会用一个响亮的“不”来回答这个问题。对于她们而言，杯子蛋糕是女性特色的象征，女性可以带着不受拘束的愉悦自由地享受它们——既让人愉快又带有讽刺。出生于加拿大的梅丽莎·摩根（Mellissa Morgan），也被称为“杯子蛋糕女士”（Ms Cupcake），是一家伦敦素食杯子蛋糕烘焙店的店主，同时又是一本副标题为《镇上最古灵精怪的各种蛋糕》（*The Naughtiest Vegan Cakes in Town*）的书的作者——之所以称之“古灵精怪”，是因为它们的原料具有世纪末艺术的气息——就是其中之一。这位杯子蛋糕女士是在烘焙界和社交媒体知名度很高的一位成功的女商人。在她看来，作为一名有着独立事业的女性，与烘焙不应该是不可得兼的关系。事实上，她告诉我，她认为烘焙是一种充满力量的行为，这种行为既关乎经济下滑之时如何施行控制和创造，又关乎对蛋糕本身的创造，尽管烘焙蛋糕是她本人热衷的事情。她的蛋糕刻意避免粉红、碎末、花朵和心形，同时它们式样众多，目的是既吸引男性又吸引女性。尽管如此，她还是同意，的确存在某种东西，它与形象、颜色以及进入杯子蛋糕烘焙业的整个经验有关，对于女性有着特别的吸引力。她的烘焙店里，只要有一个职位空缺，就有几百个申请人，其中绝大部分是女性。

对烘焙和其他传统家庭手艺这种喜爱，其另一个有趣的方面是，它与20世纪50年代的审美产生结合，尤其是那个时期的服装和发饰风格。这位蛋糕女士的烘焙店是以一种20世纪50年代的风格装修的，打扮成这个样子的杯子蛋糕烘焙坊和食品小摊员工（以及其他喜欢这种“老派”手艺的人），也并非少见。杯子蛋糕女性主义更难以符合第二波女权主义的初始目的，原因正在于此，后者是竭力摆脱掉父权社会所制定的别无选择地被捆绑在厨房。尽管，再一次，杯子蛋糕女性主义者（这个词的使用既有相当多的贬义，又带有骄傲）也许会说，她们已经精心选出了20世纪50年代那些价值观，它们点出女性特色，并且对之进行重申。在伦敦和其他地方，都有许许多多提供杯子蛋糕和下午茶的稀奇古怪的各种俱乐部，它们有意找回20世纪50年代那种浪漫的、女性的美丽理念，并且使之与时俱进，适应那个时代。

20世纪50年代，奶奶们把家务当作头等大事，如此惯常性地回想到她们，以之解释年轻一辈对于杯子蛋糕烘焙的依恋，或许也并非巧合。进一步来说，正如那位蛋糕女士提醒我的那样，在北美，过去的十年，和英国不同，并没有什么厉行节约、家政范围缩减之类言外之意。对于北美而言，这十年是一个属于各种新的自由、青年文化以及更少束缚的时尚的时代；她那家烘焙店装修方面的50年代风格，到处都是明亮的色彩以及那个时代兴起的新材料。于是，对于50年代的喜爱就有了两个方面的意义，两个方面对于热衷杯子蛋糕的人都是正面的：首先，它是女性获得权力这一理想，是对迷人、色彩和选择的庆祝；其次，它是对以家为指归的家庭烘焙的缅怀之情——这些价值观正是许多年轻女性感觉自己在今天所缺乏的东西。至少在英国，对杯子蛋糕的怀旧之情同时也是一种国家认同形式。小型样式的精致杯子蛋糕在各种英国特色得到庆祝的情形中闪亮登场：女王登基六十周年大庆、皇室婚礼、奥运会……这可以被解读成另一种理想化了的怀旧形式，对过去社会的怀旧。诚然，所有这些有可能忽视那个时期对女性的诸多限制（尽管我们不应该忘记，20世纪50年代，有许多女性活跃在心理学、艺术、科学和许多其他领域）；但是，难道这就该阻止我们对似乎特别地凝聚在杯子蛋糕之中、有着共通的历史和价值的感受进行庆祝吗？女性主义作家们传统上对于家务如何以及是否与女性主义并存不悖关注不够；或许，这正是年轻女性掀起杯子蛋糕烘焙这一当下风潮所想要实现的东西。

把杯子蛋糕等同于女性特色，这个问题被复杂化的另一个因素，是男性正在进入其中这一事实。如果我们暂且回到“大不列颠烘焙大赛”现场，我们会发现，决赛者和获胜者中，男性占有非常大的比例，而且，他们在蛋糕烘焙和装饰方面，也在更为传统的男性的面包制作领域，有着出色的表现。虽然2011年和2013年的总决赛都以三位女性烘焙者为关注重点，2012年的决赛却全部都是男性。这三年，有两年都是女性完全占据主导地位，这一事实也可以被解读为对于女性平等做出的声明，因为这是一个竞争性极强的比赛，其中，诸如精确和抗压等“男性特色的”品质，与所谓直觉和继承而来的知识等“女性特色”，都同样有用。法国糕点师埃里克·朗纳德（Eric Lanlard）（又被称为“蛋糕男孩”［Cake Boy］）在为男性普及各种类型的蛋糕制作，雅堂·奥托朗吉（Yotam Ottolenghi）所开的熟食店常常出现在伦敦杯子蛋糕顶级吃货的名单上。同时，纯粹出于平衡性别刻板印象，男性老板的“霸气烘焙店”（Butch Bakery）在纽约有家女性打理的“禁律烘焙店”（Prohibition Baker），这家烘焙店的特色是，除了其他含有烈性酒的产品之外，还提供椒盐卷饼和啤酒杯子蛋糕，您可以想见，这些产品在男性和女性顾客那里是都会受到欢迎的。

但是真正不可否认的是，对烘焙和品尝杯子蛋糕，特别是对时髦的“美食”类杯子蛋糕，那种狂热，是与富足密不可分的。尽管杯子蛋糕在经济衰退中也大受欢迎是一个显然的事实，它们仍然可谓昂贵的享受。在家中烤杯子蛋糕并不比在超市中购买便宜。如果真要为了存钱而“控制购买”，那么还是去看看别的甜点好了。这些小点心的知名烘焙者，几乎全部都是中产阶级白人女性，而剩下的几乎全都是中产阶级白人男性。杯子蛋糕不仅是女性的精致食品，也是中产阶级白人的精致食品，也许这应该给我们带来更多的思考。

我们必须要承认的另一事实是，所有这些小点心并不营养，或者说，对牙齿是不好的。贬斥杯子蛋糕的人常常拿糖霜与蛋糕的比例来说事；几家知名度极高的烘焙坊都对一款无趣又制作蹩脚的蛋糕做出差评，它看上去似乎直接就是各种口味的黄油、奶酪组成的大杂烩。与此同时，杯子蛋糕一直在不断变大又变大。今天已经过时的科朗布斯就分作若干规格，包括“品味型”（taste）（1英寸）、“经典型”（classic）（2.5英寸）、“标准型”（signature）（4英寸，重6盎司）和“巨无霸型”（colossal）（宽、高均为6.5英寸，可供8人享用）。与之形成对比的是，艾尔玛·罗姆鲍尔的黄色杯子蛋糕做法是28个2英寸的蛋糕。

所有这一切，与我们似乎无节制地追求甜是大有关系的。最初这是一个进化上的优势（它使得我们的祖先能够以脂肪形式储存能量，度过贫瘠的冬天），我们对于糖的依赖增长了又增长，为我们提供数量巨大的能量，却很少是采用蛋白质和维生素之类更有用的重要营养建构模块这种方式。此外，糖所含的碳水化合物属于“快速释放”物质，对身体用处不大，同时，一切的那种能量又容易作为脂肪而被储存起来。它被释放到血液中，导致血压升高，患Ⅱ型糖尿病的危险加大，而且，它还频繁磨蚀我们的牙釉质。肥胖、龋齿、糖尿病和高血压，所有这些的发病率在发达国家都在攀升，刚好与糖越来越多地潜入我们的食物和饮料同步，绝对不是巧合。

今天美国人平均每天摄入糖分22.7茶匙，相当于95克或者3.4盎司，这个数字与美国心脏协会（The American Heart Association）所建议的每天男性9茶匙、女性6茶匙相去甚远。然而，美国连世界五大细砂糖消费国之列也进不了：排名榜首的是巴西，2011年，巴西的消耗量是每人每年122磅，其次是俄罗斯，88磅。而且，美国人的22.7茶匙中大部分是来自蔗糖——用于烘焙的是细砂糖。

所有这些糖消耗数据，意味着，论及健康饮食，杯子蛋糕已经处在火线上了。2013年6月，敏特尔公司对英国的蛋糕购买习惯进行了调查，他们发现，糖和脂肪含量是消费者最为担心的问题（三分之一的被调查者都表示关注）。但是，如果他们想要劝服我们少吃含糖的点心，那么健康意识可就要面临一场愈演愈烈的斗争了。2007年，美国的一位营养学教授创造了“杯子蛋糕问题”（cupcake problem）这个词——它不是指吃了多少蛋糕，而是为了对父母们的怒火作出解释——学校根据上述理由，试图限制孩子们可以获得的零食，包括生日当天送去的点心在内。看上去，这个“问题”在于，对父母以及对孩子而言，杯子蛋糕代表着一种情感寄托。2004年，得克萨斯州提出在学校里禁止“垃圾食品”，却遭到了来自父母那里的不少反对，以至于在2005年，不得不通过《杯子蛋糕安全修正案》（*Safe Cupcake Amendment*）（又名《劳伦法》［*Lauren's Law*］，以当地一名共和党政治家的女儿命名，正是她促使了自己的父亲来关心这个问题），保障孩子们有把杯子蛋糕和其他点心带到学校进行庆祝的权利。2015年，在新任得克萨斯州农业专员所举行的一次新闻发布会上，这个问题再次被提出（此时，正在再次推广学校健康饮食行动，它是总统夫人米歇尔·奥巴马［Michelle Obama］福利政策的一个组成部分，也是2014年新版“学校智慧零食”［Smart Snacks in Schools］纲领的一个组成部分），杯子蛋糕仍然作为儿童庆祝活动中一个现在受保护的内容被单独划出来。很难想象，要如何做，才能更清楚地概括杯子蛋糕在成年人的情感记忆中所占据的那种地位：它如此重要，以至于他们要为捍卫它作为自己孩子童年的组成部分而斗争，即使是他们知道，它需要孩子们在健康方面付出代价。

美国不是在学校限制甜点的唯一国家，尽管其他国家对于杯子蛋糕没有这种特殊待遇。英国教育部颁布的《英国学校食品计划》（*The UK's School Food Plan*）2015年开始生效，在整个上学日子都禁止除瓜子、坚果、蔬菜和水果之外的零食。甜点、蛋糕和饼干只在午餐时间得到允许。2010年的《安大略学校食品饮料政策》（*The Ontario School Food and Beverage Policy*）规定，任何超过10克脂肪，或是多于2克饱和脂肪，或是少于2克纤维的烘焙产品，都不得销售（可以参考：木兰烘焙坊的红色天鹅绒杯子蛋糕，每个含有脂肪22.8克、热量442卡）。这些规范指出，大多数牛角面包、丹尼斯、蛋糕和派都在被禁之列。甚至经典的加拿大甜甜圈也不能幸免，即便省政府已经为得克萨斯州父母们所哀悼的那类庆典留出了空间：每个学校有十个可自主认定的“特别活动日”，在这些日子，可以暂且搁置规范。

蛋糕和其他的烘焙品并不是这里最糟糕的罪魁祸首；对孩子们而言，最高的糖分摄入来自含糖的饮料、果汁和糖果——但是蛋糕之类的食品的确起到了很大的作用。蛋糕、松饼、烤饼和蛋糕类甜点是澳大利亚的孩子们消费最多的零食类型。圆面包、蛋糕、糕点和水果派占到英国成年人糖分摄入的7%，青少年的6%，4到10岁儿童的9%，1.5到3岁幼儿的6%。同时，随着比例的增加，杯子蛋糕所含糖分无疑高于从前，因为现在无一例外的都是蛋糕、糖霜、装饰的组合。《英国学校食品计划》为4到10岁的儿童推荐的蛋糕规格是40到50克那种大小，也就是1.4到1.8盎司，这大致是一个特易购[①]巧克力蛋糕的大小。木兰烘焙坊出品的带糖霜的巧克力杯子蛋糕的重量是152克或5.3盎司。当前，英国所有年龄段摄入的糖都超过标准（推荐的上限是每天平均能量摄入的10%，或者每天11到14茶匙，尽管这个数字还在下调之中），2012年，英国几乎三分之一的5岁幼儿都有蛀牙。最近，一名得克萨斯州的美食博主，一名母亲，指出，她的孩子在学校班上每学期有大约20次生日，每次吃一个杯子蛋糕，那么整个小学阶段将会增重10磅。而得克萨斯州本就存在肥胖问题。因此，我们还是不要从我们在第六章中谈到的某些工业化生产出来的小点心开始人生吧：作家史蒂夫·埃特林格（Steve Ettlinger）通过仔细调查发现，腾奇蛋糕由25种不同类型的原料制作而成（他认为它们都属于大豆、玉米和磷酸盐衍生物的混合物），它的糖分和面粉一样多，它竟然包含了美国制造的20种最常见化学品中的14种。

① 特易购（Tesco），又译作“乐购”，总部位于英国的一家著名全球性零售企业。——译者注

所以，杯子蛋糕对发达国家中严峻的健康问题的确起到了不可忽视的作用。但是，另一方面，它们作为表达家庭和童年的小吃而深受喜爱。随着它们个头变得越来越大，衍生出诸如充斥着饱和脂肪的甜甜圈之类不健康产品，它们距离童年点心越来越远，越来越靠拢典型体现现代文化那种成年人品质：我们“心安理得地享受”点心，戕害了膳食的意义；我们拒绝分享；我们总是在追逐更新更炫的体验。或许，正好恰恰相反，我们需要一场运动，让仙女蛋糕成为新的杯子蛋糕。并让更多孩子在父亲或者爷爷身边学会自己的杯子蛋糕烘焙。

诸如杯子蛋糕、乌比派和马卡龙蛋糕之类的小点心可以起着许多不同的作用。和比它们大的蛋糕一样，它们可以很好地服务茶会；事实上，它们按照惯例就是为传统英式下午茶而制作的，一小块一小块地装满了一层一层的盘子。我们谈话之时，那位杯子蛋糕女士注意到，购买一个杯子蛋糕，而不是一个大蛋糕中的一块，具有“只是给我的完美小吃”这种新颖特征。我们已经谈到的其他小巧烘焙品，更像是一种没有特别场合可以自我锚定的新零食，譬如，人们无法想象棒棒糖蛋糕拥有让茶会变得优雅的魅力，尽管它们在高端的儿童聚会上肯定会受到欢迎。当然，这就是杯子蛋糕最初的缘起，但是我们在这里谈到的所有蛋糕，在成年人中也有大量的拥趸。尽管马卡龙蛋糕确实需要一张茶几，方可配得上其法国渊源，许多其他的蛋糕，边走边吃也是很合适的，奶油从纸托中渗出，扔掉包装纸，舔舔沾有奶油的手指，就像我们在第二章中谈到过的中世纪“乡村集市”蛋糕那种味道。

关于小巧又可爱的蛋糕世界的思考中，其他关键主题之一，是品味和烹饪风尚的日益国际化。乌比派、马卡龙蛋糕和杯子蛋糕自身最初都是根植于特定文化，现在却在全世界受到喜爱，有时是原封不动地得到保留，有时一路走来获得了新的属性。对于一个美国人或者一个英国人来说，杯子蛋糕意味着童年时光，而对于一个身在迪拜或北京的人而言，它意味着时尚和西方文化。另一方面，伦敦和纽约的烘焙店现在也卖抹茶风味的杯子蛋糕和玫瑰水风味的马卡龙蛋糕。所以，品味的影响是双向起作用的。2015年，一个品味预测者预言，中东地区诸如“札挞”（zaatar）和“哈里萨”（harissa）之类的混合香料风味很快就会进入西方杯子蛋糕领域。人们认为，下一种流行小蛋糕将会是蛋白霜蛋糕（merveilleux），它来自法国或比利时，有好几层轻盈的酥皮，里面加奶油，做成巧克力表层、蜂巢状圆顶形。它们以巴黎闻名的花花女公子名字命名，当时安东尼·卡雷姆（AntoninCarême）正在迈向烹饪巨星的路上。美国第一家专卖蛋白霜蛋糕的烘焙店2013年在纽约开张。与此同时，可颂、马卡龙和乌比派等被认为正在走下坡路，辉煌时代已经过去（有人持反对意见：可颂显然是在计划通过新的味道和馅心进行转型）。或许这可以解释为什么杯子蛋糕会经久不衰：它其实是反映新品味的载体。任何数量的味道组合和添加都可以容纳在其面糊加顶子这种结构模式中——可不是，它们一直就是这么过来的。

所以，不论你是否喜欢美味的杯子蛋糕，是否愿意为了可颂排队等候，是否为棒棒糖蛋糕或者没有上面这些东西而发出长叹，不论是激赏漂亮的粉红色杯子蛋糕还是想要把它送回20世纪50年代的父权社会，或许您都有生命某处关于小蛋糕的欢乐记忆。说到这一点，您可得原谅我失陪——我要去做机器人棒棒糖蛋糕了。啧啧!

尾 声

Cake: The Short, Surprising History of Our Favorite Bakes

历史的滋味

让我们以回到开始来作为结束：2014年大英帝国那场围绕“雪球”的争论。那场仲裁案中的法官们，实际上被问到的是一个非常简单的问题：什么是蛋糕？在大量争论之后，他们拿出了一个定义，这个定义的核心是吃蛋糕的场合，以及蛋糕带来的关于场合的感受。蛋糕是从盘子里来吃，可能还会用到刀叉；当然不是用手指拈来吃。那么，蛋糕就是一种高于一般快餐食品的东西，是某种带有一定精致感的东西。

我们对于这些蛋糕漫长历史所做过的考察表明，还有一种比这更多的东西，尽管法官们对于蛋糕是一种特别的快餐食品这一地位的见解肯定是对的。尽管，如果我们进入到时间的足够深处，我们看到，蛋糕的最主要定义性特点，实际上是它的形状。林多人的最后一餐没有什么特别之处，但是考古学家认为他所吃的蛋糕是当时最主要食品——谷物——制成的。那么，在其最早的形态中，蛋糕要早于面包，尽管两个都不是我们今天知道的那个样子。

到了埃及人的成熟文化中，蛋糕肯定戴上了它甜蜜而“特别”这一面具。即使是在阿尔弗雷德国王的梅西亚“黑暗时代”，蛋糕也是特别的，不是面包，制作它是女性的工作——并不是需要一位勇武国王去与之打交道的东西。蛋糕包含了额外的原料，这些原料让蛋糕比一般的、主食的食物材料更甜、营养更丰富。蛋糕已经是特定场合的伴随品，无论是白昼最短的那一天还是充满庆祝氛围的圣诞节，最终，发展到生日、婚礼、婴儿洗礼、毕业，以及几乎您想要记住的任何其他场合。它甚至让一杯茶变成一个特别场合；不只如此，它还是国家文化的象征——从英国人和他们的下午茶，到德国人和他们的咖啡时间。

我们的记录表明，蛋糕的许多其他现代特征是慢慢形成的。蛋糕并非像今天那样，一直都在锡罐中烤制。烘焙者几百年的经验，面对冒出这个念头——蛋糕在烤箱中烤制，更不要说在自己家中烤制，而且是按照特定温度烤制——未免有惊诧之感。他们会不可思议：一撮灰就能替代长达一个小时的鸡蛋搅拌，一项专门设备就能让人不需要从前的大堆树枝、带孔勺子。看到我们中许多人在厨房抽屉里放着一个刻着标记的蛋糕检测棒（当您要用的时候，它总是掉到储物架下边去），而不是一根扫帚上的篾片或者一把刀，他们会发笑吗？他们对于蛋糕混合套装到底会有什么想法呢?

所有这些都在暗中造就现代蛋糕的多样性。在世界上某些地方，今天仍然更喜欢把蛋糕拿来煎或蒸，而不是烤。有不含糖或者鸡蛋的蛋糕，有以可乐、听装的汤、甜菜根或者色拉油作为特色的蛋糕，有骄傲地高高挺立的蛋糕，也有本身全靠巧克力撑起来的蛋糕。因此，蛋糕是一种类型尤为多样、适应性尤为强大的野兽，远胜过我们在烘焙店中做选择时候所以为的那样。而且，尽管一些喜欢蛋糕的人以口味和外观而形成偏好，其他人对蛋糕的偏好则来自蛋糕让他们在一种更为广阔意义上所感受到的东西：对家庭、社会或者传承的一种依恋之感。对于这些人来说，第一口蛋糕所激发的，远不止是针对砂糖、脂肪和碳水化合物的内啡肽反应。

这些想法让我们看到蛋糕历史的另一个特殊的部分：烤蛋糕、吃蛋糕的简单愉悦，以及更为广阔的其下的历史，这二者之间的对比。我们在本书中见过太多太多的例子，其中，有我们所钟爱的烘焙品，无不依赖技术、国际贸易和交流、移民、印刷术、社区的建立等的革命性发展。蛋糕是一种表达方式，表达社会关于童年、母性、甜蜜和庆祝的种种观念。小欢乐的大抱负，对不对?

而这又带给我们另外一种思考：蛋糕和女性特质不同方面，这二者之间的相互关系。多个世纪以来，正是无数妇女从事着常规的家庭烘焙工作，她们将其作为一种表达方式，表达的是爱、母亲的快乐以及——让我们不要过于渲染美化我们的观点——责任。有时，这成了一种技能和价值的表现；又有时，这代表着压迫和缺乏机遇。对于大部分历史而言，这只是父权主宰体制的一种反映。但是，蛋糕制作可以分辨出日复一日的烹饪劳作和家务管理，因为，对于历史的大部分而言，它所意味的不只是提供营养而已。相反，它代表的是好客、爱和庆典。这不是说，女性始终就喜欢做这件事，或者这一直是一件容易的事情，而是要说，蛋糕烘焙者对于关系礼尚往来和孩子教养的经济做出了贡献，这一点，在更多地是为男性所主导的、注重挣钱和养家的经济中，并没有一直得到欣赏。

不止如此，蛋糕制作的确可谓造就了许多女性：烹饪书籍、女性作者关于家务劳动手册，这个市场的方兴未艾就是明证。甚至不必有太多烘焙或者家庭管理的经验，您就可以将权威、简洁和信赖正确地综合在一起。伊丽莎白·拉费尔德不仅写出了畅销书，而且成功地做着蛋糕和其他产品制作的生意；凯瑟琳·比彻的烹饪书是她推动女性教育的产物。对于艾尔玛·罗姆鲍尔来说，从事关于烘焙和烹饪的写作，是她作为一个贫穷寡妇的生命线。写作一本烹饪作品，是女性跨越家庭构成的个人世界与行家里手构成的公共世界，可以为人们所接受的首选方式之一。

但是，人们怎么会想当然地认为女性尤其喜欢吃蛋糕呢？我希望我已经表明，这是一个我们可以抛弃的看法。女性喜欢蛋糕；孩子喜欢蛋糕；男人喜欢蛋糕。它充满甜蜜、脂肪和满足：它就是来让人们喜爱的。女性和蛋糕之间的联系——尤其是像杯子蛋糕和马卡龙蛋糕那种可爱又小巧的类型——告诉了我们关于性别的社会建构方面的东西，而不仅仅是女性生物学、品味、能力与砂糖或者厨房或者蛋糕的关系。2015年“大英烘焙大赛”的获奖者纳蒂亚·哈桑（Nadiya Hussain）是一位孟加拉穆斯林家庭中常年在家的母亲，她非常迅速地发现，人们希望由她来挥舞英国多元文化这面大旗。但是，她最快乐的，是提升了全职家务人员的地位。很让人高兴的是，英国公众也喜爱她的智慧和技能。看看亚马逊上的畅销书榜单，表明纳蒂亚及其同类人——具有高标准、充分想象力和热爱烘焙的业余爱好者——就是我们新的家政男神和女神。

因为，在今天的西方世界中，蛋糕如果不是民主的东西，那就什么都不是。它便宜到任何喜欢它的人都能够吃到它：他们可以购买或者制作；和家庭朋友分享，或者把它送到社交媒介的世界。他们可以烘焙或者捐赠给慈善机构；用它来发表政治声明，打破纪录，或者宣布离任——在我写这本书的最后几个月里，人们把这些事情都做过了。现代的蛋糕是男人和女人共同创造出来的；它是专门定做的，色彩华丽的，充满乐趣的。它可以是价格便宜的，欢乐地装在一个塑料包装中，也可以是放在美丽的盒子里，花几个小时排队来带回到家中。

的确，蛋糕也再一次地被当作一种成就的象征，因为人们争论说，几十年来它都没有被这样看待，然而它的确是一种成就，一种超越性别、社会背景和职业训练的成就。我那些带小孩的朋友讨论她们能否从事烘焙——其中一个最近一心扑在学烘焙上，但是她承认，为她女儿制作生日蛋糕让她心中充满压力，忐忑不安。我本人也是一个烘焙者，我喜欢各种家常式制作方法，并不讲究富丽堂皇（顺便说说：机器人蛋糕糟透了）。

事实是，在本书的所有研究过程中，在我和朋友与家人的所有讨论中，归根到底，我从来没有听到有关蛋糕任何贬斥或否定的说法。他们对蛋糕的喜爱可能不同；他们可能不喜欢甜食，可能讨厌烘焙，但是，几乎每个人都有一种自己喜爱的蛋糕，都有一种对他们意味着某种东西的蛋糕。

在拉拉杂杂地写这个尾声的过程中，我忽然想起我儿子为他3岁生日向我要求的宠物蛋糕来。我走遍了品特里斯特这个地方，买了非常多的鸡蛋、砂糖、黄油，还按照所要求的黄绿色买了软糖糖衣。我的压力来自怎么让它看上去像那个样子：我的朋友们都非常宽容，但这是一个联合举办的生日聚会，还有两个生日蛋糕会一起被展示。我希望自己做的宠物蛋糕会像样（尽管到了今天晚上我会把它弄到看得过去的样子）。但是我也期盼能够回到家中，和我的儿子一道来烤制这个蛋糕：尽量少放些糖，尽量让他的手不要伸进碗里。到了最后，让他乐在其中的，主要是沾满蛋糕糊的勺子，但那是主厨给的额外福利。我没有任何犹豫的一件事，是做法本身：我做的蛋糕，与我童年生日，与我妹妹结婚，是同一种蛋糕：了不起的昆妮姨妈的巧克力蛋糕（Great Aunt Queenie's chocolate cake）。

后　记

人们做了以下这些事情：2015年10月，英国一伙初级医生及其朋友在“大英烘焙大赛”决赛那天在网络上贴出了各种蛋糕图片，并且使用了社交媒体上诸如“不安全不合理”之类“#”字样的标签，对准备调整他们的工作时间和报酬的一项提议表示抗议（三个决赛者中有一个是初级医生）；同一个月，吉尼斯世界纪录为一大类专业烘焙师烤制的迄今最大蛋糕雕塑出具证书。5月，法官们裁定，一家北爱尔兰烘焙店拒绝为一个同性恋婚礼制作蛋糕属于实施歧视的行为；同样是在5月，一位美国播音员递交了印在蛋糕顶部的离职信（2013年4月英国新闻界发生过类似的事情，当时，一个男人把离职信用糖霜写在蛋糕顶部，说他想要转而把时间花在开创自己的蛋糕事业上）。